Using R for Scientometrics Data Visualization

(Second Edition)

科学计量与知识图谱系列丛书

R科学计量数据可视化

（第二版）

李　杰　余云龙　李彬彬◎编著

首都经济贸易大学出版社
Capital University of Economics and Business Press
·北　京·

图书在版编目（CIP）数据

R科学计量数据可视化/李杰，余云龙，李彬彬编著.
--2版. --北京：首都经济贸易大学出版社，2022.4
ISBN 978-7-5638-3341-2

Ⅰ. ①R… Ⅱ. ①李… ②余… ③李… Ⅲ. ①科学计量学—可视化软件 Ⅳ. ①G301

中国版本图书馆CIP数据核字(2022)第042426号

R科学计量数据可视化（第二版）
R Kexue Jiliang Shuju Keshihua
李 杰 余云龙 李彬彬 编著

责任编辑 薛晓红
封面设计 李 煜
出版发行 首都经济贸易大学出版社
地 址 北京市朝阳区红庙（邮编 100026）
电 话 （010）65976483 65065761 65071505（传真）
网 址 http://www.sjmcb.com
E-mail publish@cueb.edu.cn
经 销 全国新华书店
照 排 北京砚祥志远激光照排技术有限公司
印 刷 唐山玺诚印务有限公司
开 本 710毫米×1000毫米 1/16
字 数 300千字
印 张 16.25
版 次 2018年6月第1版 **2022年4月第2版** 2022年4月总第2次印刷
书 号 ISBN 978-7-5638-3341-2
定 价 54.00元

Preface

We heard about bibliometrics 10 years ago for the first time. In 2008 Corrado was writing a monograph on fast growing firms, a niche theme, which he approached for the first time. Scientific literature was fairly limited. Scholars came from different disciplines with a variety of approaches and methods that made it difficult to cumulate the findings.

We talked about this research problem once during a football match among scholars. Our discussion continued for several days on the various techniques of systematic analysis of literature. We enjoyed the exchange and concluded that bibliometrics was an interesting method and that it would have been fun to explore it together.

Our goal became to examine the intellectual structure of fast growing firms research. We analyzed all the scientific production published in academic English-written journals. The analysis was complex because it required several steps and diverse analysis and mapping software tools, which were often available only under commercial licenses. All the process was unwieldly, from data-collection to data-visualization. Massimo greatly contributed with his statistical and coding skills. Our collaboration continued in moments of fun, such as our frequent football matches. While analyzing data, we discovered that we enjoyed working together. In short, our friendship soon turned into a scientific collaboration that still lasts.

Within our departments and academic communities, the reaction to our work was positive. At that time, few people talked about bibliometrics in Italy, even from the point of view of research evaluation. Years later we presented a bibliometric analysis paper on performance management at the Annual Conference of the Academy of Management, the largest international management meeting. Also on that occasion, we got positive feedbacks that pushed us to persist. In the same years, young Italian colleagues asked us for suggestions for their literature reviews and for their research. Massimo opened some statistical analysis laboratories in R and together we presented the bibliometric analysis at some workshops.

We are telling this story because without these feedbacks and stimuli we would not have published the bibliometrix release 0.1 in 2016. A year later we are at version 1.7, thanks to our growing passion for bibliometrics and to the suggestions that today come from scholars from all around the world.

R-bibliometrix is currently a free tool for quantitative research in scientometrics and bibliometrics that includes all the main bibliometric methods of analysis, easy to use even for those who have no coding skills.

Bibliometrix is a unique tool, developed in the statistical computing and graphic R language, according to a logical bibliometric workflow. R is highly extensible because it is an object-oriented and functional programming language, and therefore is pretty easy to automate analyses and create new functions. As it has an open-software nature, it is also easy to get help from the users community, mainly composed by prominent statisticians. Therefore, bibliometrix is flexible and can be rapidly upgraded and can be integrated with other statistical R-packages. That why, it is useful in a constantly changing science such as bibliometrics.

Today bibliometrix is more than just a statistical tool. It is becoming a community of international developers and users who exchange questions, impressions, opinions, and examples within an open source project. For this reason, we are very honored that Dr Jie Li of the Research center for Safety and security SCITECH trends at the Department of Safety Science and Engineering, Shanghai Maritime University gave us the opportunity to tell you this story and to write an English preface for his book "Using R for Scientometrics data Visualization" that mainly introduces the BIBLIOMETRIX package to scholars and students.

We said that Bibliometrix includes all the main bibliometric methods of analysis, but we use it especially for science mapping and not for measuring science, scientists, or scientific productivity. Synthesizing past research findings is one of the most important tasks in advancing a line of research. Various methods exist to summarize the amount of scientific activity in a domain, but bibliometrics has the potential to introduce a systematic, transparent and reproducible review process. This is very relevant in an age when the number of academic publications is rising at a very fast pace and it is increasingly unfeasible to keep track of everything that is being published; and when the emphasis on empirical contributions is resulting in voluminous and fragmented research streams, and a contested feld. Literature reviews are increasingly playing a crucial role in synthesizing past research findings to effectively use the existing knowledge base, advance a line of research, and give evidence-based insights into the practice of exercising and sustaining professional judgment and expertise. The overwhelming volume of new information, conceptual developments and data are the milieu in which bibliometrics becomes useful, by providing a structured analysis to a large body of information, to infer trends over time, themes researched, identify shifts in the boundaries of the disciplines, to detect most the prolifc scholars and institutions, and to show the "big picture" of extant research.

Naples, Italy July 2017

Massimo Aria and Corrado Cuccurullo

第二版前言

科学知识图谱是过去二十余年科学计量学领域的热点研究方向，吸引了科学计量领域内外学者的关注和研究。学界先后开发了 HistCite、BibExcel、Citespace 以及 VOSviewer 等知识图谱工具，对科学研究本身产生了深刻的影响。除了开发独立的软件包之外，一批学者开始借助新兴的程序语言来尝试科学计量与知识图谱的研究与分析。其中，AriaMassimo 和 Cuccurullo Corrado 开发的 R 语言包 bibliometrix 和集成的在线分析系统 biblioshiny 最具知名度。他们发表的论文 bibliometrix: An R-tool for comprehensive science mapping analysis 已经成为 Journal of Informetrics 上被引频次最高（964 次）的论文。鉴于该工具包的广泛使用，激发了两位学者对该软件包持续的维护和更新。自《R 科学计量数据可视化》（第一版）出版以来，该程序包已经经历了数次的更新，因此在第一版的基础上进行修订十分有必要。在第二版的撰写过程中，特别邀请了杭州电子科技大学数据科学与信息计量研究院的余云龙博士和中国科学院生态研究中心的李彬彬博士共同参与更新和数据的验证。

在第二版的撰写过程中，我们沿袭了第一版简洁明了的风格，增添了诸多细节，以方便读者能够增进对函数的理解和运用。R 语言工具包从 bibliometrix1.0 已经发展到 bibliometrix3.0 及以上版本，开发者在这个过程中也对代码进行了更新和优化，大大提升了数据处理和分析效率与准确度。此外，在 bibliometrix 1.0 的基础上，作者开发了网页版本 biblioshiny，使得数据的分析更加便捷。bibliometrix 3.0 以后版本的函数代码更改较少，基本保持稳定。本书的所有代码可在 bibliometrix 3.2 及以上版本上运行。

本书在第一版的基础上做了如下的更新：

（1）增加了函数输入参数和输出结果的描述，使读者更加容易理解函数的工作原理；

（2）为每一行代码添加注释。虽然这是一项繁琐的工作，但对每行代码进行解释能够使读者更加清楚代码运行的含义，增加对任务和目标的理解；

（3）新补充了 biblioshiny 在线科学计量分析的详细过程，使得没有编程基础的用户更好地使用该工具进行可视化知识图谱研究；

（4）增加了若干新函数，可以实现更多的科学计量学分析。相信不断更新的

bibliometrix 能给用户带来新的应用体验，也希望本书能给将要或者正在使用 R 进行科学计量与知识图谱分析的学者带来益处。

李杰，余云龙，李彬彬

2022 年 3 月 6 日

前　言

当前，我们正处于科学文献大数据时代。面对海量的文献，我们如何快速地了解一个研究领域、研究方向或者主题的整体格局以及未来的趋势？在此背景下，与该问题直接相关的科学计量理论、方法和技术的适时发展，成为解决上述科研问题的一种有效的途径。掌握与科学计量相关的技术和方法也成为科研工作者在新时代进行科学研究活动的基本技能要求。在过去十余年里，科学计量数据可视化的理论与方法已经大量地渗透到其他学科的研究实践中。在国内，这种以科学文本数据为研究对象，通过可视化技术来揭示学科结构、演进和互动的研究领域被统称为“科学知识图谱”。

科学计量数据可视化背后涉及大量的科学计量学（还包含文献计量学、网络计量学以及信息计量学）方面的基础理论，比如论文的作者生产率分布、论文的共被引、耦合、主题共现以及作者合作等。还包含了统计学和网络科学等方面的技术和方法，比如多维尺度分析、聚类分析、复杂网络分析、自然语言处理和文本挖掘等分析方法。上述理论和方法构成了进行科学计量数据可视化分析的知识基础，是进行知识图谱分析的前提。在理论和方法的支持下，当前国内外的相关学者已经开发了数十种科技文本挖掘方面的软件或者工具包，这些知名的工具包含了 HistCite、BibExcel、CiteSpace、SCI2 以及 VOSviewer 等。这些工具为有意借助领域文献分析以获取学科研究格局和动态的学者提供了可能。

笔者在过去 5 年从事科学计量和知识图谱的实践研究中，相继撰写了关于 CiteSpace、VOSviewer 以及 BibExcel 等方面的书籍，主要目的在于帮助非科学计量学领域的学者快速应用该方法辅助科学研究。从 2016 年开始，已经相继组织了 4 次与科学计量和知识图谱相关的活动，与来自国内的数百名知识图谱爱好者有过交流。在交流中，最为常见和令我反思的一个问题是：“我得到的图谱结果应该怎样解释呢？”我认为，科学计量及知识图谱的方法仅仅给我们提供了一种认识知识世界的新方式，但这种认识方式更需要知识图谱实践者结合自身的专业背景和知识图谱的理论与方法去思考。在进行科学计量和知识图谱分析的时候，读者一定要明确自己要解决的问题是什么，以及为什么知识图谱能够解决提出的问题，它与其他方法相比优势在哪里，等等。即在进行科学计量和知识图谱分析之前，一定要确定自己所要研究的问题，然后来选择使用何种知识图谱呈现方式解决问题。

本书是《CiteSpace：科技文本挖掘及可视化》《科学计量与知识网络分析——基于BibExcel等软件的实践》《科学知识图谱原理及应用——VOSviewer与CiteNetExplorer初学者指南》的姊妹篇。与前面这些应用程序不同的是，该书详细介绍了意大利那不勒斯菲里德里克第二大学（University of Naples Federico II）经济与统计系Massimo Aria和Corrado Cuccurullo基于R语言开发的BIBLIOMETRIX工具包❶。建议读者在应用时通过提供的链接来检查是否为最新版的BIBLIOMETRIX，在实际的研究中尽可能使用最新版来对数据进行分析（BIBLIOMETRIX-R Package for Bibliometric and Co-Citation Analysis，http://www.bibliometrix.org/）。该R工具包基本上涵盖了进行科学计量和知识可视化的功能（图0.1），可以满足爱好R软件，并试图使用R进行科学计量和知识图谱分析的读者。在此基础上，对于科学计量与知识图谱相关的一些R工具包，如rAltmetric、wordcloud2、gender以及tidytext等工具包进行了介绍。本书对使用R进行英文全文本挖掘的介绍很少，对中文全文本挖掘尚未涉及。在今后的更新中将对使用R进行全文本挖掘进行适当的完善。

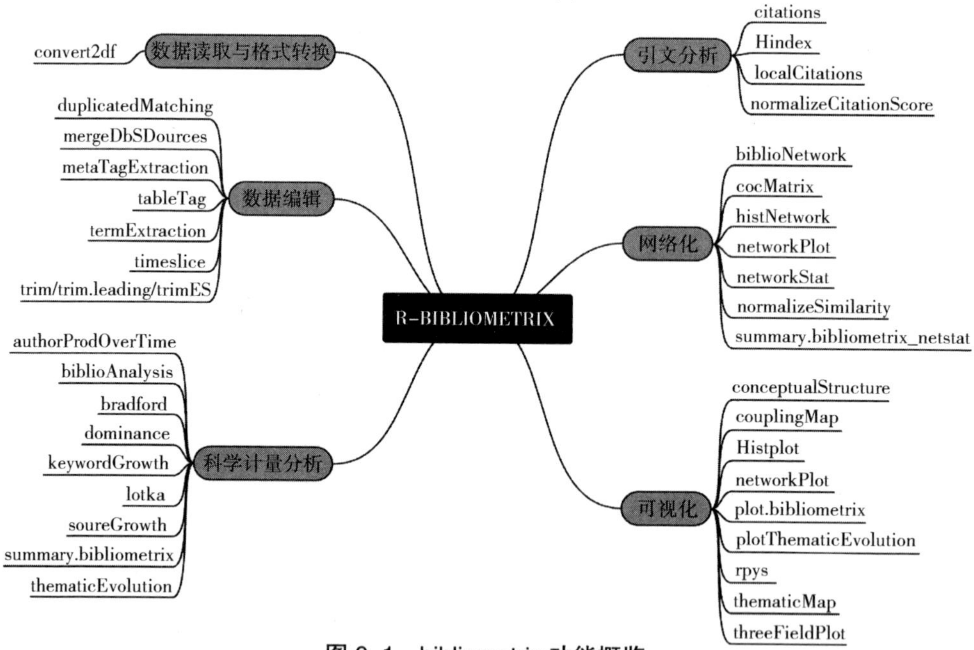

图0.1 bibliometrix 功能概览

❶ 建议读者在应用时，通过提供的链接来检查是否为最新版的BIBLIOMETRIX，在实际的研究中尽可能的使用最新版来对数据进行分析。BIBLIOMETRIX-R Package for Bibliometric and Co-Citation Analysis，http://www.bibliometrix.org/.

为了便于读者熟悉 bibliometrix 工具包，本书大多数的案例运行采用了工具包自带的数据，一些案例专门下载了 Web of Science 和 Scopus 数据集并进行了分析。案例中呈现了所分析的结果，但并未就结果进行描述性或者带有特定研究目的的解读。读者通过对这些结果的学习，自己去思考可以做些什么，或者至少可以通过这种方法了解自己所关注领域的基本情况。

本书在撰写中有如下约定：

```
> 后为代码
# 为代码的说明
## 为代码运行的结果
```

感谢 Massimo Aria 和 Corrado Cuccurullo，他们在本书写作过程中给予了大力帮助，并为本书撰写了英文序言。感谢首都经济贸易大学出版社杨玲社长对科学计量与知识图谱系列丛书出版的极力支持，感谢中国科学院李彬彬博士在提取子矩阵问题上的帮助，感谢滑铁卢大学博士后于淼对文稿提出的修改建议，感谢本书的责任编辑薛晓红以及研究生李平对本书的编辑和详细校对。

回首自己在科学计量和知识图谱研究与实践上的经历，感受五味杂陈。衷心地期望本书及相关系列丛书能进一步促进科学计量与知识图谱实践研究在国内的发展和普及，并使每一位读者受益。

李 杰

2018 年 5 月于北京

目　录

第 1 讲　R 基础 …… 1

1.1　R 下载 …… 1

1.2　R 安装 …… 3

1.3　Rstudio 安装 …… 5

1.4　安装包 …… 6

1.5　加载包 …… 8

1.6　包帮助 …… 8

1.7　引用包 …… 9

1.8　包数据调用 …… 10

1.9　用户数据加载 …… 12

1.10　编程错误 …… 13

第 2 讲　科学计量数据采集 …… 14

2.1　WoS 数据 …… 14

2.2　Scopus 数据 …… 17

2.3　PubMed 数据 …… 19

第 3 讲　R 科学计量分析基础 …… 21

3.1　R 数据转换 …… 21

3.2　数据列名的意义 …… 22

3.3　数据集合并 …… 23

3.4　数据的除重 …… 25

3.5　数据的切片 …… 26

3.6　数据的编辑 …… 27

3.7　描述性分析 …… 28

3.8　统计可视化 …… 33

3.9　引文信息分析 …… 36

3.10 Altmetric 信息 …… 38
3.11 作者排名分析 …… 39
3.12 作者性别判断 …… 40
3.13 h 类指数 …… 42
3.14 Lotka 分析 …… 44
3.15 知识单元时序分布 …… 46
3.16 文献与作者 LCS 计算 …… 50
3.17 被引次数标准化 …… 52
3.18 术语提取 …… 54

第 4 讲 R 科学数据可视化 …… 58
4.1 知识单元隶属矩阵 …… 58
4.2 知识单元共现矩阵 …… 60
4.3 隶属矩阵的子矩阵 …… 63
4.4 共现矩阵的子矩阵 …… 64
4.5 共现矩阵标准化 …… 66
4.6 网络的可视化 …… 67
4.7 VOSviewer 的可视化 …… 70
4.8 合作网络可视化 …… 71
4.9 耦合网络可视化 …… 75
4.10 共被引网络可视化 …… 76
4.11 历史引证网络分析 …… 78
4.12 共词网络可视化 …… 80
4.13 术语概念结构图 …… 83
4.14 语义地图分析 …… 86
4.15 主题演化可视化 …… 89
4.16 词云可视化 …… 93
4.17 PuMed 数据可视化 …… 96
4.18 全文本挖掘及可视化 …… 97
4.19 高产作者动态 …… 105
4.20 耦合网络战略坐标图 …… 106

4.21 参考文献时间可视化 …… 108
4.22 分割网络图 …… 110

第 5 讲 网页版 R-biblioshiny …… 113
5.1 数据导入与格式转化（Data） …… 114
5.2 数据筛选（Filter） …… 115
5.3 数据集主要信息（Dataset） …… 116
5.4 出版源信息（Sources） …… 119
5.5 作者信息（Authors） …… 122
5.6 文档信息（Documents） …… 127
5.7 聚类（Clustering） …… 132
5.8 概念结构（Conceptual Structure） …… 133
5.9 认知结构（Interllectual Structure） …… 138
5.10 社会结构（Social Structure） …… 140

第 6 讲 上机实验 …… 141
6.1 特定作者的论文计量 …… 141
6.2 特定论文的科学计量 …… 152
6.3 特定机构的论文计量 …… 163
6.4 特定期刊的比较计量 …… 175
6.5 特定会议论文的计量 …… 192
6.6 特定主题文献的计量 …… 203
6.7 特定方法文献的计量 …… 219

参考文献 …… 230
附录 …… 232
附录 1 R 科学计量核心代码 …… 232
附录 2 Web of Science 核心字段含义 …… 237
附录 3 常用的科学计量数据可视化工具 …… 239
附录 4 R 科学计量数据可视化工具包 …… 240

第 1 讲

R 基础

1.1 R 下载

问题

如何下载 R 软件[1]？

方法

第 1 步：登陆 CRAN 网站[2]，在主界面中点击 CRAN 链接（图 1.1），进入 R 的下载镜像链接。例如，这里选择在中国的镜像链接来下载 R（图 1.2）。

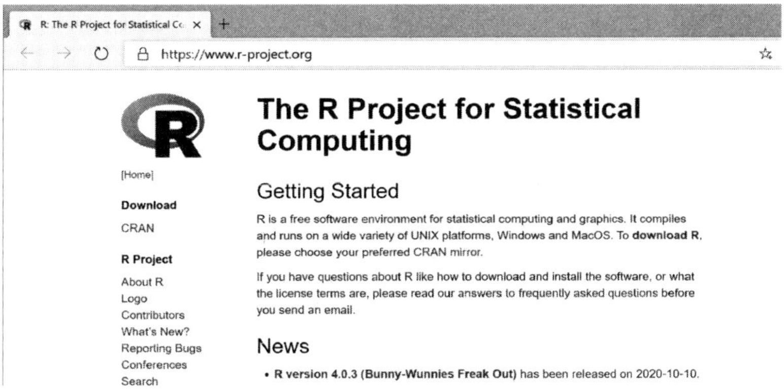

图 1.1　R 软件的下载主页

❶ R 语言是基于 S 语言开发的，S 语言则由贝尔实验室 John Chambers 和其同事于 1976 年共同开发。在 20 世纪 90 年代初，Ross Ihaka 和 Robert Gentleman 开发了 R 语言。

❷ R 软件下载：https://www.r-project.org/；CRAN 是 Comprehensive R Archive Network 的简写，是拥有同一资料，包括 R 的发布版本、包、文档和源代码的网络集合。

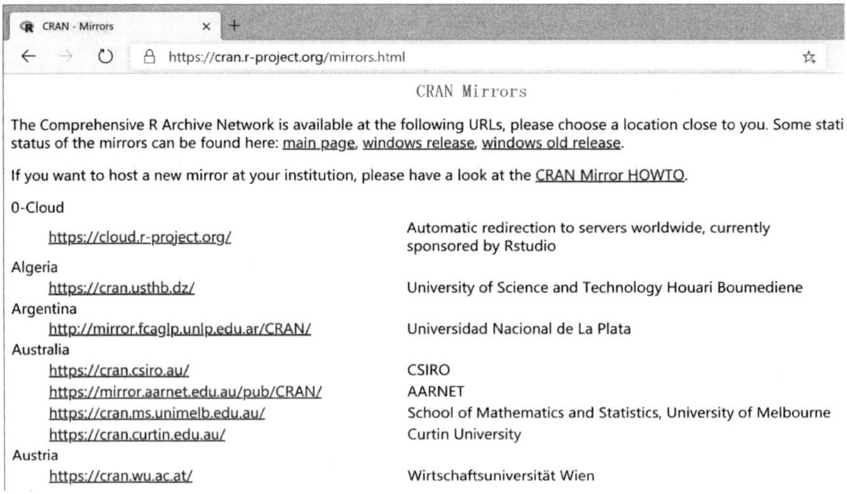

图 1.2　R 下载的镜像文件

第 2 步：在 Download and Install R 中提供了 Mac 和 Windows 版本的 R 软件。此处我们使用的电脑系统为 Windows，因此这里选择 Download R for Windows（图 1.3）。在接下来的界面 R for Windows 中点击 install R for the first time（图 1.4）。

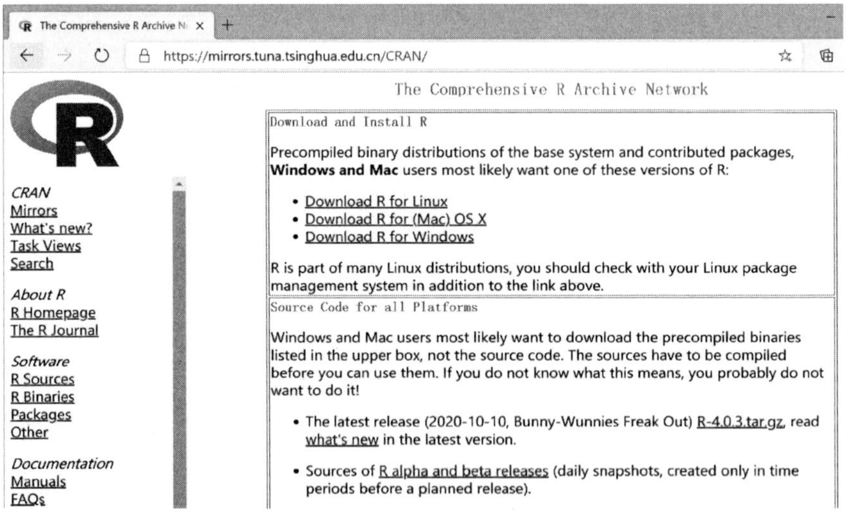

图 1.3　下载 R 软件（1）

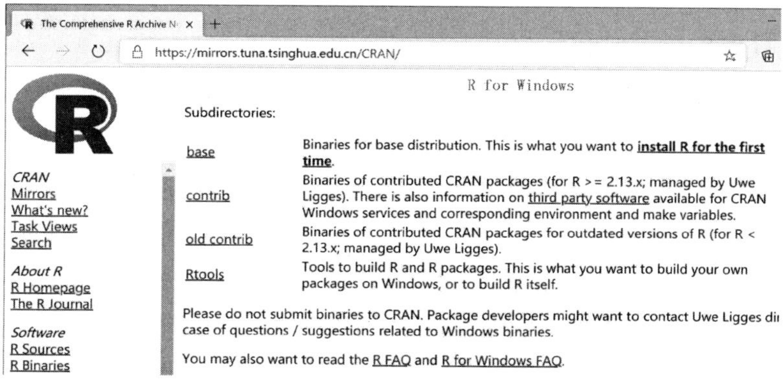

图 1.4　下载 R 软件（2）

第 3 步：本次下载 R 时的版本为 R-4.0.3 for Windows（图 1.5），在页面上点击 Download R 4.0.3 for Windows（76 megabytes, 32/64 bit）即可下载 R 软件。

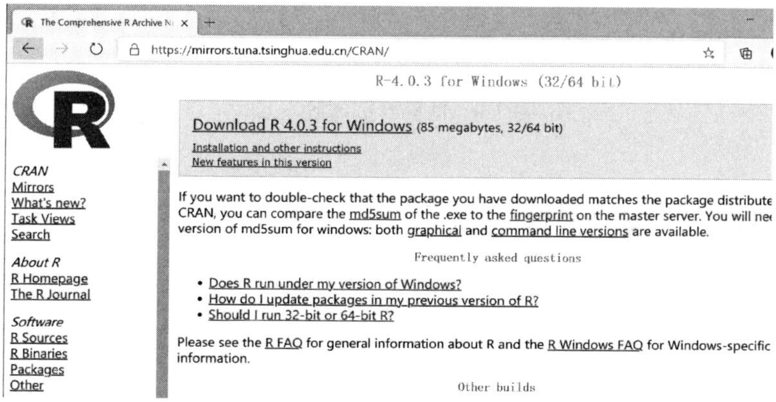

图 1.5　下载 R 软件（3）

1.2　R 安装

问题

如何安装 R 软件?

方法

双击所下载的R-4.0.3-win.exe安装包，并点击确定（图1.6），进入R的安装向导。

在“欢迎使用R for Windows 4.0.3安装向导”中点击下一步(图1.7)。对初学者，若对软件没有特别的关注和要求，可以连续点击“下一步”直至软件完成安装(图1.8)。

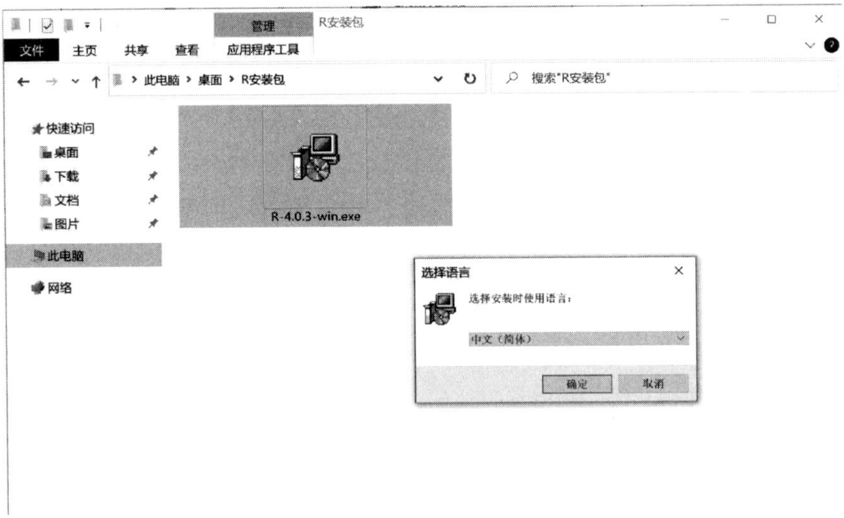

图 1.6　R 软件的安装（1）

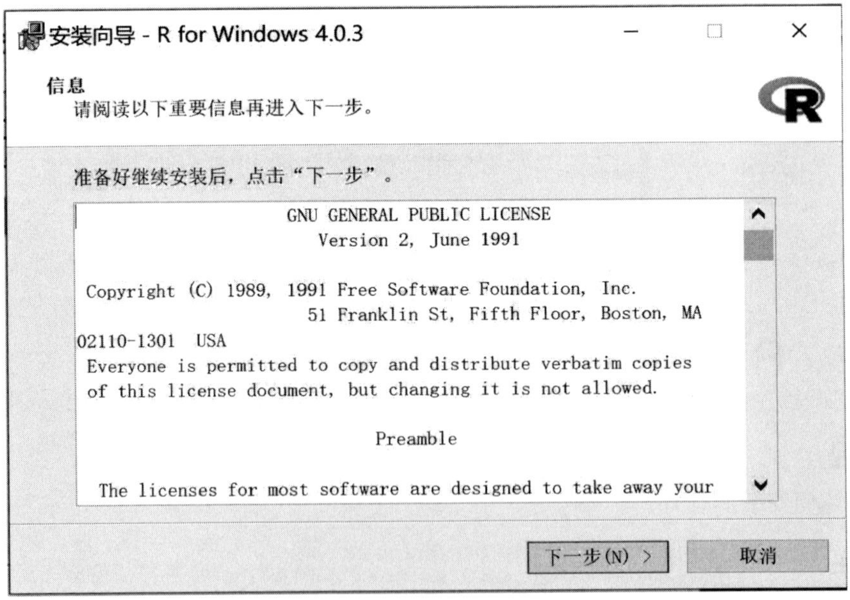

图 1.7　R 软件的安装（2）

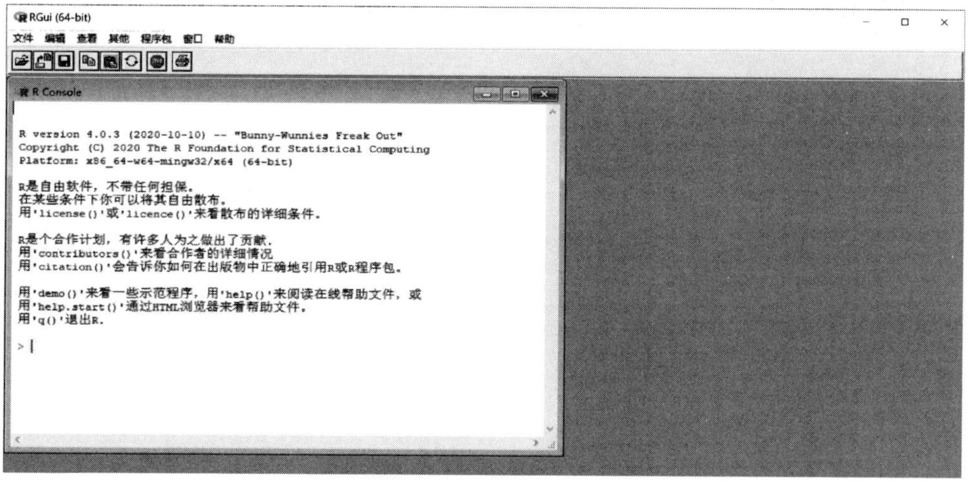

图 1.8　R 软件的安装（3）

1.3　Rstudio 安装

问题

如何安装 Rstudio？

方法

为了更好地使用 R，建议在安装 R 之后下载 Rstudio[1] 进行安装。安装 Rstudio 后，在以后的 R 使用中，相关操作可以在 Rstudio 中进行。

Rstudio 中包含了 4 个基本界面（图 1.9），左上角为代码界面，在这里写好代码后，点击 Run 即可运行所选择的代码；左下角为代码运行的过程窗口；右上角为代码环境和代码运行的历史界面，可以显示代码运行的基础结果和数据情况（例如数据的记录数和变量数）；右下角包含了绘图结果、软件包及其帮助界面。

---

[1] Rstudio 主页：http://www.rstudio.com.
RStudio 的前世今生——RStudio 创始人专访．https://cosx.org/2016/11/interview-j-j-allaire/.

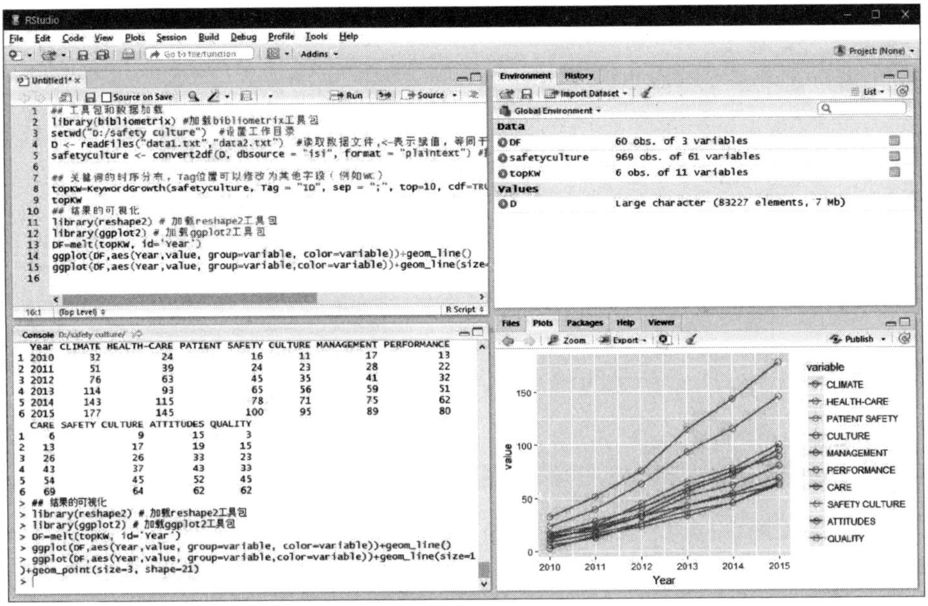

图 1.9　Rstudio 界面

1.4 安装包

图 1.10　R 工具包镜像文件位置

问题

如何从 CRAN 安装 R 工具包?

方法

在 R 中使用 install.packages（　）函数来安装工具包，括号中为要安装工具包的名称。在安装时，会提示用户选择安装镜像文件的位置，建议选择距离自己近的镜像（图 1.10）。若要保证所下载的工具包为最新版，可以选择 CRAN 的主服务器站点 Austria。

以安装 ggplot 画图工具包为例（图 1.11），在窗口中输入以下代码即可。

```
> install.packages ("ggplot2")
```

在使用 R 进行科学计量分析之前，还需要安装的工具包有 dplyr，factoextra，FactoMineR，ggplot2，igraph，Matrix，SnowballC 以及 stringr 工具包。可以在 R 程序界面中直接输入下面的语句来安装。

```
> install.packages ("dplyr", "factoextra", "FactoMineR", "ggplot2",
"igraph", "Matrix", "rscopus", "SnowballC", "stringr")
```

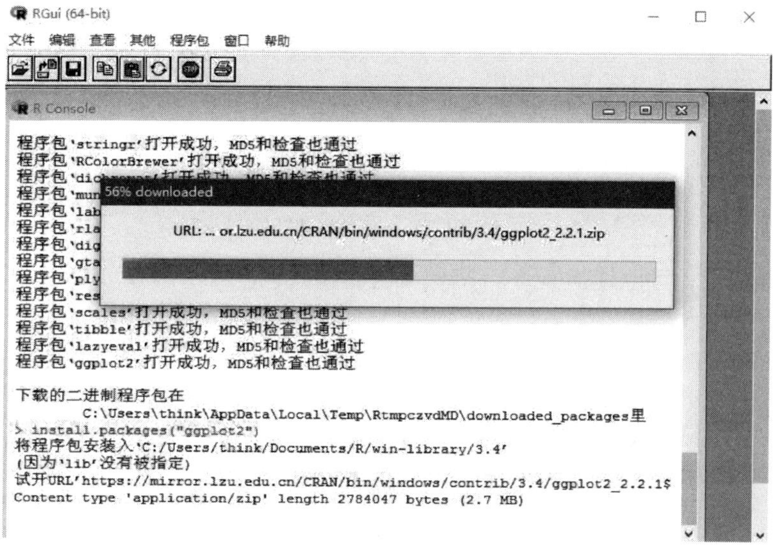

图 1.11　工具包的加载

安装科学计量工具包的代码为：

```
> install.packages ("bibliometrix")
```

已经分享的 R 包会不定期地被作者进行更新，R 中更新包的命令是：

```
> update.packages ( )
```

例如，下面语句是对 bibliometrix 的更新：

```
> update.packages ("bibliometrix")
```

1.5 加载包

问题

如何在 R 中加载一个已经安装好的工具包?

方法

安装完科学计量与可视化的基本工具包，在 R 中使用时，首先要加载将要使用的这些工具库。

加载函数为：library ( )

例如，在 R 中分别加载 bibliometrix 和 ggplot2 工具包：

```
> library(bibliometrix)
> library(ggplot2)
```

加载包后，可以使用 search 函数来查看哪些包已经加载并可以使用：

```
> search()
   [1] ".GlobalEnv"       "package:reshape2"    "package:bibliometrix"
## [4] "package:rwos"     "package:dplyr"       "package:purrr"
## [7] "package:readr"    "package:tidyr"       "package:tibble"
## [10] "package:ggplot2" "package:tidyverse"   "package:easyPubMed"
## [13] "package:XML"     "package:tidytext"    "tools:rstudio"
## [16] "package:stats"   "package:graphics"    "package:grDevices"
## [19] "package:utils"   "package:datasets"    "package:methods"
## [22] "Autoloads"       "package:base"
```

1.6 包帮助

问题

如何在 R 中获取一个工具包的帮助文件?

方法

在 R 中使用 help( ) 或者使用问号“? ”来调用所使用工具包的帮助文件。

例如，在 R 中查看 bibliometrix 的帮助文件，需要在窗口中输入：

```
> help("bibliometrix")
```

或者

```
> ?bibliometrix
```

运行结果如图 1.12 所示。

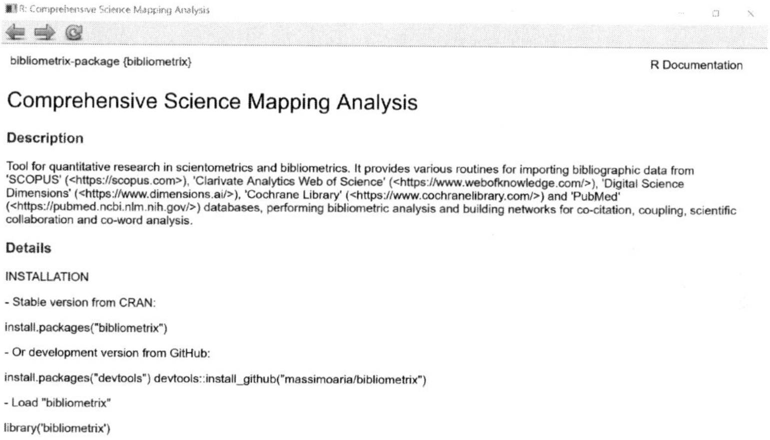

R: Comprehensive Science Mapping Analysis

bibliometrix-package {bibliometrix} R Documentation

Comprehensive Science Mapping Analysis

Description

Tool for quantitative research in scientometrics and bibliometrics. It provides various routines for importing bibliographic data from 'SCOPUS' (<https://scopus.com>), 'Clarivate Analytics Web of Science' (<https://www.webofknowledge.com/>), 'Digital Science Dimensions' (<https://www.dimensions.ai/>), 'Cochrane Library' (<https://www.cochranelibrary.com/>) and 'PubMed' (<https://pubmed.ncbi.nlm.nih.gov/>) databases, performing bibliometric analysis and building networks for co-citation, coupling, scientific collaboration and co-word analysis.

Details

INSTALLATION

- Stable version from CRAN:

install.packages("bibliometrix")

- Or development version from GitHub:

install.packages("devtools") devtools::install_github("massimoaria/bibliometrix")

- Load "bibliometrix"

library('bibliometrix')

图 1.12 R 包中帮助文件的查询

1.7 引用包

问题

如何在 R 中引用所使用的工具包?

方法

使用 citation ( ) 函数来调用所需引用包的详细信息。

例如，运行 citation ("bibliometrix")，在 R 中来查看 bibliometrix 的完整引用信息：

```
> citation("bibliometrix") #引用 bibliometrix 工具包❶
## To cite bibliometrix in publications, please use:
Aria, M. & Cuccurullo,C. (2017) bibliometrix: An R-tool for
comprehensive science mapping analysis, Journal of Informetrics, 11(4),
pp 959-975, Elsevier.

A BibTeX entry for LaTeX users is
  @Article{,
    author = {Massimo Aria and Corrado Cuccurullo},
     title = {bibliometrix: An R-tool for comprehensive science
mapping analysis},
    journal = {Journal of Informetrics},
    volume = {11},
    number = {4},
    pages = {959-975},
    publisher = {Elsevier},
    year = {2017},
    url = {https://doi.org/10.1016/j.joi.2017.08.007},
  }
```

1.8 包数据调用

问题

如何调用 bibliometrix 案例数据？

方法

bibliometrix 的案例数据储存在 bibliometrixData 工具包中。加载 bibliome-

❶ 注：在代码运行时，# 后面的文字不起作用。

trixData 工具包后，可以使用 data 函数来查看工具包中数据集：

```
> library(bibliometrixData)
> data(package = 'bibliometrixData')
## Data sets in package 'bibliometrixData':
biblio              Dataset of "Bibliometrics" scientific documents.
biblio_df           Dataset of "Bibliometrics" manuscripts.
garfield            Eugene Garfield's manuscripts.
isiCollection      "Bibliometrics" manuscripts from Clarivate
                        Analytics WoS.
management         The use of bibliometric approaches in business and
                        management disciplines.
scientometrics        "Co-citation analysis" and "Coupling analysis"
                          manuscripts.
scientometrics_text  "Co-citation analysis" and "Coupling analysis"
                           manuscripts.
scopusCollection      "Bibliometrics" manuscripts from SCOPUS.
```

BibliometrixData 工具包主要提供了以下几个案例数据：

（1）关于 Bibliometric 的 99 篇文献，时间：2006—2015 年，数据来源于 Web of Science 数据库，且标题中含有“bibliometrics”。在 R 中使用 data(biblio_df) 即可加载该数。在 R 中的加载命令如下：

```
> data(biblio_df)
```

（2）关于 Eugene Garfield[❶] 发表的论文，时间：1954—2014 年，数据库：SCOPUS。在 R 中使用 data （garfield）即可加载该数据。在 R 中的加载命令如下：

```
> data(garfield)
```

❶ 尤金·加菲尔德（Eugene Garfield）（1925.9.16—2017.2.26），美国著名的情报学家和科学计量学家。1955 年在《科学》杂志上率先提出了科学引文索引（SCI）的创意。1960 年创办了美国科学情报研究所（ISI），并在 1964 年将他发明的《科学引文索引（SCI）》正式出版。SCI 后来拓展到社会科学（SSCI）和人文学科领域（A&HCI），这些数据库囊括了科学领域的几乎所有学科类别，成为世界上最权威的科学文献引文数据库和功能最为完善的科学文献检索工具。鉴于加菲尔德博士在科学引文索引、引文分析方法和科学计量学的开创性、奠基性贡献，国际科学计量学和信息计量学学会(ISSI）授予他本领域首届（1984 年）最高荣誉——普赖斯奖章（D. de S.Price Memorial Medal）。

（3）发表在 Scientometrics，主题是关于“Co-citation analysis”和“coupling analysis”的论文。时间：1985—2015 年，数据库为 Web of Science。在 R 中使用 data（scientometrics）来加载数据。在 R 中加载命令如下：

```
> data(scientometrics)
```

加载互联网上的数据：

```
> library(bibliometrix)  # 在数据调用时，需要先加载 bibliometrix 工具包
> files <- 'https://www.bibliometrix.org/datasets/wos_plaintext.txt'  # 获取数据地址
> M <- convert2df(file = files, dbsource = "wos", format = "plaintext") # 数据格式的处理，如果转换成功则出现如下提示
## Converting your wos collection into a bibliographic dataframe
## Done!
## Generating affiliation field tag AU_UN from C1:  Done!
```

1.9 用户数据加载

问题

如何在 R 中分析自己下载的数据？

方法

在 Web of Science 或 Scopus 下载数据后，将数据保存为 .txt 或者 .bib 格式。将下载的数据放在某一新建的文件夹中，通过设置数据所在的路径位置，来读取数据。在 bibliometrics （版本 >3.0）中，运行 convert2df 函数直接读取并转换数据格式，具体格式如下：

```
file <- c("data1.bib", "data2.bib", "data3.bib")
biblio_data <- convert2df(file, ……)
```

其中，file 为一组从 Web of Science 中下载的 txt 或 bibtex 数据，也可以是从 Scopus 中下载的 bibtex 格式的数据。file 中的数据集名称一定要与默认文件夹中的数据集名称一致。

例如，通过 Web of Science 采集了 2010—2015 年关于 Safety Culture（安全文化）的研究论文，使用 R 来读取和转换该数据集的过程如下。

```
> library(bibliometrix) # 加载 bibliometrix 工具包
> file <- c("data1.txt", "data2.txt")
> safetyculture <- convert2df(file, dbsource = "isi", format = "plaintext") # 数据的转换，dbsource 可以是 isi 或者 scopus
## Converting your isi collection into a bibliographic dataframe
## Done!
## Generating affiliation field tag AU_UN from C1:  Done!
```

1.10 编程错误

问题

在 R 的编程中有哪些常见错误?

方法

在 R 的语句运行出现错误时，可以通过以下几个方法来查看问题的原因[1]:

（1）编程语句中使用了错误的大小写。例如，在 R 中 Library（bibliometrix）就不能加载工具包，L 需要小写。R 语言对大小写十分敏感，这也是 R 语言编程中十分常见的错误。

（2）忘记了必要的引号。例如，在安装或更新工具包时，括号中的工具包名称要加引号，update.packages（ “bibliometrix” ）。

强烈建议读者在使用 Rstudio 分析数据时，先新建一个工程，将所有需要的数据放置在同一个工程下，保证数据的顺利读取与储存。当开始新的分析任务时，建议再新建另外一个工程。

使用尚未加载的工具包中的函数。例如，KeywordGrowth 函数包含在 bibliometrix 工具包中，若该工具包没有加载，那么其中的函数就不能使用。

[1] （美） RobertI.Kabacoff 著．R 语言实战．人民邮电出版社，2016 年版．

第 2 讲

科学计量数据采集

2.1 WoS 数据

问题

如何从 Web of Science 核心合集❶下载可用 R 分析的数据?

方法

登录 Web of Science 数据库，将数据库切换到 Web of Science 核心数据集界面（图 2.1），然后在检索框中设置相应的检索条件。进入检索结果界面后，将结果保存为 txt 或 bibtex 格式。

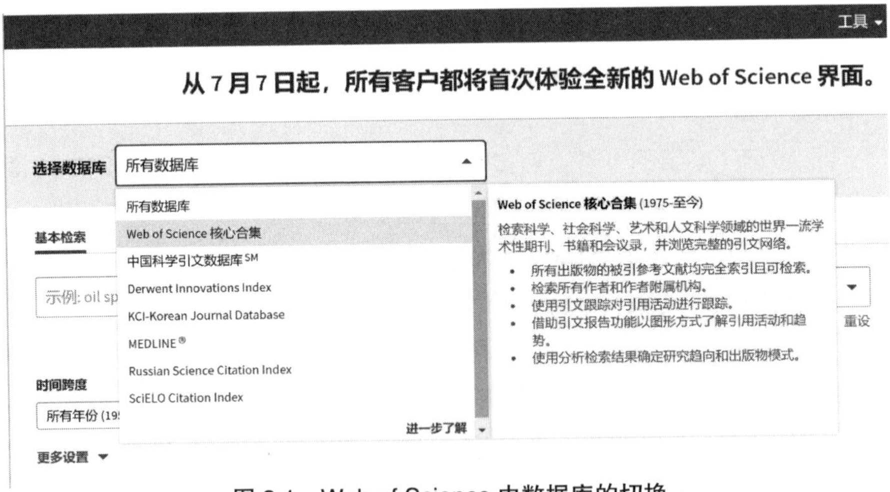

图 2.1　Web of Science 中数据库的切换

❶ Web of Science 是 Clarivate Analytics（科睿唯安）公司旗下的数据库之一，该数据库包含世界知名的 SCI、SSCI 以及 A&HCI 等期刊论文索引数据库以及包含 CPCI 重要会议索引数据库。WoS 数据库是科学计量及知识图谱领域最常用的数据库，其创始人尤金·加菲尔德（1925.9.16—2017.2.26）是国际知名的科学计量学家。

案例

从 Web of Science 核心合集 Science Citation Index Expanded （SCI-EXPANDED）和 Social Sciences Citation Index（SSCI）中下载 2010—2015 年主题关于 safety Culture 的期刊论文。

第 1 步：登录数据库，设置检索条件。

登录 Web of Science 数据库，并设置检索条件。例如，这里以检索 2010—2015 年主题关于 safety culture 的期刊文献为例（图 2.2）。

图 2.2　WoS 数据检索界面

第 2 步：检索结果。

在检索界面设置好检索条件，点击检索即可到达检索结果页面。在检索结果页面中，提供了检索结果的列表以及检索结果的描述性统计分析（图 2.3）。为了导出数据，需要点击页面的“其他文件格式”，以进入数据导出界面。

第 3 步：结果的导出。

进入数据导出界面后，选择“记录”，然后输入要导出的文献编号。这里的编号与检索记录是对应的，比如这里检索到了 966 条记录，那么我们首次在里输入的数字为 1 和 500，含义是导出前 500 条记录（图 2.4）。这是因为 Web of

Science 在这里限制每次用户导出数据的最大值为 500 条[1]，前 500 条记录导出结束后，再输入 501~966 条记录来导出后面的记录。

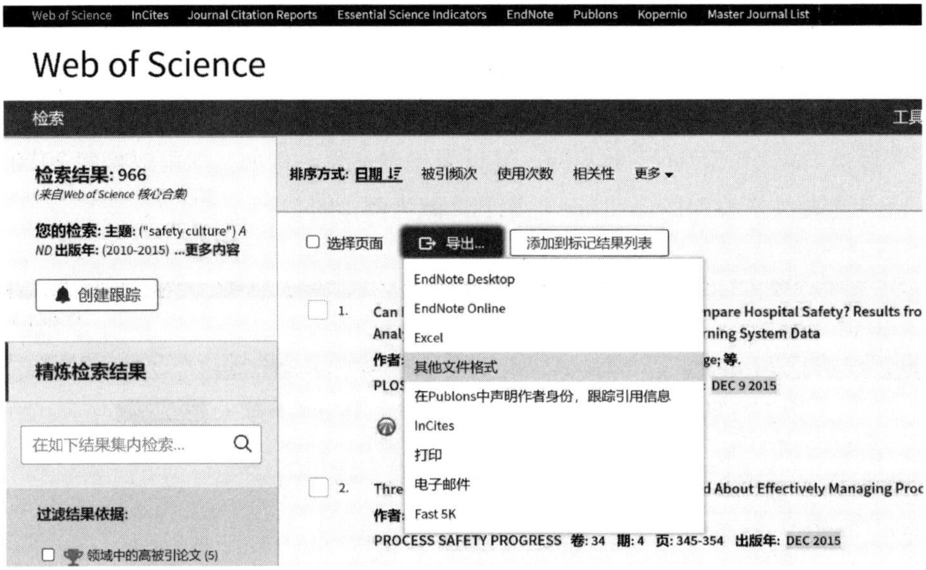

图 2.3　WoS 的检索结果

图 2.4　WoS 中结果的导出

[1] 在最新版的 Web of Science 中，提供了一次最多快速下载 5 000 条记录的功能。若需要此功能，点击检索结果页面的 5K 即可。Fast 5000 提供的数据下载仅仅包含作者、标题和来源出版物，且只允许保存为制表符分隔格式（Win 或 Mac）。2017 年 7 月 27 日，荷兰知名科学计量学家 Loet 专门开发了 FS2WoS.exe 工具包，可以将快速下载的 5 000 条数据转换为 WoS 纯文本格式，并将作者、标题以及期刊信息分别保存（au.txt, ti.txt, so.txt）。该工具下载地址为 http://www.leydesdorff.net/software/fs2wos/。

待数据记录的导出范围设定好后，在记录内容部分需要选择“全记录与引用的参考文献”，文件格式选择为“纯文本”或“bibtex”。最后，点击“发送”，即可下载 txt 或 bibtex 格式 web of Science 数据。

2.2 Scopus 数据

问题

如何从 scopus 数据库❶中下载可以用 R 分析的数据?

方法

登录 scopus 数据库，若数据库为中文界面，务必将 scopus 数据库界面切换成英文。在检索框中输入检索的条件，并将数据导出为 bibtex 格式即可。

案例

下面的案例为从 scopus 数据库中下载 2010—2015 年主题关于 safety culture 的期刊文献（图 2.5）。

第 1 步：登录 scopus，并设置检索条件。

第 2 步：检索结果。

设置好条件，点击检索界面的 Search 后，得到检索结果。若要导出检索的结果，需要选中检索的所有结果（Select all），然后再点击界面上的 Export 来进入数据导出界面（图 2.6）。

注意：SCOPUS 目前只允许每次最多下载 2 000 条记录，因此当检索的结果超过 2 000 时，需要分批检索和下载。

第 3 步：数据的导出。

点击 Export，进入数据导出界面后，在 Select your method of export 中选择 BibTeX，在 Customize export 中选中所有可导出项目，最后点击该界面右下角

❶ Scopus 数据库（主页：https://www.scopus.com/home.uri）由爱思唯尔（Elsevier）于 2004 年 11 月正式推出，是目前全球规模最大的文摘和引文数据库。Scopus 涵盖了由 5 000 多家出版商出版发行的科技、医学和社会科学方面的 24 000 多种期刊，其中同行评审期刊 21 000 多种。相对于其他单一的文摘索引数据库而言，Scopus 的内容更加全面，学科更加广泛，特别是在获取非英语国家的文献方面，用户可检索出更多的文献数量和相关的参考文献及引文信息。通过 Scopus，用户可以检索到 1823 年以来的近 5 700 万条摘要和题录信息，以及 1996 年以来所引用的参考文献，并且数据每日更新。

的 Export 来保存下载的 scopus.bib 格式数据（图 2.7）。

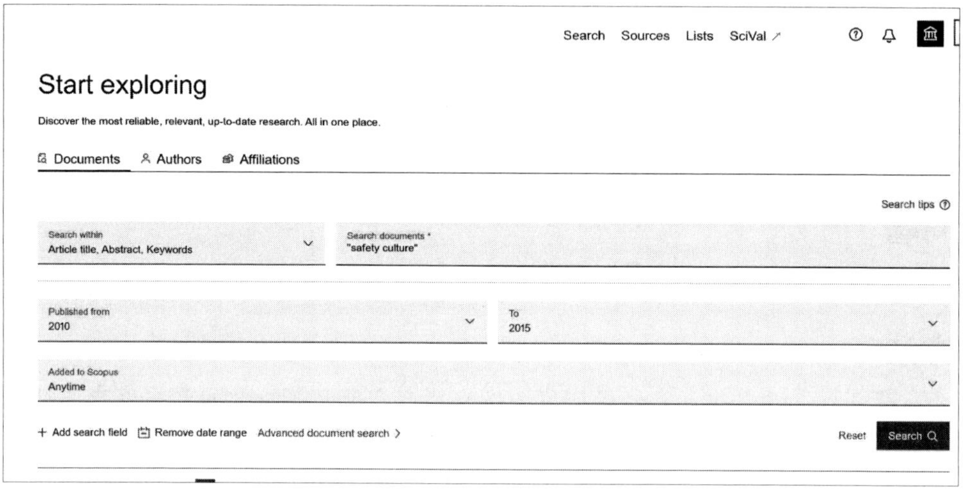

图 2.5　检索界面和检索条件

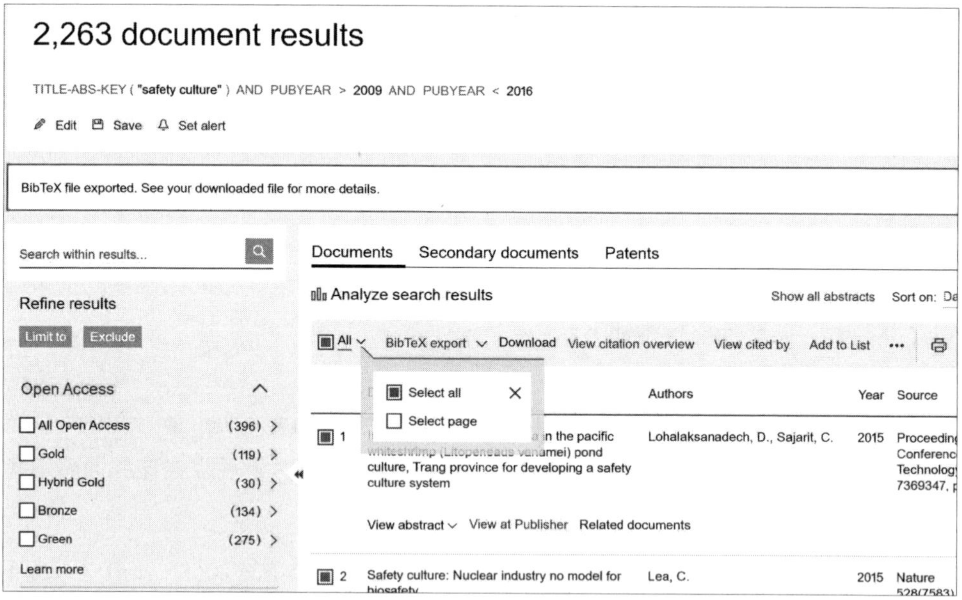

图 2.6　数据检索结果

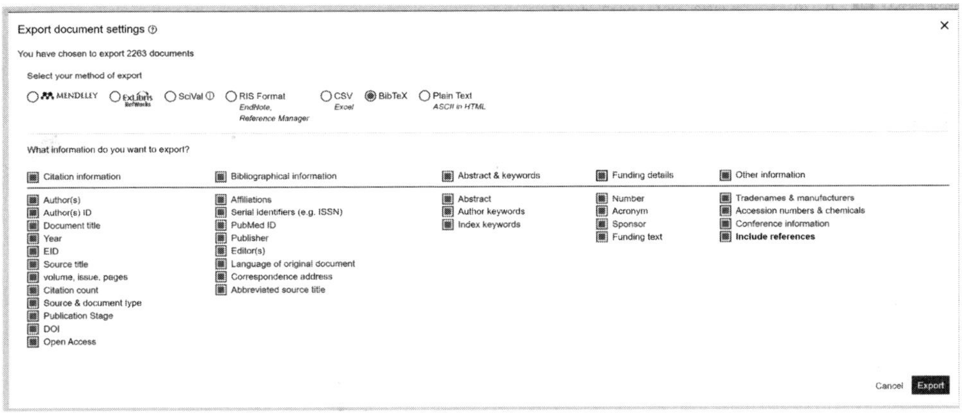

图 2.7　数据的导出界面

2.3　PubMed 数据

问题

如何使用 R 来采集 PubMed 数据集[1]？

方法

在 R 中提供了多个包可以下载 PubMed 数据库的数据，比如可用 easyPubMed，RISmed 和 pubmedR 工具包[2]来批量下载 PubMed 数据集。在此仅展示 pubmedR 工具包如何获取数据，此包与 bibliometrix 工具包为同一作者开发，二者具有较好的兼容性。

在使用前，需要安装 pubmed 工具包：

```
> install.packages("pubmedR")
```

---

❶ PubMed 是一个提供生物医学方面的论文搜寻以及摘要，并且免费搜寻的数据库。它的数据库来源为 MEDLINE。其核心主题为医学，但亦包括其他与医学相关的领域，像是护理学或者其他健康学科。该数据库的主页为 https://www.ncbi.nlm.nih.gov/pubmed。

❷ 通过 easyPubMed，RISmed 和 pubmedR 可以批量采集 PubMed 数据，数据格式可以下载为 txt 或者 xml。txt 格式的数据也可以导入 VOSviewer 软件中直接进行数据可视化分析。

在 R 中，可以用于对 PubMed 数据进行分析和处理的工具包目前有多个，具体参见本书附录。

该工具包中包含 pmApi2df、pmApiRequest 以及 pmQueryTotalCount 等函数对 PubMed 数据进行下载和检索查询的功能。

案例

下载 PubMed 数据库中 2016 年关于 bibliometrics 的论文数据，并导入 R 语言环境中。运行下面的代码：

```
> library(pubmedR)
> ml_query <- "bibliometrics[TI] AND 2016[PD]"
> res <- pmQueryTotalCount(query = ml_query)  #查看有多少文档被检索
> res$total_count
## 20
> D <- pmApiRequest(query = ml_query, limit = res$total_count)  #下载数据
## Documents  20 of  20
>M<-convert2df(file=D,dbsource="pubmed",format="api")  #读取数据，并以数据框的形式存储数据
## Converting your pubmed collection into a bibliographic dataframe
## ======================================================================
## Done!
```

第 3 讲

R 科学计量分析基础

3.1 R 数据转换

问题

如何对已经加载的科学文本数据进行数据转换?

方法

在 bibliometrix 工具包中使用 convert2df 函数来进行转换。

数据转换的标准语言格式如下:

```
convert2df (file, dbsource = "wos", format ="plaintext")
```

file 为所读取的数据文件。

dbsource 为数据源，可以为 isi（默认），scopus，dimensions 和 pubmed。

format 为数据格式，可以为 plaintext（默认），bibtex，api，endknote，csv 和 excel。

案例

下面使用 convert2df 函数对所下载的数据进行读取，并转换数据框格式:

```
> file <- c("data1.txt", "data2.txt")   # 读取数据，此数据为原始数据
> biblio_df_df <- convert2df(file = file, dbsource = "isi", format =
"plaintext")  # 数据的读取与转换
## Converting your isi collection into a bibliographic dataframe
## Done!
## Generating affiliation field tag AU_UN from C1:  Done!
```

3.2 数据列名的意义

问题

题录数据框中每列数据的列名表示什么意思呢？

方法

在 bibliometrix 工具包中，提供了一个数据框 bibtag，对题录数据库的主要列名进行了解释，数据来源可为 WoS、SCOPUS、Dimensions 和一般采集的题录数据。更多字段标识见各数据库官方网站。

案例

```
> data("bibtag")
> bibtag[1:3]
##      TAG                    SCOPUS                        ISI
##1     AU                    author={                    author={
##2     TI                     title={                     title={
##3     SO                   journal={                   journal={
##4     JI       abbrev_source_title={               journal-iso={
##5     AB                  abstract={                  abstract={
##6     DE           author_keywords={                  keywords={
##7     ID                  keywords={             keywords-plus={
##8     LA                  language={                  language={
##9     DT             document_type={                      type={
##10   DT2                manuscript={                manuscript={
##11    TC                      note={               times-cited={
##12    CR                references={          cited-references={
##13    C1               affiliation={               affiliation={
##14    DI                       doi={                       doi={
##15    PA                   address={                   address={
##16    AR                art_number={            article-number={
##17    RP  correspondence_address1={                        <NA>
##18    BE                    editor={                    editor={
##19    FU           funding_details={  funding-acknowledgement={
##20    FX              funding_text={              funding-text={
```

```
##21    BN          isbn={                       isbn={
##22    SN          issn={                       issn={
##23    PN        number={                     number={
##24    PP         pages={                      pages={
##25    PU     publisher={                  publisher={
##26    PM     pubmed_id={                  pubmed_id={
##27    DB        source={                         <NA>
##28    VL        volume={                     volume={
##29    PY          year={                       year={
##30    UT            <NA>                  unique-id={
##31    NR            <NA>  number-of-cited-references={
##32    SC            <NA>             research-areas={
##33    U1           <NA> usage-count-(last-180-days)={
##34    U2            <NA>      usage-count-since-2013={
##35    WC            <NA>   web-of-science-categories={
##36    EM            <NA>               author-email={
##37    SE            <NA>                     series={
##38    GA            <NA>        doc-delivery-number={
##39    BO     booktitle={                  booktitle={
##40 AU_CO              NA                           NA
```

3.3 数据集合并

问题

如何对来源于 isi 和 scopus 的题录数据框进行合并，并去除重复？

方法

在 bibliometrix 工具包中使用 mergeDbSources 函数来进行合并处理。

该函数标准格式如下：

```
mergeDbSources(..., remove.duplicated = TRUE)
```

"…" 为要合并的文件名称；

remove.duplicated 为逻辑值，通常 remove.duplicated = TRUE 表示删除重复记录。

案例

（1）对 bibliometrixData 工具包自带的 isiCollection 和 scopusCollection 数据进行合并与除重处理。

```
> library(bibliometrix)  #加载工具包
> library(bibliometrixData)  #加载 bibliometrixData 工具包
> data(isiCollection)  #该案例数据为从 web of Science 中收集的，1985—2017 年标题中含有 bibliometrics 的 bibtex 格式论文
> data(scopusCollection)  #该案例数据为从 Scopus 中收集的，1975—2017 年标题中含有 bibliometrics 的 bibtex 格式论文
> M <- mergeDbSources(isiCollection,scopusCollection,remove.duplicated = TRUE)  #合并不同数据库的数据，并剔除重复记录
## 239 duplicated documents have been removed
> dim(M)   #查看转换后数据的维数，下面的结果表示有 577 行，15 列
## [1] 577  15
```

（2）个人数据集 isi 和 scopus 数据的加载。

isi 数据的加载：

```
> library(bibliometrix)  #加载工具包
> file <- c("data1.txt", "data2.txt")  #确保数据保存在默认目录下
> isisafetyculture <- convert2df(file, dbsource = "isi", format = "plaintext")  #数据的转换
## Converting your isi collection into a bibliographic dataframe
## Done!
## Generating affiliation field tag AU_UN from C1:  Done!
```

scoups 数据的加载：

```
> file <- "scopus.bib"  #确保数据保存在默认工作目录下
> scopussafetyculture <- convert2df(file, dbsource = "scopus", format = "bibtex")  #数据的转换
## Converting your isi collection into a bibliographic dataframe
## Done!
## Generating affiliation field tag AU_UN from C1:  Done!
> M <- mergeDbSources(isisafetyculture, scopussafetyculture, remove.duplicated = TRUE)  #合并数据
```

```
## 5 duplicated documents have been removed
> dim(M)  #查看数据维度
## [1] 1229   31
```

3.4 数据的除重

问题

如何对分析的数据进行除重处理？

方法

Bibliometrix 中提供的数据除重函数为 duplicatedMatching，可以用以对重复论文进行识别和除重。

标准语言格式为：

```
duplicatedMatching(M, Field = "TI", exact = FALSE, tol = 0.95)
```

M 为所要分析的数据集；

Field 为要比较的字段，可以是 TI（title），AB（abstract）或 UT(manuscript ID）；

exact 逻辑值，当 exact=TRUE，该函数使用精确匹配来搜索重复文档；当 exact=FALSE，则使用 Damerau-Levenshtein distance[1] 来搜索重复文档。

tol 为相似度系数（通过字符的 Damerau-Levenshtein 距离来测度），默认值为 0.95，当 exact 参数为 FALSE 时有效。

案例

对案例数据 scientometrics 的除重测试。

```
> library(bibliometrix)  #加载 bibliometrix 工具包
> data(scientometrics)  #加载案例数据
> M <- rbind(scientometrics[1:30,],scientometrics[10:30,])  # 案例数据的子数据集选择，这里是对记录 1~30 和记录 10~30 共 41 条数据的测试，重复数据数量为 11 条，rbind 是用来进行合并的函数，具体使用方法可输入 ?rbind；相关的函数可以查看 cbind。
```

[1] Damerau-Levenshtein 距离又称最佳字符串匹配算法，可以用来测度两个字符之间的相似性。

```
> newM <- duplicatedMatching(M, Field ="TI", exact = TRUE)  #基于精确匹配的数据除重处理
> dim(newM)  #显示数据的维度
## [1] 30 17
# scientometrics 的分析
> data(scientometrics)  #加载数据
> M <- rbind(scientometrics[1:147,], scientometrics[1:147,])  #按行合并数据
> newM <- duplicatedMatching(M, Field ="TI", exact = FALSE, tol = 0.95)  #基于 Damerau-Levenshtein 距离除重处理
> dim(newM)  #查看数据维度
## [1] 147  17
```

3.5 数据的切片

问题

如何对下载的数据进行时间切片?

方法

在 R 中提供了 timeslice 函数来对数据进行时间切片处理。

标准语言格式为:

```
timeslice(M, breaks = NA, k = 5)
```

M 为所分析的数据集;

breaks 数值向量，数据切割时间点;

k 为数据被切割的数量，即根据时间间隔将 M 平均分为 k 个数据框，当 breaks 未定义时生效。

返回值为题录数据框列表，包含每个子时期的数据框。

案例

(1) 对案例数据 scientometrics 按照时间节点进行切分处理。

```
> data(scientometrics)  # 加载数据
> list_df <- timeslice(scientometrics, breaks = c(1995, 2005))
# 数据切割点的设置
> names(list_df)  # 数据列表名称
## [1] "(1984,1995]" "(1995,2005]" "(2005,2015]"
```

（2）对案例数据 scientometrics 按照等比例进行的切分处理。

```
> data(scientometrics)  # 加载数据
> list_df <- timeslice(scientometrics, k = 5)  # 数据切割份数的设定
> names(list_df)  # 数据列表名称
## [1] "(1984,1990]" "(1990,1996]" "(1996,2002]" "(2002,2008]"
"(2008,2015]"
```

3.6 数据的编辑

问题

如何在 R 中对字符中的空格进行批量删除?

方法

在 R 中提供了 trim 来进行字符前后空格的删除，提供了 trim.leading 对字符前的空格进行删除，提供了 trimES 删除字符多余的空格。

标准的语言格式分别为：

trim(x), trim.leading(x)和trimES(x)

案例

（1）前后空格的删除。

```
> char <- c("Alfred","Mary", "John")
> char
##[1] "Alfred" "Mary" "John"
> trim(char)
##[1] "Alfred" "Mary"  "John"
```

（2）字符前空格的删除。

```
> trim.leading(char)
##[1] "Alfred" "Mary" "John"
```

（3）字符多余空格的删除。

```
> char <- c("Alfred  DJ", "Mary   BD", "John S")
> char
##[1] "Alfred  DJ" "Mary   BD"   "John S"
> trimES(char)
##[1] "Alfred DJ" "Mary BD"    "John S"
```

3.7 描述性分析

问题

如何在 R 中对所加载的数据进行科学计量学分析?

方法一

Bibliometrix 中提供的科学计量函数为 biblioAnalysis 和 summary，通过这两个函数来对数据进行计量分析和结果总结。

biblioAnalysis 标准格式如下：

```
biblioAnalysis(M, sep = ";")
```

M 为所分析的数据集；

sep 为知识单元之间的分割，常见的为分号。

summary 的标准格式如下：

```
summary(object, ...)
```

object 是指要总结的对象；

... 为其他参数的设置，例如可以设置 k = 10，表示来提取并显示排名前 10

的结果。pause 为逻辑值，可以为 FALSE（默认）或者 TRUE，从结果来看 FALSE 显示所有的结果，TRUE 仅仅显示结果的第一条，通过按 Enter 键来显示下一条结果。width 为整型，表示屏幕输出宽度，默认 width = 120。verbose 为逻辑值，可以为 FALSE 或 TRUE（默认），TRUE 表示在屏幕中打印结果，FALSE 则表示不打印结果。

案例一

下面是对软件提供的 scientometrics 案例数据进行的科学计量分析。

```
> data(scientometrics)  #读取数据
> results <- biblioAnalysis(scientometrics)  #科学计量分析
> summary(results, k = 10, pause = FALSE)  #所有结果的呈现
## MAIN INFORMATION ABOUT DATA
 Timespan                                1985 : 2015
 Sources  (Journals, Books, etc)          1
 Documents                               147
 Average years from publication          13.1
 Average citations per documents         14.81
 Average citations per year per doc     0.9377
 References                              4444
DOCUMENT TYPES
 article                           125
 article; proceedings paper        19
 review                            3
DOCUMENT CONTENTS
 Keywords Plus  (ID)                      392
 Author's Keywords  (DE)                  342
AUTHORS
  Authors                                269
  Author Appearances                     337
  Authors of single-authored documents   32
  Authors of multi-authored documents    237
 AUTHORS COLLABORATION
  Single-authored documents              38
  Documents per Author                   0.546
```

```
  Authors per Document                        1.83
  Co-Authors per Documents                    2.29
  Collaboration Index                         2.17
 Annual Scientific Production
  Year    Articles
     1985        2
     1991        2
     1993        3
     1994        4
     1995        1
     1996        4
     1998        2
     1999        3
     2000        4
     2001        7
     2002        3
     2003        5
     2005        5
     2006        5
     2007        3
     2008        4
     2009        7
     2010        8
     2011       10
     2012       10
     2013       17
     2014       14
     2015       24
Annual Percentage Growth Rate 8.635735
Most Productive Authors
   Authors         Articles Authors        Articles Fractionalized
1  SMALL H                8 SMALL H                          6.33
```

```
2  ZITT M               6 ZITT M                          3.00
3  BASSECOULARD E       5 JARNEVING B                     2.50
4  GLANZEL W            5 GLANZEL W                       2.17
5  HUANG MH             5 BASSECOULARD E                  2.00
6  THIJS B              4 LO SC                           2.00
7  AHLGREN P            3 HUANG MH                        1.79
8  CHEN DZ              3 THIJS B                         1.67
9  JARNEVING B          3 LEYDESDORFF L                   1.50
10 QIU JP               3 MILMAN BL                       1.50
Top manuscripts per citations
                     Paper          DOI  TC TCperYear
1  BOYACK KW, 2005, SCIENTOMETRICS      283     17.69
2  SMALL H, 1985, SCIENTOMETRICS-a      148      4.11
3  VAN ECK NJ, 2010, SCIENTOMETRICS     142     12.91
4  SMALL H, 1985, SCIENTOMETRICS        130      3.61
5  SMALL H, 2006, SCIENTOMETRICS         83      5.53
6  GMUR M, 2003, SCIENTOMETRICS          78      4.33
7  ZITT M, 1994, SCIENTOMETRICS          60      2.22
8  GLANZEL W, 1996, SCIENTOMETRICS       58      2.32
9  DING Y, 2000, SCIENTOMETRICS          46      2.19
10 PONZI LJ, 2002, SCIENTOMETRICS        44      2.32
Corresponding Author's Countries
Country Articles             Freq SCP MCP MCP_Ratio
1  CHINA               42 0.2877  33   9     0.214
2  USA                 27 0.1849  23   4     0.148
3  SWEDEN               8 0.0548   7   1     0.125
4  FRANCE               7 0.0479   7   0     0.000
5  GERMANY              7 0.0479   5   2     0.286
6  BELGIUM              6 0.0411   1   5     0.833
7  NETHERLANDS          6 0.0411   5   1     0.167
8  UNITED KINGDOM       5 0.0342   0   5     1.000
9  CANADA               4 0.0274   4   0     0.000
10 INDIA                4 0.0274   4   0     0.000
SCP: Single Country Publications
MCP: Multiple Country Publications
Total Citations per Country
     Country     Total Citations Average Article Citations
1  USA                       919                     34.04
```

```
2  CHINA                 229            5.45
3  NETHERLANDS           198           33.00
4  GERMANY               192           27.43
5  FRANCE                132           18.86
6  BELGIUM                84           14.00
7  SWEDEN                 78            9.75
8  SINGAPORE              46           46.00
9  HUNGARY                38           12.67
10 FINLAND                33           16.50
Most Relevant Sources
  Sources          Articles
1 SCIENTOMETRICS       147
Most Relevant Keywords
    Author Keywords (DE)    Articles Keywords-Plus (ID)     Articles
1  BIBLIOGRAPHIC COUPLING        17 SCIENCE                       50
2  BIBLIOMETRICS                 10 INDICATORS                    16
3  CO-CITATION ANALYSIS          10 NETWORKS                      15
4  CO-CITATION                    9 CITATION                      13
5  CITATION ANALYSIS              8 COCITATION                    13
6  CLUSTER ANALYSIS              6 COCITATION ANALYSIS           13
7  AUTHOR CO-CITATION ANALYSIS   5 SCIENTIFIC LITERATURE         10
8  RESEARCH FRONTS               5 INFORMATION-SCIENCE            9
9  SCIENCE MAPPING               5 CO-CITATION                    8
10 TEXT MINING                   5 INTELLECTUAL STRUCTURE         8
```

方法二

通过 tableTag 函数来对特定字段进行分析。

标准语言格式为：

```
tableTag(M, Tag="CR",sep =";",ngrams=1)
```

M 为所分析的数据；

Tag 为与标准 WoS 格式数据对应的字段；

sep 为知识单元的分割字符；

ngrams 为整数，是 termExtraction 函数的参数，表示从题目或摘要中提取术语所包含单词的个数。

结果输出分析对象出现的频次。

案例二

对 scientometrics 的 AU 字段进行分析的结果如下：

```
> data(scientometrics)   #加载数据
> Tab <- tableTag(scientometrics, Tag ="AU",sep=";")   #作者发文量分析
> Tab[1:10]
## Tab
SMALL, H  ZITT, M BASSECOULARD, E  GLANZEL, W   HUANG, MH  THIJS, B
  8        6        5                5              5           4
      AHLGREN, P          CHEN, DZ    JARNEVING, B          QIU, JP
               3                 3               3                3
```

3.8 统计可视化

问题

如何对 biblioAnalysis 分析的结果进行可视化分析?

方法

在 R 中可以使用 plot 函数来对描述性计量分析结果进行可视化。

标准的语言格式为：

```
plot(x, ...)
```

x 为要进行可视化的对象；

“...”为可视化对象的其他参数，例如可以设置 k=10，表示可视化对象数量为 10。Pause 为逻辑值，可以为 FALSE（默认）或者 TRUE；从结果来看，FALSE 表示输出所有结果，TRUE 表示根据命令逐个输出结果。

结果输出 5 幅与作者、国家和文档被引信息有关的统计图。

案例

对scientometrics案例数据的描述性统计分析结果进行可视化（图3.1至图3.5）。

```
> data(scientometrics)  #加载数据
> results <- biblioAnalysis(scientometrics)  #描述统计分析
> plot(results, k = 10, pause = FALSE)  #绘图
```

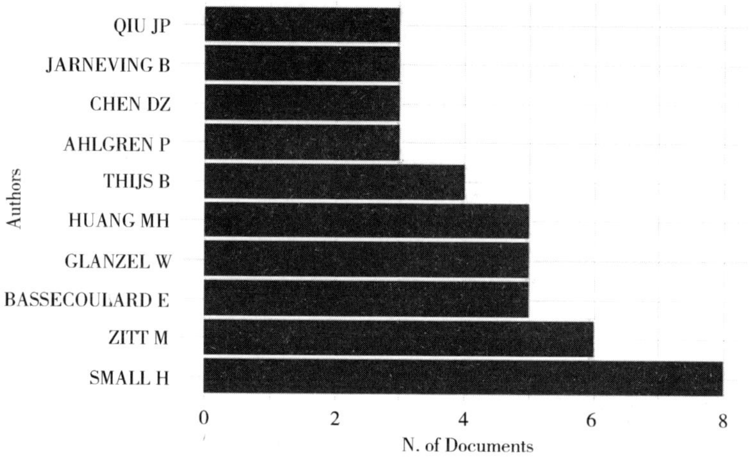

图 3.1　高产作者

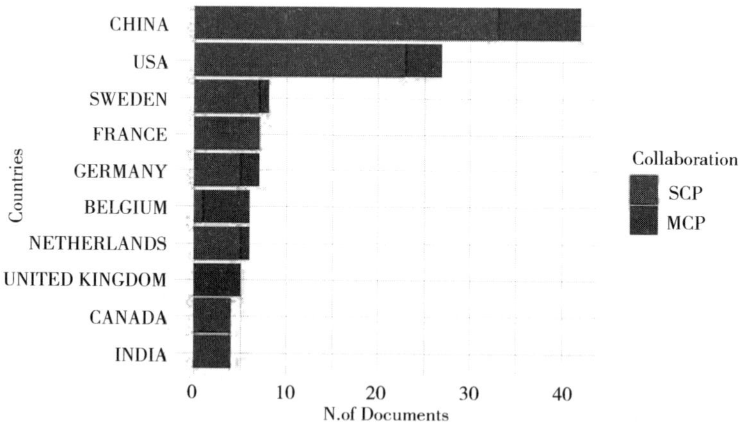

图 3.2　高产国家

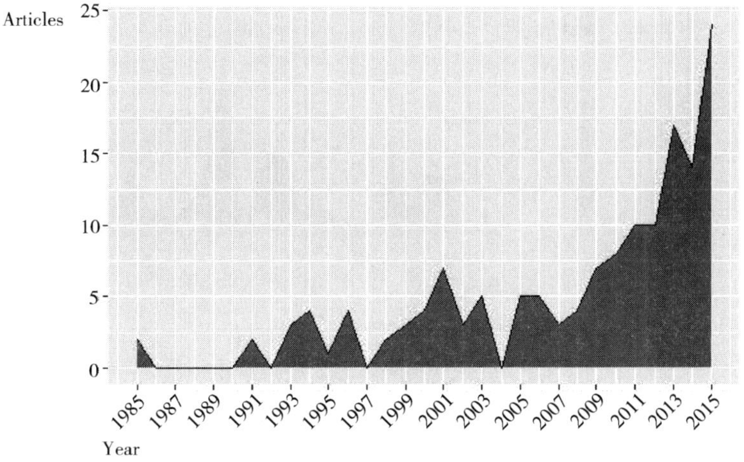

图 3.3　每年科技论文产出

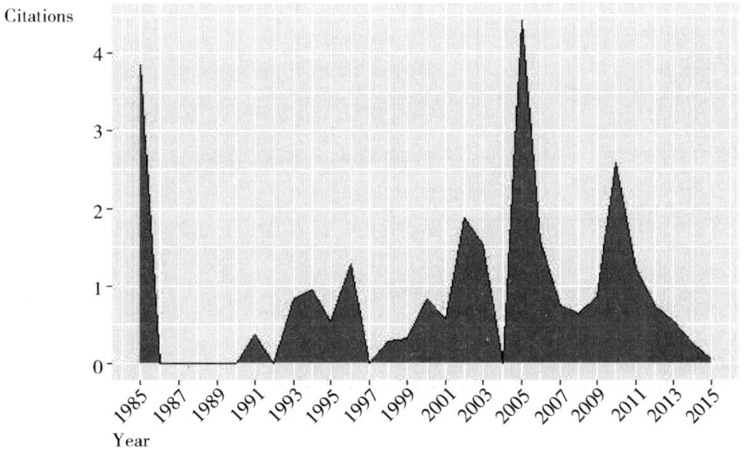

图 3.4　科技文献平均每年每篇被引次数

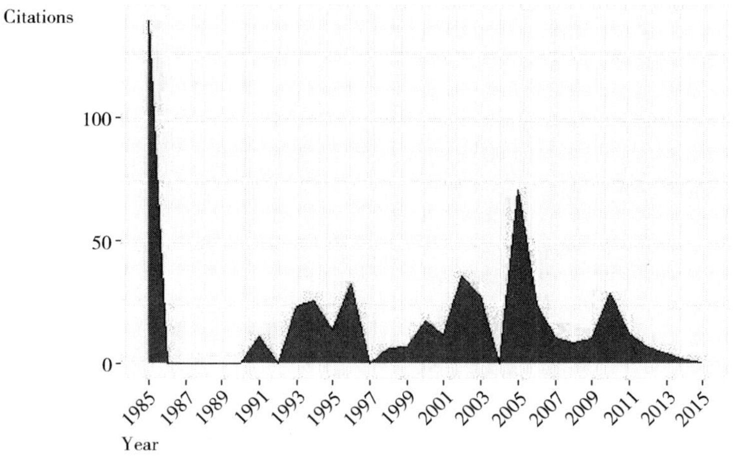

图 3.5　当年发表的科技文献总被引次数

3.9　引文信息分析

问题

如何对被引文献的信息进行分析?

方法

在 R 的工具包中，citations 函数被用来分析引文的分布情况。

标准的语言格式为：

```
citations(M,field ="article",sep=";")
```

M 为所分析的数据集；

field 为所分析参考文献的信息，可以为 article（默认）或者为 author（WoS 数据库中，仅仅为第一作者信息），用来分析文献的引用次数或作者的被引次数分布。

sep 表示分隔符。

输出结果为列表，包含：①被引科技文献被引次数；②被引科技文献的发表时间；③被引科技文献的出版源。

案例

对案例数据 scientometrics 的文献和作者的信息分析如下。

（1）对文献信息进行分析的代码及其结果。

```
> data(scientometrics)  #加载数据
> CR <- citations(scientometrics,field="article",sep=";")  #对被引文献的分析
> CR$Cited[1:2]  #被引科技文献被引次数的前 2 个记录
## CR
## SMALL H,1973,JAMSOCINFORMSCI,V24,P265,DOI101002/ASI4630240406   63
## KESSLER MM,1963,AMDOC,V14,P10,DOI101002/ASI5090140103   35
> CR$Year[1:2]  #被引科技文献发表年份的前 2 个记录
## [1] 1973 1963
> CR$Source[1:2]  #被引科技文献出版源的前 2 个记录
## [1] "J AM SOC INFORM SCI" "AM DOC"
```

（2）对被引作者信息进行分析的代码及其结果。

```
> data(scientometrics)  #加载数据
> CR <- citations(scientometrics,field ="author",sep=";")  #对被引作者的分析
> CR$Cited[1:2]  #被引作者被引信息的前 2 个记录
## CR
## SMALL H WHITE HD
##     195      112
```

3.10 Altmetric 信息

问题

如何获取论文的 Altmetric 数据[1]？

方法

在 R 中可以使用专门的软件包 rAltmetric 来提取论文的 Altmetric 结果。

在使用前需要安装 rAltmetric 和加载该工具包：

```
install.packages("rAltmetric")
```

标准的语言格式为：

```
altmetrics(oid=NULL,id=NULL,doi=NULL,pmid=NULL,arxiv=NULL,isbn=
NULL,uri=NULL,apikey=getOption("altmetricKey"),foptions=list(),...)
```

其中，通过 doi 可以获取论文等学术出版物的信息，通过 pmid 可以获取 PubMed 的信息，isbn 通常为图书的信息。

案例

获取 Bibliometrics: The citation game 论文的 Altmetric 计量结果。

```
> library(rAltmetric)  #加载包
> altmetrics(doi ='10.1038/510470a')  #通过 doi 获取信息
## Altmetrics on: "Bibliometrics: The citation game" with altmetric_
id: 2464815 published in Nature.
##                              stats
## cited_by_fbwalls_count        3
## cited_by_feeds_count          2
## cited_by_gplus_count          1
## cited_by_msm_count            1
## cited_by_posts_count         79
## cited_by_tweeters_count      63
## cited_by_accounts_count      70
```

[1] 该工具包是由 Karthik Ram 开发和维护的 R 软件包，主要功能是用来快速地从 Altmetric.com 获取出版的 Altmetric 数据。

获取 Safer Healthcare: *Strategies for the Real World* 一书的 Altmetric 计量结果。

```
> ib <-altmetrics(isbn = "978-3-319-25557-6")  #通过国际标准书号获取信息
> ib  #打印结果
## Altmetrics on: "Safer Healthcare" with altmetric_id: 5300191
##                            stats
## cited_by_posts_count         928
## cited_by_feeds_count           1
## cited_by_tweeters_count      652
## cited_by_fbwalls_count        11
## cited_by_gplus_count           1
## cited_by_accounts_count      667
获取 PubMed 中 Diversity in Big Data: A Review 的 Altmetric 数据。
> altmetrics(pmid="28632443")  #通过 pmid 号获取信息
## Altmetrics on: "Diversity in Big Data: A Review" with altmetric_
id: 21244666 published in Big data.
## stats
## cited_by_posts_count          32
## cited_by_msm_count             4
## cited_by_tweeters_count       22
## cited_by_accounts_count       26
```

3.11 作者排名分析

问题

如何对施引文献的作者进行分析?

方法

在 R 中使用 dominance 来对作者进行分析。

标准的语言格式为:

```
dominance(results, k = 10)
```

results 为使用 biblioAnalysis 得到的基本结果;

k 表示所分析和呈现的作者数量，默认值为 10。

结果返回与作者发文量相关的信息，包含 Dominace Factor 为第一作者主导因素，Dominance Factor=FFA/MAA；Tot Articles 为文章总数；Single-Authored 为唯一作者身份发文量；Multi-Authored 为共同作者身份发文量；First-Authored 全称为 N. of First Authored Articles（FAA），表示第一作者身份发文量；Rank by Articles 全称为 Author Ranking by N. of Articles，表示根据作者发文量的排名；Rank by DF 全称为 Author Ranking by Dominance Factor，表示根据 DF 值来排名。

案例

对 Scientometrics 案例数据进行作者分析。

```
> data(scientometrics)  # 加载数据
> results <- biblioAnalysis(scientometrics)  # 描述统计分析
> DF <- dominance(results)  # 作者主导性分析
> DF  # 展示部分列
## Dominance Factor Multi Authored First Authored Rank by Articles
Rank by DF
## ZHAO,RY      1.0000000      3      3      9      1
## AHLGREN,P    0.6666667      3      2      6      2
## TSAY,MY      0.6666667      3      2      8      3
## GLANZEL,W    0.6000000      5      3      3      4
## HUANG,MH     0.6000000      5      3      4      5
## ZITT,M       0.5000000      6      3      2      6
## THIJS,B      0.5000000      4      2      5      7
## BOYACK,KW    0.5000000      2      1     10      8
## QIU,JP       0.3333333      3      1      7      9
## SMALL,H      0.2500000      8      2      1     10
```

3.12 作者性别判断

问题

在 R 中如何利用历史数据来判断作者的性别？

方法

在 R 中可以使用 gender 工具包来根据历史姓名信息判断作者性别。

使用前需要安装 gender 工具包[1]：

```
install.packages("gender")
```

标准语言格式为：

```
gender(names, years = c(1932, 2012), method = c("ssa", "ipums",
"napp", "kantrowitz", "genderize", "demo"), countries = c("United
States", "Canada", "United Kingdom", "Denmark", "Iceland", "Norway",
"Sweden"))
```

其中，names 为作者的首名。

years 代表所分析姓名的出生年。若 years 的时间为空，那么将默认使用 method= “ssa” 进行计算，参考的时间默认为 1932—2012 年；对于 1930 年以前的数据，“ipums”将会更加准确，其默认的时间范围为 1789—1930年；对于“napp”的默认时间为 1758—1910 年。

method 为计算参考的数据库，“ssa” 表示 U.S. Social Security Administration 的出生人口数据，“ipums” 使用的是 U.S. Census 数据，“kantrowitz” 表示 Kantrowitz corpus 的男性和女性的数据，“genderize” 使用的是 Genderize.io 的性别数据。

countries 表示数据集所使用的国家。对于 “ssa” 和 “ipums” 数据，这里只能选择 “United States”，对于 “napp” 方法可以任意指定国家（包含 “Canada”，“United Kingdom”，“Denmark”，“Iceland”，“Norway”，“Sweden”），“kantrowitz” 和 “genderize” 不应指定国家。

输出结果为包含性别信息的数据框。

案例

1987 年出生、名字叫 Jerry 的性别可能性分析。

---

[1] Gender 工具包的详细介绍：https://cran.rstudio.com/web/packages/gender/gender.pdf.

```
> gender ("Jerry", method ="demo", years = 1987) # 性别分析
# A tibble: 1 x 6
##     name proportion_male proportion_female gender year_min year_
max
##   <chr>           <dbl>             <dbl>  <chr>      <dbl>     <dbl>
## 1 Jerry           0.985             0.015   male       1987      1987
```

3.13 h 类指数

问题

如何使用 R 计算作者或者出版源的 h 指数[1]、g 指数和 m 指数?

方法

在 R 中使用 Hindex 函数来计算作者或者出版源的 h，g 和 m 指数。

标准的语言格式为：

```
> Hindex (M, field ="authors", elements, sep =";", years = 10)
```

M 为所分析的数据集。

field 为所分析对象，可以是“author”（默认）或者“source”。

elements 为所分析对象的元素，作者或出版源名称。当分析对象是作者时，多个作者的格式为 c（“SMALL H”，“CHEN DZ”）。

sep 表示数据的分割符，默认为“;”。

years 表示计算 h 指数的时间跨度，默认为 10 年。

返回结果为一个列表，包含一个数据框有分析对象的 h 指数、g 指数和 m 指数；另一个数据框为分析所用到的文献列表。

案例

Scientometrics 案例数据的 h 指数计算代码及结果。

[1] h 指数是 2005 年由美国加利福尼亚大学圣地亚哥分校的物理学家乔治·希尔施提出的。h 指数的计算基于其研究者的论文数量及其论文被引用的次数，一个人在其所有学术文章中有 N 篇论文分别被引用了至少 n 次，他的 h 指数就是 N。

```
> data(scientometrics)  #加载数据
> authors <- c("SMALL H", "CHEN DZ")  #作者向量
> Hindex(scientometrics, field ="author", elements = authors, sep =";")$H  #作者h指数及其变体
## Author h_index g_index    m_index TC NP PY_start
1 SMALL H       1       1 0.09090909 21  1     2011
2 CHEN DZ       1       1 0.11111111  3  2     2013
```

计算产出排名前10作者的h指数❶:

```
> data(scientometrics)  #加载数据
> results <- biblioAnalysis(scientometrics)  #描述统计分析
> authors <- gsub(","," ",names(results$Authors)[1:10])  #构建前10名作者向量
> indices <- Hindex(scientometrics, field ="author", elements = authors,years=10)  #h指数获取
> indices$H  #打印数据
##            Element h_index g_index   m_index TC NP
## 1          SMALL H       3       3 0.3750000 63  3
## 2           ZITT M       1       1 0.1250000  9  1
## 3   BASSECOULARD E       1       1 0.1250000  9  1
## 4        GLANZEL W       3       4 0.4285714 45  4
## 5         HUANG MH       1       1 0.2500000  3  4
## 6          THIJS B       3       4 0.4285714 45  4
## 7        AHLGREN P       2       3 0.2000000 24  3
## 8         CHEN DZ       1       1 0.2000000  3  2
## 9      JARNEVING B       1       1 0.1000000 17  1
## 10          QIU JP       2       3 0.2500000 22  3
```

Garfield案例数据的运行结果。

```
> data(garfield)  #加载数据
> indices <- Hindex(garfield, authors="GARFIELD E", sep = ";")  # h指数获取
> indices$H  #打印结果
##       Author h_index g_index   m_index TC NP PY_start
```

❶ 分析中用到了模式匹配和更换函数gsub（ ）。语言的格式为gsub(pattern, replacement, x, ignore.case = FALSE, perl = FALSE, fixed = FALSE, useBytes = FALSE)

```
## 1 GARFIELD E        2        3 0.2222222 18   3      2012
> indices$CitationList[[1]]  #文献列表
##       AU                   SO                        PY  TC
## 2.1 PUDOVKIN AI ;GARFIELD E SCIENTOMETRICS 2012  8
## 3.3 PUDOVKINA;KRETSCHMERH;STEGMANNJ;GARFIELDESCIENTOMETRICS201210
```

3.14 Lotka 分析

问题

如何使用 R 进行 Lotka❶ 分析?

方法

在 R 中使用 Lotka 函数来进行分析。

标准的语言格式为:

```
lotka(results)
```

results 是使用 bibliometrix 函数分析的结果。

结果返回一个列表，包含 Beta 系数，常数 C，拟合优度 R2，拟合值 fitted，K-S 检验 P 值和作者生产率 AuthorProd。

案例

Scientometrics 案例数据的 Lotka 分析如下。可视化比较如图 3.6 所示。

```
> data(scientometrics)  #加载数据
> results <- biblioAnalysis(scientometrics)  #描述统计
> L <- lotka(results)  #Lotka 分析
```

❶ 1926 年美国保险公司的统计学家洛特卡(1880—1949 年)经过大量的统计研究，在美国《华盛顿科学院学报》上发表了《科学生产的频率分布》，旨在通过对发表论著的统计来探明科技工作者的生产能力及其对科技进步和社会发展所做的贡献。洛特卡定律可以描述为：如果设 $f(x)$ 为写了 x 篇论文的作者数，那么它们满足这样的关系 $f(x) \cdot x^{\beta}=c$。其中 β 和 c 为对应于某一数据集所估计而来的两个常数，$f(x)$ 为发表了 x 篇论文的作者数。

```
> L
## $Beta
## [1] 2.769441
## $C
## [1] 0.614453
## $R2
## [1] 0.9066696
## $fitted
##      1        2         3         4         5         6         7
## 0.614452977 0.090116405 0.029317674 0.013216579 0.007124141
0.004299765 0.001938359
## $p.value
## [1] 0.5412431
## $AuthorProd
##   N.Articles N.Authors        Freq
## 1          1       229 0.851301115
## 2          2        27 0.100371747
## 3          3         7 0.026022305
## 4          4         1 0.003717472
## 5          5         3 0.011152416
## 6          6         1 0.003717472
## 7          8         1 0.003717472
# 分析所得到的分布与理论分布对比
> Observed <- L$AuthorProd[,3]  #观测值
#  理论分布 Beta = 2
> Theoretical <- 10^(log10(L$C)-2*log10(L$AuthorProd[,1]))  #理论值
#  绘图❶
```

❶ R 中 plot 绘图功能的基本语言结构为 plot(x, y, xlab="xlabel", xlim=c(0, 1), pch=1, main="main", ylim=c(0, 2), ylab="y label", col=1, type=1)。xlab 和 ylab 分别表示 x 轴和 y 轴的标签，main 表示设置标题的名称，xlim 和 ylim 表示 x 和 y 轴的范围，pch 表示绘图点的类型，col 表示绘图符号的颜色，type 表示绘图的类型（l 表示线，p 代表点，b 由线连接的点等）。R 中 lines 为在已存在的图形中添加线，语言结构为 lines(x, y, lwd=3, lty=1 col=1)。lwd 为线宽，lty 为线的类型，col 表示颜色。R 中 legend 为图形图例的添加功能，语言结构为 legend("topleft", myText, lty=c(1, 2, 3), col=c("red", "blue"), cex=0.6, bty="n")，第一个参数 topleft 为图例的位置，还可以是 "bottom","bottomleft","left","topleft" 及 "topright" 等等。myText 表示图例的说明文字，lty=c(1, 2, 3) 表示设置线的类型，col 表示颜色设置，cex 为图例中文本的大小，bty 表示设置添加围绕图例的边框。

```
> plot(L$AuthorProd[,1],Theoretical,type = "l",col ="red",ylim = c(0, 1),xlab ="Articles", ylab ="Freq. of Authors", main ="Scientific Productivity") #理论值曲线
> lines(L$AuthorProd[,1],Observed,col ="blue") #观测值曲线
> legend(x = "topright",c("Theoretical(B=2)", "Observed"),col= c("red","blue"),lty = c(1,1,1),cex = 0.6,bty = "n") #添加图例
```

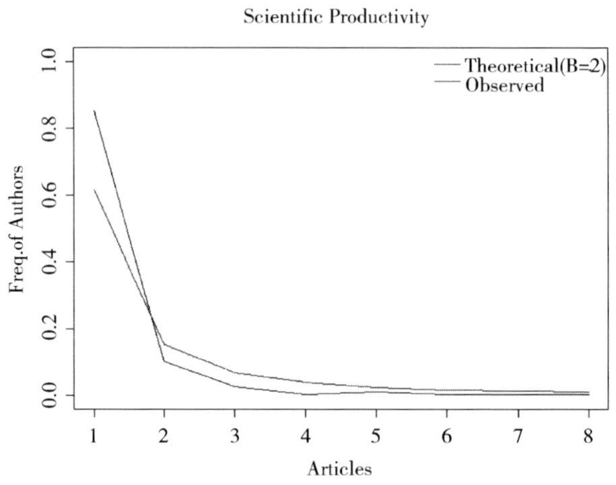

图 3.6 Lotka 分布的理论与实际的比较

3.15 知识单元时序分布

问题

如何对科学数据的某一知识单元进行时序分析?

方法

在 R 中使用 KeywordGrowth 函数来进行分析。

标准语言格式为:

```
KeywordGrowth(M, Tag ="ID", sep =";", top = 10, cdf = TRUE)
```

M 为所要分析的数据集;

Tag 为数据所提取的字段，可为 “ID” (默认)， “DE” ， “TI_TM” ， “AB_TM” ;

sep 为数据的分隔符；

top 表示提取排名前 n 的知识单元，默认为 10；

cdf 默认为 Ture，表示计算累积频次。

结果返回所分析字段的频次信息数据框。

案例

Scientometrics 案例数据补充关键词的分析如下。补充关键词时序分布如图 3.7 所示。

```
> data(scientometrics)  # 加载数据
> topKW <- KeywordGrowth (scientometrics, Tag ="ID",sep =";", top =
8, cdf = TRUE)  # 排名前 8 的数据库添加关键词时序累加频次
> topKW  # 打印结果
   ## Year SCIENCE INDICATORS NETWORKS CITATION COCITATION
## 1  1991       1          0        0        0          0
## 2  1992       1          0        0        0          0
## 3  1993       2          0        0        0          0
## 4  1994       4          1        0        1          0
## 5  1995       4          1        0        1          0
## 6  1996       4          2        0        1          0
## 7  1997       4          2        0        1          0
## 8  1998       5          3        0        1          1
## 9  1999       5          3        0        1          1
## 10 2000       6          3        0        1          1
## 11 2001      11          3        0        1          1
## 12 2002      12          3        0        1          2
## 13 2003      14          3        1        1          3
## 14 2004      14          3        1        1          3
## 15 2005      18          4        2        1          5
## 16 2006      19          6        3        1          6
## 17 2007      20          8        3        1          7
## 18 2008      21          9        4        2          8
## 19 2009      22          9        5        2          9
## 20 2010      24         10        6        3         10
## 21 2011      28         11        7        4         10
```

```
## 22 2012        31          12          7          6          10
## 23 2013        40          15         10         10          11
## 24 2014        44          15         13         12          12
## 25 2015        50          16         15         13          13
> library(reshape2)  #加载 reshape2 包
> library(ggplot2)  #加载 ggplot2 包
> DF <- melt(topKW, id='Year')  #宽数据框变长数据框
> ggplot(DF,aes(Year,value, group = variable, color = variable)) +
geom_line(size = 1)  #绘图
```

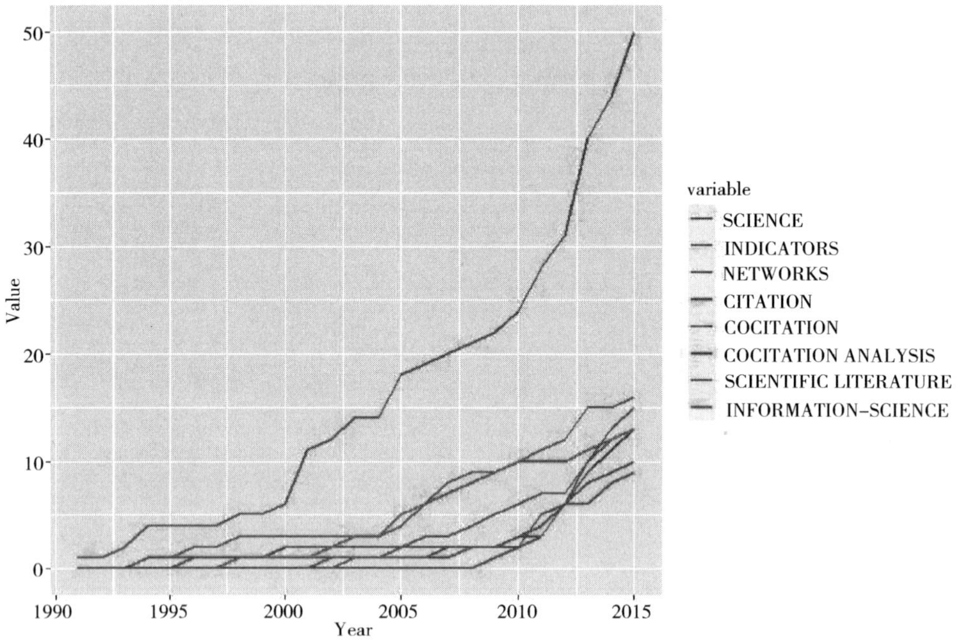

图 3.7　关键词累积时序趋势

Scientometrics 案例数据作者发文的时序累积分析如下。作者发文累计的时序趋势如图 3.8 所示。

```
> data(scientometrics)  #加载数据
> topKW <- KeywordGrowth(scientometrics, Tag ="AU", sep =";", top =
5, cdf = T)  #排名前 5 的作者累计发文量
> topKW  #打印结果
```

```
##    Year SMALL, H ZITT, M BASSECOULARD, E GLANZEL, W HUANG, MH
## 1  1985        2       0               0          0        0
## 2  1986        2       0               0          0        0
## 3  1987        2       0               0          0        0
## 4  1988        2       0               0          0        0
## 5  1989        2       0               0          0        0
## 6  1990        2       0               0          0        0
## 7  1991        2       1               0          0        0
## 8  1992        2       1               0          0        0
## 9  1993        2       1               0          0        0
## 10 1994        3       2               1          0        0
## 11 1995        3       2               1          0        0
## 12 1996        3       3               2          1        0
## 13 1997        3       3               2          1        0
## 14 1998        3       3               2          1        0
## 15 1999        3       3               2          1        0
## 16 2000        3       3               2          1        0
## 17 2001        4       3               2          1        0
## 18 2002        4       4               3          1        0
## 19 2003        4       5               4          1        1
## 20 2004        4       5               4          1        1
## 21 2005        4       5               4          1        1
## 22 2006        5       5               4          1        1
## 23 2007        5       5               4          1        1
## 24 2008        5       5               4          1        1
## 25 2009        5       5               4          1        1
## 26 2010        7       6               5          1        1
## 27 2011        8       6               5          2        1
## 28 2012        8       6               5          3        1
## 29 2013        8       6               5          4        1
## 30 2014        8       6               5          4        2
## 31 2015        8       6               5          5        5
> library(reshape2)  #加载 reshape2 包
> library(ggplot2)   #加载 ggplot2 包
> DF <- melt(topKW, id = 'Year')  #宽数据框变长数据框
> ggplot(DF,aes(Year, value, group = variable, color = variable)) +
geom_line(size = 1)  #绘图
```

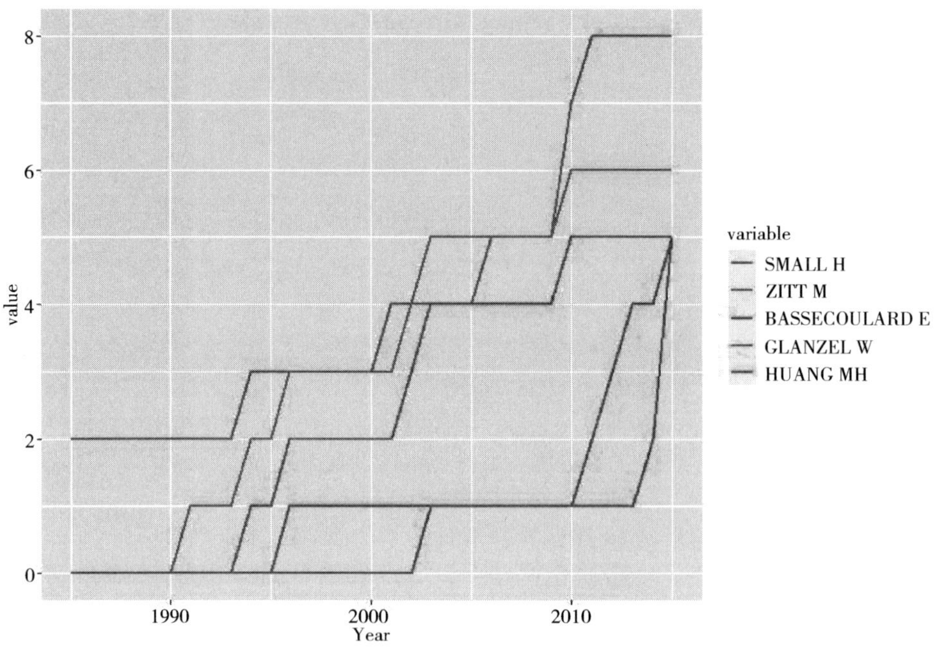

图 3.8 作者发文量累积的时序趋势

3.16 文献与作者 LCS 计算

问题

如何计算文献或者作者在本地数据库中的被引次数?

方法

在 R 中使用函数 localCitations[1] 对文献或作者的本地引用频次进行计算。

---

[1] 关于文献、作者或者其他知识单元字段的被引频次,可以按照依托的背景数据库来进行分类,分别为全局被引次数(Global citation scores,简写 GCS)和本地被引次数(Local citation scores,简写 LCS)。全局被引次数是指某知识元,比如某篇论文,在某一大型数据库中被引的频次;本地被引频次是指按照某一策略采集的文献数据集在所采集数据中被引的次数。例如,从 WoS 中采集关于知识图谱的文献数据集,某篇论文在 WoS 中的被引次数成为全局被引次数,该篇论文在所采集数据集中被引的次数为本地本引次数。在数量关系上,全局被引次数要大于或者等于本地被引次数,即 GCS ≥ LCS。

标准的语言格式为：

```
localCitations(M, fast.search = FALSE, sep = ";", verbose = FALSE)
```

M 为所分析的数据集；

fast.search 为逻辑值，默认为 FALSE，如果为 TRUE，则该函数只计算 25% 被引用最多的文献的本地被引次数；

sep 为知识单元的分割方式；

verbose 为逻辑值，默认为 FALSE，如果为 TRUE，结果将会在屏幕输出。

结果返回列表，包含三个数据框，分别为作者本地被引次数、文档本地被引次数和题录数据框。

案例

Scientometrics 案例数据文档与作者在本地数据库中的被引次数分析。

```
> data(scientometrics)  #加载数据
> results <- biblioAnalysis(scientometrics)  #描述统计分析
> CR <- localCitations(scientometrics, sep = ";")  #本地被引次数计算
> head(CR$Authors)  #打印作者结果
##          Author  LocalCitations
## 220 VANRAAN AFJ               3
## 56   DEBRUIN RE               1
## 68       FANG Y               1
## 84       GMUR M               1
## 151     MOED HF               1
## 174  ROUSSEAU R               1
> head(CR$Papers)  #打印文档结果
##                             Paper DOI Year LCS GCS
## 4  VANRAAN AFJ, 1991, SCIENTOMETRICS     1991   3  13
## 7   DEBRUIN RE, 1993, SCIENTOMETRICS     1993   1  27
## 31      FANG Y, 2001, SCIENTOMETRICS     2001   1  13
## 39      GMUR M, 2003, SCIENTOMETRICS     2003   1  78
## 1      SMALL H, 1985, SCIENTOMETRICS     1985   0 130
## 2    SMALL H, 1985, SCIENTOMETRICS-a     1985   0 148
```

3.17 被引次数标准化

问题

如何使用 R 对被引次数进行标准化处理?

方法

在 R 语言中运用 normalize CitationScore 函数对全局被引次数 GCS 和本地被引次数 LCS 进行标准化处理。

该标准步骤为：

（1）计算每篇文档平均被引次数，即某一年发表的某一篇文章被引次数（CS_i）与当年发表的文章被引次数平均值（$\frac{1}{n}\Sigma CS_i$）之比（Normalized Citation Score, NCS）；

$$NCS_i = \frac{CS_i}{\frac{1}{n}\Sigma CS_i}$$

（2）对某一统计对象（文档，作者，出版源）的所有文档的平均被引次数（NCS）再求平均（Mean Normalized Citation Score, MNCS）。当统计对象为文档时，MNCS=NCS；当统计对象为作者或出版源时，则：

$$MNCS = \frac{1}{n}\Sigma NCS_i$$

标准的语言格式为：

```
    normalizeCitationScore(M, filed = "documents", impact.measure =
"local")
```

M 为所分析的数据集；

filed 为所分析的对象，可以为文档“documents”（默认），作者“authors”，出版源“sources”；impact.measure 为字符串，被引度量指标，可为本地被引“local”（默认），全球被引“global”，注意当 impact.mesure 为“local”其结果包含其为“global”的结果。

结果返回数据框，当 impact.measure=“lcoal”，结果包含 MNGCS，MNLCS。

注意：该函数把 LCS 为 0 的值替换为 1，所以部分 LC 值与真实的 LCS 值有差异。

案例

文档标准化被引次数：

```
> data(management, package = "bibliometrixData")  # 加载数据
> NCS <- normalizeCitationScore(management, field = "documents", impact.measure = "local")  # 文档标准化被引次数
> NCS[1:10,]  # 结果前 10 行
##                            documents   PY      MNGCS MNLCS  TC LC
##1  PASADEOS Y, 1985, J ADVERTISING 1985 0.18305085   0.2  27  2
##2        MOED HF, 1985, RES POLICY 1985 1.81694915   1.8 268 18
##3       HEALEY P, 1986, RES POLICY 1986 1.58415842   1.2  80  3
##4        HICKS D, 1986, R&D MANAGE 1986 0.41584158   0.8  21  2
##5        NARIN F, 1988, RES POLICY 1988 1.00000000   1.0  48 10
##6        GOMEZ I, 1990, RES POLICY 1990 1.00000000   1.0  19  2
##7     LOH L, 1992, INFORM SYST RES 1992 2.28318584   0.8 258  1
##8  GAMBARDELLA A, 1992, RES POLICY 1992 1.56637168   1.6 177  2
##9     FRUMAU CCF, 1992, RES POLICY 1992 0.08849558   0.8  10  1
##10       MILLER R, 1992, R&D MANAGE 1992 0.06194690   0.8   7  1
```

作者标准化被引次数：

```
> data(management, package = "bibliometrixData")  # 加载数据
> NCS <- normalizeCitationScore(management, field = "authors", impact.measure = "local")  # 作者标准化被引次数
> NCS[1:10,]  # 结果前 10 行
##          authors NP     MNGCS     MNLCS   TC       LC
##1       AAGAARD K  1 1.0726257 0.6233766 20.0 1.000000
##2        ABRAMO G  6 0.6875443 0.8445014 31.0 2.333333
##3         ACEDO F  2 0.6288566 0.9758065 31.5 5.500000
##4        ACEDO FJ  1 0.0000000 0.1774194  0.0 1.000000
##5         ADLER D  1 1.4480447 1.8701299 27.0 3.000000
##6           AHN R  1 0.2924282 0.9491525  2.0 1.000000
```

```
##7          AHOLA T  1 0.7001621 0.4576271 32.0 1.000000
##8        AKIYAMA M  1 1.2311321 0.8709677 29.0 2.000000
##9        AKSNES DW  1 0.8772846 0.9491525  6.0 1.000000
##10 ALBORT MORANT G  1 1.6910230 1.7307692 18.0 2.000000
```

出版源标准化被引次数：

```
> data(management, package = "bibliometrixData")  #加载数据
> NCS <- normalizeCitationScore(management, field = "sources", impact.measure = "local")  #出版源标准化被引次数
> NCS[1:10,]  #结果前10行
##                              sources NP     MNGCS     MNLCS   TC  LC
##1 ACADEMY OF MANAGEMENT LEARNING & EDUCATION  1 0.5363128 0.6233766 10.0 1.0
##2 ADVANCES IN CONSUMER RESEARCH, VOL 26  1 0.3884892 0.7500000  9.0 1.0
##3 AFRICAN JOURNAL OF BUSINESS MANAGEMENT  5 0.4329891 0.5502640 15.6 1.2
##4 ASIAN BUSINESS & MANAGEMENT  1 0.6774716 0.5500000 38.0 2.0
##5 ASIAN JOURNAL OF TECHNOLOGY INNOVATION  1 0.0000000 0.9491525  0.0 1.0
##6  BRITISH JOURNAL OF MANAGEMENT  2 1.9193230 1.2894614 44.5 2.5
##7 BRQ-BUSINESS RESEARCH QUARTERLY  1 1.5031315 1.7307692 16.0 2.0
##8 BUSINESS ETHICS-A EUROPEAN REVIEW  2 0.2193211 0.9745763  1.5 1.0
##9 BUSINESS HISTORY  1 0.2681564 0.6233766  5.0 1.0
##10 BUSINESS PROCESS MANAGEMENT JOURNAL  2 0.3655352 0.9491525  2.5 1.0
```

3.18 术语提取

问题

如何利用 R 从科技论文中提取术语？

方法

在 R 中使用 termExtraction 函数来从标题、摘要、关键词等位置提取科学领域的术语。标准的语言格式为：

```
termExtraction(M,Field="TI",ngrams=1,stemming=FALSE,language="english",remove.numbers=TRUE,remove.terms=NULL,keep.terms=NULL,synonyms=NULL,verbose=TRUE)
```

M 为所分析的数据集；

Field 为所分析的字段，“TI”为标题，“AB”为关键词，“DE”为作者关键词，“ID”为补充关键词；

ngrams 为整型，表示从文本中提取包含 n 个单词的词组；

stemming 是逻辑值，当选择 TRUE 时将对所分析主题使用 Porter Stemming 算法进行处理，当为 FALSE 时不做词根化处理；

language 为所分析的数据语言，默认为 language=“english”，还可以设置为“german”，“italian”，“french”或“spanish”；

remove.numbers 可以选择为 TRUE 或 FALSE，默认为 remove.numbers = TRUE，表示在分析中剔除所有的数字；

remove.terms 用于剔除提取的一些术语，默认为 remove.terms = NULL；

keep.terms 用于保留一些术语的原始形式，默认为 keep.terms = NULL；

synonyms 用于对一组意思相同或者相近术语的合并，默认为 synonyms = NULL；

verbose 为逻辑选项，TRUE 表示显示所提取的高频术语，默认为 TRUE。

返回结果为题录数据框，该题录数据框是在原题录数据框的基础上增加一列，该列为所提取的术语列。

案例

从 scientometrics 数据集的标题位置提取术语。

```
> data(scientometrics)  # 加载数据
> keep.terms<-c("co-citation analysis","bibliographic coupling")  # 保留的术语形式
> scientometrics<-termExtraction(scientometrics, Field = "TI", ngrams=1,remove.numbers=TRUE,remove.terms=NULL,keep.terms=keep.terms, verbose=TRUE)  # 术语的提取
## ANALYSIS  RESEARCH  CO_CITATION  SCIENCE  CITATION STUDY    TRUCTURE
##    42       42          35          28      20      20          18
## BIBLIOMETRIC MAPPING PATENT SCIENTIFIC COUPLING INTELLECTUAL INFORMATION
     13          13      13       13       12         12          11
## NETWORKS BIBLIOGRAPHIC JOURNAL NETWORK  AUTHOR  BASED  CLUSTERING
##    11          10        9       9        8       7        7
```

```
## CO_CITATIONS          FRONTS     KNOWLEDGE   COMPARATIVE
           7                7           7           6
   > scientometrics$TI_TM[1:5] # 从前 5 篇论文中提取的术语
## [1] "BIBLIOGRAPHIC;COUPLING;COMMON;ABSTRACT;STEMS;CLUSTERING;COMPARISON;DOCUMENT_DOCUMENT;SIMILARITY;APPROACHES;CONTEXT;SCIENCE;MAPPING"
## [2] "GEOGRAPHICAL;DISTANCE;BIBLIOMETRIC;RELATIONS;EPISTEMIC;COMMUNITIES"
## [3] "RESEARCH;FRONTS;LIBRARY;INFORMATION;SCIENCE;SPAIN"
## [4] "VISUALIZING;STRUCTURE;BRIDGES;INTELLECTUAL;PROPERTY;MANAGEMENT;STRATEGY;LITERATURE;DOCUMENT;CO_CITATION;ANALYSIS"
## [5] "SCIENTIFIC;COLLABORATION;LIBRARY;INFORMATION;SCIENCE;VIEWED;WEB;KNOWLEDGE;SPANISH"
```

从 scientometrics 数据集的摘要位置提取术语。

```
> data(scientometrics)  # 加载数据
> remove.terms <- c("analysis","bibliographic")  # 剔除的术语
> scientometrics <- termExtraction(scientometrics, Field = "AB", ngrams = 1,stemming=TRUE, language="english", remove.numbers = TRUE, remove.terms = remove.terms, keep.terms = NULL, verbose = TRUE)  # 术语的提取
## Tab
## RESEARCH   CO_CIT    CITAT    STUDI    SCIENC  CLUSTER  JOURNAL NETWORK
##    311       212       170      170       144      136       136       125
##  AUTHOR  PAPER   METHOD   PATENT    FIELD   ARTICL  MAP    RESULT
##    121     119      110      110       108      96       96        87
##  INFORM BASE IDENTIFI  STRUCTUR   COUPL   PUBLIC   CITE DOCUMENT
##    82   79       79      79        76       72       68       66
## SCIENTIF
##     65

> scientometrics$AB_TM[1]  # 从第一篇论文摘要中提取的术语
## [1] "PAPER;DEAL;DOCUMENT_DOCU;SIMILAR;APPROACH;CONTEXT;SCIENC;MAP;COUPL;TEXT;APPROACH;BASE;COMMON;ABSTRACT;STEM;ARTICL;PUBLISH;JOURNAL;INFORM;RETRIEV;TEST;ARTICL;INFORM;RETRIEV;EXPERT;PERFORM;CLASSIF;ARTICL;COSIN;MEASUR;NORMAL;COMPLET;LINKAG;METHOD;CLUSTER;ARTICL;ARTICL;PAIR;RANK;DESCEND;NORMAL;COUPL;STRENGTH;DESCEND;NORMAL;FREQUENC;COMMON;ABSTRACT;STEM;DEGRE;AGREEMENT;OBTAIN;RANK;LOW;MEASUR;KENDAL;TAU;AGREEMENT;CLUSTER;SOLUT;A
```

```
PPROACH;FAIR;LOW;ADJUST;RAND;INDEX;EXAMPL;PERFECT;AGREEMENT;COUPL;SOLUT;S
TEM;SOLUT;CLASSIF;GENERAT;EXPERT;CONTAIN;LARGER;COMPAR;COUPL;STEM;SOLUT;A
GREEMENT;SOLUT;CLASSIF;ADJUST;RAND;INDEX;STEM;SOLUT;APPROXIM;CLASSIF;CO
UPL;SOLUT;RESPECT;CLUSTER;QUALITI;SILHOUETT;SLIGHT;STEM;SOLUT;EXAMPL;HO
MOGEN;CLUSTER;STRUCTUR;NEGAT;SILHOUETT;VALU;FOUND;REGARD;SOLUT;EXPERT;C
LASSIF;FIELD;INFORM;RETRIEV;REPRES;VOLUM;ARTICL;PUBLISH;INFORM;RETRIEV;
FAIR;HETEROGEN;RESEARCH;THEME;CLASSIF;THEME;COMPLET;LINKAG;METHOD;
COMBIN;UPPER;TAIL;RULE;RISE;FAIR;APPROXIM;CLASSIF;RESPECT;IDENTIFI;STEM;
APPROACH"
```

从 scientometrics 数据集的补充关键词位置提取术语。

```
> data(scientometrics) #加载数据
> synonyms<-c("citation;citation analysis","h-index;index;impact
factor") #相似术语的合并
> scientometrics<- termExtraction(scientometrics, Field =
"ID",ngrams = 1, synonyms = synonyms, verbose=TRUE) #术语的提取
## Tab
##          SCIENCE                  CITATION                  INFORMATION
##             61                        24                           23
##       INDICATORS                  NETWORKS                    COCITATION
##             16                        16                           13
##  COCITATIONANALYSIS      SCIENTIFICLITERATURE               TECHNOLOGY
##             13                        10                            9
##          INDEX           INTELLECTUAL STRUCTURE                 PATTERNS
##              8                         8                            8
##   SCIENTIFIC LITERATURES  WORD ANALYSIS AUTHOR COCITATION ANALYSIS 5
##              8                         8                            7
##        CITATIONS                  JOURNALS                    KNOWLEDGE
##              7                         7                            7
##      RETRIEVAL              AUTHOR COCITATION               AUTHORSHIP
##              7                         6                            6
##   BIBLIOMETRICS                 DOCUMENTS                    MANAGEMENT
##              6                         6                            6
##            WEB
##              6
```

第 4 讲

R 科学数据可视化

4.1 知识单元隶属矩阵

问题

如何使用 R 创建知识单元隶属矩阵？

方法

在 R 中使用 cocMatrix 函数来构建非对称的隶属矩阵，得到一个行代表论文、列代表知识单元的矩阵。

标准的语言格式为：

```
cocMatrix(M,Field="AU",type="sparse",n=NULL,sep=";",binary=TRUE,
short=FALSE)
```

M 为所分析的数据集；

Field 为要分析的字段，可以为 AU（作者）、SO（出版物）、JI（期刊）、DE（作者关键词）、ID （补充关键词）以及 CR（参考文献）；

type 为矩阵的类型，有 type= “matrix” 或 type= “sparse” 两种；

n 为整型，表示选择排名前 n 的对象进行分析，默认为 NULL，表示所有对象均进入分析；

sep 为分隔符；

binary 为逻辑值，默认为 TRUE，表示每个单元值为 0 或 1，如果为 FALSE，则每个单元值为频率；

short 为逻辑值，默认为 FALSE，如果为 TRUE，则删除频率小于 2 的对象，以减小矩阵规模。

结果返回一个文档 × 变量的稀疏矩阵。

案例

从 Safety Culture 的数据中提取文献—作者隶属矩阵。

```
> library(bibliometrix)  #加载 bibliometrix 工具包
> file <- c("data1.txt","data2.txt")  #加载数据
> safetyculture <- convert2df(file, dbsource = "isi", format = "plaintext")  # 数据的转换，dbsource 可以是 isi 或者 scopus
##Converting your isi collection into a bibliographic dataframe
##Done!
##Generating affiliation field tag AU_UN from C1:  Done!
> WA <-cocMatrix(safetyculture, Field = "AU", type = "sparse", sep = ";")  #文献—作者隶属矩阵分析
```

将隶属矩阵转化为 data frame 格式（图 4.1）。

```
> WA_dataframe <- as.data.frame.matrix(WA)  #格式转为数据框
> View(WA_dataframe)  #查看数据
```

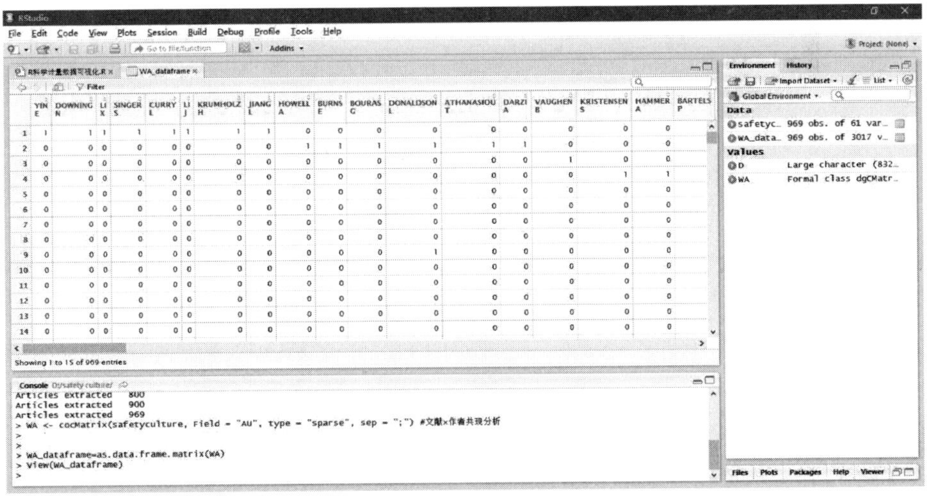

图 4.1　转换成为 data frame 格式矩阵

将得到的矩阵导出成 csv 格式（图 4.2）。

```
> write.csv(NetMatrix_dataframe, file = "mydataframe.csv")
# mydataframe.csv 文件会默认保存在数据文件夹中
```

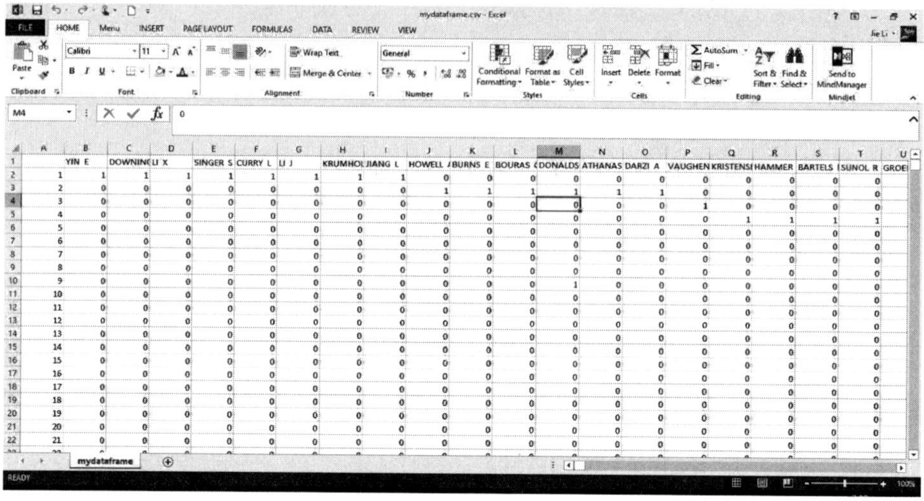

图 4.2　R 中导出的隶属矩阵

计算隶属矩阵某列的数值总数。

```
> WA <- cocMatrix (safetyculture, Field = "AU",type="sparse",sep= ";")
# 文献—作者隶属矩阵分析
> sort(Matrix::colSums(WA), decreasing = TRUE)[1:10]
##    THOMAS EJ        WAGNER C    PRONOVOST PJ       SEXTON JB
##           15              13              10              10
## ETCHEGARAY JM SCHWENDIMANN R    PATTERSON PD        PROFIT J
##             8              8               7               7
##      REIMAN T  ROLLENHAGEN C
##             7              7
```

4.2　知识单元共现矩阵

问题

如何使用 R 创建知识单元的共现矩阵？

方法

在 R 中可以使用 biblioNetwork 构建文献知识单元矩阵[1]网络。

标准的语言格式为：

```
    biblioNetwork(M,analysis="coupling",network="authors",n=NULL,
sep=";", short=FALSE,shortlabel=TRUE)
```

M 为所分析的数据集；

analysis 用来设置所采用的分析方法，包含“collaboration”（合作网络），“coupling”（文献耦合），“co-occurrences（共现网络）”或者“co-citation（共被引网络）”，默认值为 analysis=“coupling”；

network 为分析的网络类型，包含“authors”，“references”，“sources”，“countries”，“keywords（指的是分析补充关键词）”，“author_keywords（分析作者关键词）”，“titles”或“abstracts”，默认为 network=“authors”。

生成的网络类型有：

```
    #### 合作网络: Collaboration Networks ############
    - Authors collaboration(analysis="collaboration",
network="authors")
    - University collaboration (analysis="collaboration",network=
"universities")
    - Country collabortion(analysis="collaboration", network =
"countries")
    #### 共被引网络: Co-citation Networks ##############
    - Authors co-citation(analysis="co-citation", network="authors")
    - Reference co-citation(analysis="co-citation",network="references")
    - Source co-citation(analysis="co-citation",network="sources")
    #### 耦合网络: Coupling Networks ################
    - Manuscript coupling (analysis="coupling",network="references")
```

❶ 通过 biblioNetwork 构建的网络为共现网络，对应的矩阵为方阵（B）。这里的方阵 B 可以通过 A 与 A^T 的运算来获得。耦合网络的运算为 $B=A\times A^T$，这里的 A 就是通过 cocMatrix 分析得到的共现矩阵。矩阵 B 中的 b_{ij} 表示的就是在论文 i 和 j 之间的耦合强度。文献共被引、合作网络或者其他共现网络的运算为 $C=A^T\times A$，C 也为对称方阵。

```
    - Authors coupling  (analysis="coupling",network="authors")
    - Source coupling  (analysis="coupling",network="sources")
    - Country coupling  (analysis="coupling",network="countries")
    #### 共现网络: Co-occurrences Networks ################
    - Authors co-occurrences(analysis="co-occurrences",network=
"authors")
    - Source co-occurrences(analysis="co-occurrences",network=
"sources")
    - Keyword co-occurrences(analysis="co-occurrences",network=
"keywords")
    - Author-Keyword co-occurrences(analysis="co-occurrences",
network="author_keywords")
    - Title content co-occurrences(analysis="co-occurrences",network =
"titles")
    - Abstract content co-occurrences(analysis="co-occurrences",
network="abstracts")
```

sep 为知识单元之间的分隔符;

short 为逻辑值，默认为 FALSE，如果为 TRUE，则删除频率小于 2 的对象，以减小矩阵规模。

Shortlabel 为逻辑值，默认为 TRUE，表示参考文献的标签为短标签。

结果返回一个变量 × 变量的稀疏矩阵。

案例

通过 safety culture 数据构建作者的合作矩阵。

```
    > library(bibliometrix)  #加载包
    > file <- c("data1.txt","data2.txt")  #设置数据名称(数据务必保存在默认文件夹)
    > safetyculture <- convert2df(file, dbsource = "isi", format =
"plaintext")  # 数据的转换, dbsource 可以是 isi 或者 scopus
    ##Converting your isi collection into a bibliographic dataframe
    ##Done!
    ##Generating affiliation field tag AU_UN from C1: Done!
    > NetMatrix <-biblioNetwork(safetyculture, analysis=
"collaboration",network = "authors", sep = ";")  #作者合作网络分析, 产生一个
共现矩阵
```

将共现矩阵转换成 data frame 格式（图 4.3）。

```
as.data.frame.matrix(NetMatrix)  # 结果输出
```

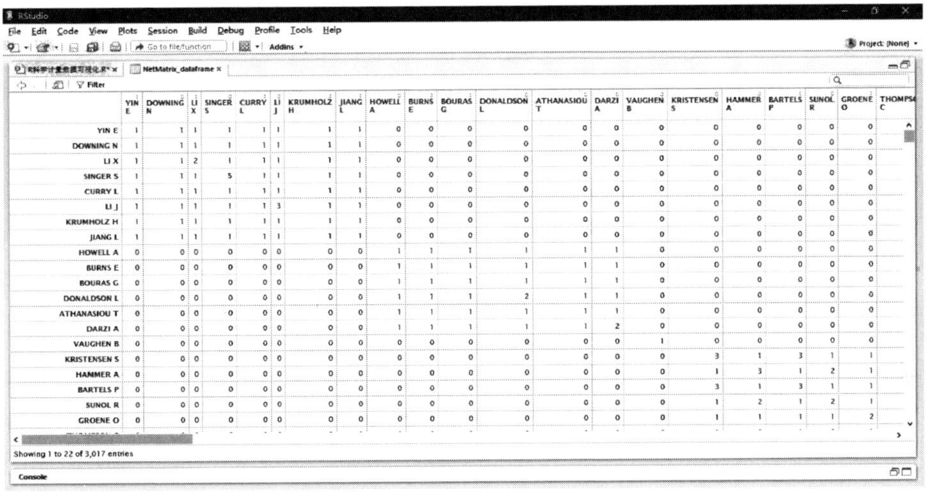

图 4.3　知识单元的共现矩阵

4.3　隶属矩阵的子矩阵

问题

如何从整体的隶属矩阵中按照知识单元频次提取子矩阵?

方法

在得到隶属矩阵后，通过对矩阵的再处理来实现子矩阵的提取。

案例

从案例数据 scientometrics 的文献—补充关键词的整体矩阵中提取关键词词频大于等于 5 的文献—补充关键词矩阵。

```
# 获取文献—关键词矩阵
> library(bibliometrix)  # 加载包
```

```
> data(scientometrics)  #加载数据
> WA <-cocMatrix(scientometrics,Field="ID",type="sparse", sep=";")
#加载我们编写的隶属矩阵子矩阵提取函数(该函数已放置在默认工作目录下，如果需要更换目录，请将该函数拷贝在自己设置的默认工作目录中)
> source("sub_occurrence_extract.R")  #导入子矩阵提取函数
> WA_dataframe_matrix <- sub_occurrence_extract(WA)  #提取子矩阵
> write.csv(WA_dataframe_matrix,file = "WA_dataframe_matrix.csv", row.names = F)  #保存该矩阵
```

结果保存在对应的文件夹中，可以使用 EXCEL 打开（图 4.4）。

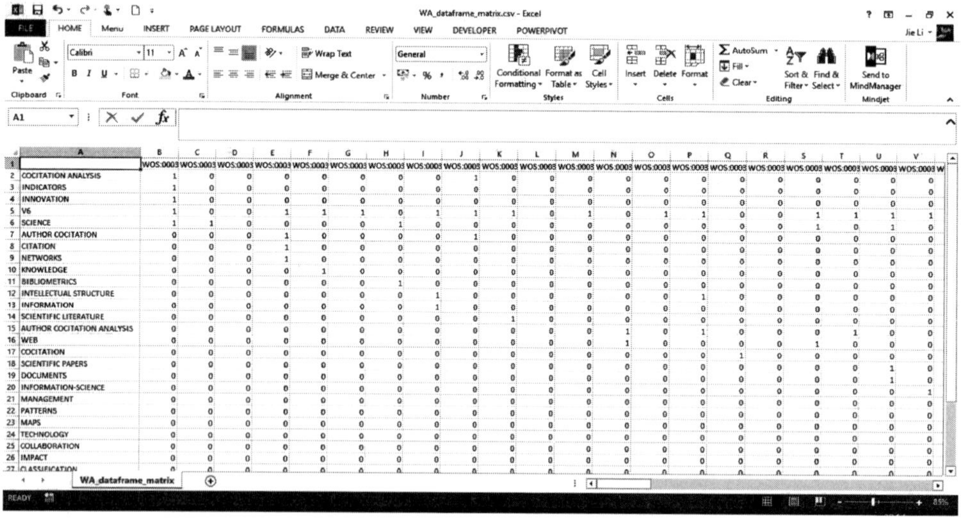

图 4.4　文献—补充关键词矩阵（关键词词频大于等于 5）

4.4　共现矩阵的子矩阵

问题

如何从整体共现矩阵中按照知识单元频次提取子矩阵?

方法

在得到共现矩阵后，通过对矩阵的再处理来实现子矩阵的提取。

案例

对案例数据 scientometrics 进行分析。

```
> library(bibliometrix)  #加载包
> data(scientometrics)  #加载数据
#该分析中需要使用 OpenMx，开始之前先安装和加载该工具包
> install.packages("OpenMx")  #安装包
> library(OpenMx)  #加载包
#获取关键词矩阵
> NetMatrix <- biblioNetwork(scientometrics, analysis = "co-occurrences", network = "keywords", sep = ";")  #加载我们编写的共现矩阵子矩阵提取函数(该函数已放置在默认工作目录下，如果需要更换目录，请将该函数拷贝在自己设置的默认工作目录中)
> source("sub_cocurrence_extract.R")  #导入自定义函数
#获取共现矩阵子矩阵(n = 10 表明我们选取的是词频大于等于 10 的关键词)
> Matrix_final <- sub_cocurrence_extract(NetMatrix_dataframe, n = 10)  #子矩阵提取
#保存该矩阵
> write.csv(matrix_final, file = "matrix_final.csv", row.names = F)  #输出结果
```

最后，得到的目标矩阵见图 4.5。

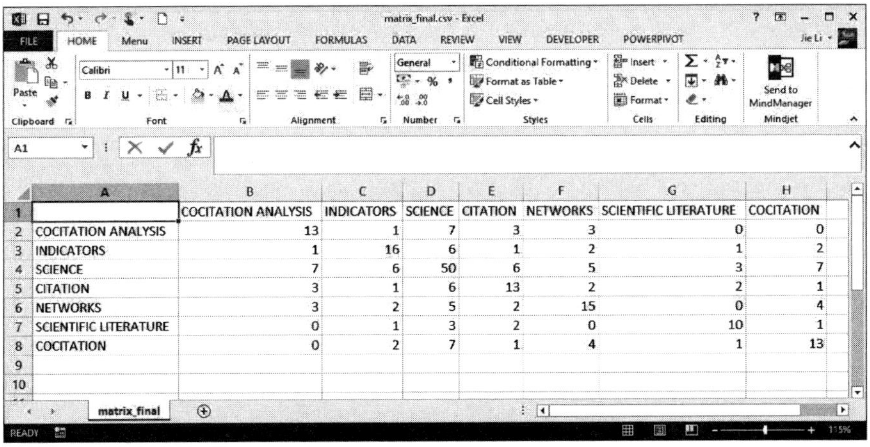

	COCITATION ANALYSIS	INDICATORS	SCIENCE	CITATION	NETWORKS	SCIENTIFIC LITERATURE	COCITATION
COCITATION ANALYSIS	13	1	7	3	3	0	0
INDICATORS	1	16	6	1	2	1	2
SCIENCE	7	6	50	6	5	3	7
CITATION	3	1	6	13	2	2	1
NETWORKS	3	2	5	2	15	0	4
SCIENTIFIC LITERATURE	0	1	3	2	0	10	1
COCITATION	0	2	7	1	4	1	13

图 4.5　共现矩阵的子矩阵（词频大于等于 10）

4.5 共现矩阵标准化

问题

如何对得到的矩阵进行标准化处理?

方法

在 R 中提供了 normalizeSimilarity 来对 NetMatrix 矩阵进行标准化处理。

标准的语言格式为:

```
normalizeSimilarity(NetMatrix, type = "association")
```

其中，NetMatrix 是由 biblioNetwork 或者 cocMatrix 得到的矩阵;

Type 表示对矩阵所使用的标准化方法，可以为“association”，“jaccard”，“inclusion”，“salton”以及“equivalence”，默认为 type = “association”。依次得到 Association Strength，Jaccard，Inclusion，Salton 或者 Equivalence 相似度指数❶。

案例

对 Scientometrics 案例数据的共词矩阵的标准化。

```
> library(bibliometrix) #加载包
> data(scientometrics) #加载数据
> NetMatrix <- biblioNetwork(scientometrics, analysis = "co-occurrences", network = "keywords", sep = ";") #关键词共现矩阵
> S <- normalizeSimilarity(NetMatrix, type = "salton") #矩阵标准化
> S_dataframe <- as.data.frame.matrix(S) #矩阵转数据框格式
> write.csv(S_dataframe, file = "Sframe.csv", row.names = F) #输出结果
> View(S_dataframe) #在R中查看数据
```

标准化后，得到的目标矩阵如图 4.6 所示。

❶ 对共现矩阵的标准化是文献图谱分析过程中的一个基本步骤，常用的方法有 Association Strength, Jaccard, Inclusion, Salton（Cosine 标准化）或者 Equivalence。在 VOSviewer 中嵌入的主要方法为关联强度（Association Strength），CiteSpace 中嵌入了 Cosine，Dice 和 Jaccard。

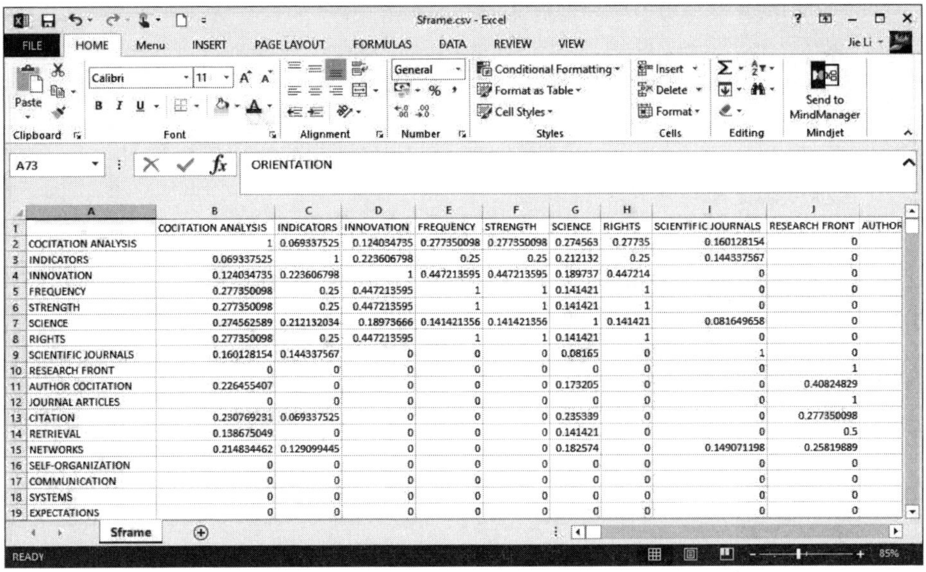

	COCITATION ANALYSIS	INDICATORS	INNOVATION	FREQUENCY	STRENGTH	SCIENCE	RIGHTS	SCIENTIFIC JOURNALS	RESEARCH FRONT	AUTHOR
COCITATION ANALYSIS	1	0.069337525	0.124034735	0.277350098	0.277350098	0.274563	0.27735	0.160128154	0	
INDICATORS	0.069337525	1	0.223606798	0.25	0.25	0.212132	0.25	0.144337567	0	
INNOVATION	0.124034735	0.223606798	1	0.447213595	0.447213595	0.189737	0.447214	0	0	
FREQUENCY	0.277350098	0.25	0.447213595	1	1	0.141421	1	0	0	
STRENGTH	0.277350098	0.25	0.447213595	1	1	0.141421	1	0	0	
SCIENCE	0.274562589	0.212132034	0.18973666	0.141421356	0.141421356	1	0.141421	0.081649658	0	
RIGHTS	0.277350098	0.25	0.447213595	1	1	0.141421	1	0	0	
SCIENTIFIC JOURNALS	0.160128154	0.144337567	0	0	0	0.08165	0	1	0	
RESEARCH FRONT	0	0	0	0	0	0	0	0	1	
AUTHOR COCITATION	0.226455407	0	0	0	0	0.173205	0	0	0.40824829	
JOURNAL ARTICLES	0	0	0	0	0	0	0	0	1	
CITATION	0.230769231	0.069337525	0	0	0	0.235339	0	0	0.277350098	
RETRIEVAL	0.138675049	0	0	0	0	0.141421	0	0	0.5	
NETWORKS	0.214834462	0.129099445	0	0	0	0.182574	0	0.149071198	0.25819889	
SELF-ORGANIZATION	0	0	0	0	0	0	0	0	0	
COMMUNICATION	0	0	0	0	0	0	0	0	0	
SYSTEMS	0	0	0	0	0	0	0	0	0	
EXPECTATIONS	0	0	0	0	0	0	0	0	0	

图 4.6　共现矩阵的标准化结果

4.6　网络的可视化

问题

在 R 中如何对科学知识网络进行可视化❶？

方法

在 R 中提供了 networkPlot 函数来对知识网络进行可视化分析。

标准的语言格式为：

```
    networkPlot(NetMatrix, normalize=NULL,n=NULL,degree=NULL,
Title="Plot",type="auto",label=TRUE,labelsize=1,label.cex=FALSE,label.
color=FALSE,label.n=NULL,halo=FALSE,cluster="louvain",vos.path=NULL,
size=3,size.cex=FALSE,curved=FALSE,noloops=TRUE,remove.multiple=TRUE,
remove.isolates=FALSE,weighted=NULL,edgesize=1,edges.min=0,alpha=0.5,
verbose=TRUE)
```

❶　网络可视化通常是将生成的矩阵转换成相关软件可以读取的网络文件，并进行可视化展示的过程。在 R 中提供了专门进行网络可视化的工具包。biblioNetwork 生成的 VOSviewer.net 文件不仅可以使用 VOSviewer 来进行可视化，也可以使用 pajek、gephi 等网络可视化工具进行可视化。

NetMatrix 是通过 biblioNetwork 函数构建的网络文件；

normalize 表示标准化方法，可以为“association”，“jaccard”，“inclusion”，“salton” 以及“equivalence”，默认为 type=“association”，依次得到 Association Strength，Jaccard，Inclusion，Salton 或者 Equivalence 相似度指数；

n 表示可视化图形中的节点数量；

degree 表示可视化图形中的节点的最小频率；

Title 为图形的题名；

type 表示网络可视化的布局形式，包含的布局有圆形布局 type=“circle”，球形布局 type=“sphere”，多维尺度布局 type=“mds”，Fruchterman-Reingold 布局 type=“fruchterman”，Kamada-Kawai 布局 type=“kamada”；

label 为逻辑值，如果为 TRUE（默认），显示节点标签；

labelsize 为标签的大小的调整，默认 labelsize=1；

label.cex 为逻辑值，如果为 TRUE，节点标签大小对应节点度（degree），默认为 FALSE；

label.col 为逻辑值，如果为 TRUE，同一类节点标签颜色相同，默认为 FALSE；

label.n 表示展示 n 个节点标签；

halo 为逻辑值，当为 TRUE 时聚类的结果会按照不同的的颜色进行填充，默认为 FALSE；

cluster 表示聚类所选用的方法，这里提供了“none”，“optimal”，“lovain”，“infomap”，“edge_betweenness”，“walktrap”，“spinglass”，“leading_eigen”和“fast_greedy”等聚类方法；

vos.path 表示 VOSviewer.jar 所在的路径；

size 用于定义节点大小，默认为 3；

size.cex 为逻辑值，当为 TRUE 时，节点按照出现频次的比例显示；

curved 为逻辑值或者数值，控制边的弯曲程度，默认为 FALSE，表示直线，数值可为 0~1，数值越大，边的弯曲程度越大；

noloops 为逻辑值，当为 TRUE 时，节点的自循环将被删除；

remove.multiple 删除一些多余连接；

remove.isolates 为逻辑值，当为 TRUE 时，孤立的节点将被删除；

weighted 代表网络类型的设置，默认为 NULL（加权图）；

edgesize 为边宽度的设置；

edges.min 为 2 个节点间的最小频率，默认为 0，表示将绘制所有的边；

verbose 为逻辑值，如果为 TRUE（默认），将绘制网络图。

结果返回列表，包含网络图对象、pajek 文件、聚类观测值、节点信息、节点坐标、节点度。

案例

使用 safety culture 数据进行作者的合作网络分析，网络的可视化结果如图 4.7 所示。

```
> library(bibliometrix)  #加载 bibliometrix 工具包
> file<-c("data1.txt","data2.txt")  #读取数据文件
> safetyculture<-convert2df(file,dbsource="isi",format="plaintext")
# 数据的转换，dbsource 可以是 isi 或者 scopus
##Converting your isi collection into a bibliographic dataframe
##Done!
> NetMatrix<-biblioNetwork(safetyculture, analysis = "collaboration",network = "authors", sep = ";")  #作者合作网络分析，产生一个网络
> net <-networkPlot(NetMatrix,n=50,type="kamada",Title= "Collaboration",labelsize=0.7,community.repulsion=0,remove.isolates=TRUE,size=TRUE)  #网络的可视化及属性调整
```

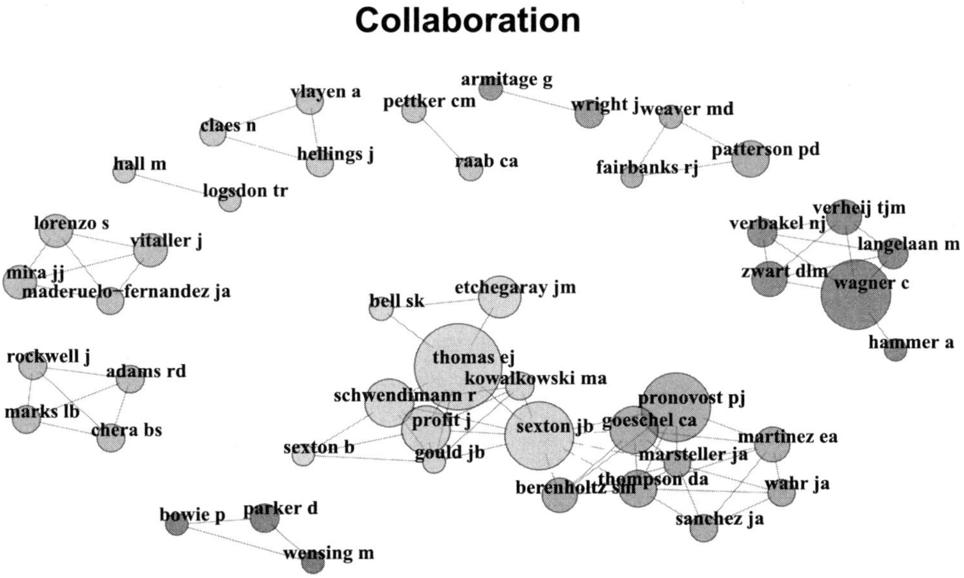

图 4.7　网络的可视化

4.7 VOSviewer 的可视化

问题

如何生成一个可以使用 VOSviewer[1] 进行可视化的网络文件？

方法

在R中首先用networkPlot函数创建pajek文件，然后用net2VOSviewer可视化。

利用 bibliometrix 产生 VOSviewer 可以处理的文件的步骤为：

首先该功能需要用户从VOSviewer软件的主页下载VOSviewer.jar格式的软件，然后放置在数据文件夹中。在进行网络的可视化时，运行下面的代码后，会在默认文件夹中产生一个 vosnetwork.net 文件。vosnetwork.net 可以使用 VOSviewer 软件打开，并进行可视化。

案例

对Safety culture数据集进行文献共被引分析。VOSviewer可视化的结果如图4.8所示。

```
> library(bibliometrix)  #加载bibliometrix工具包
> file <- c("data1.txt","data2.txt")  #加载数据
> safetyculture <- convert2df(file, dbsource = "isi", format = "plaintext")  #数据的转换，dbsource可以是isi或者scopus
## Converting your isi collection into a bibliographic dataframe
## Done!
## Generating affiliation field tag AU_UN from C1:  Done!
> NetMatrix <- biblioNetwork(safetyculture, analysis = "co-citation", network = "references", sep = ";")  #文献共被引网络分析
> net <- networkPlot(NetMatrix, n = 30, type = "kamada", Title = "Co-Citation",labelsize = 0.5)  #创建pajek文件
> net2VOSviewer(net)  #网络可视化
```

---

[1] VOSviewer是荷兰莱顿大学CWTS（科技研究中心）的研究员Nees Jan van Eck和Ludo Waltman开发的。两位学者都出生于1982年，2010年两位同时毕业于荷兰的鹿特丹伊拉斯姆斯大学。Nees和Ludo是当前科学计量与知识图谱领域很活跃的年轻学者，其中Ludo获得2021年普赖斯奖。

VOSviewer目前是免费的文献网络可视化软件，下载地址为：http://www.vosviewer.com.

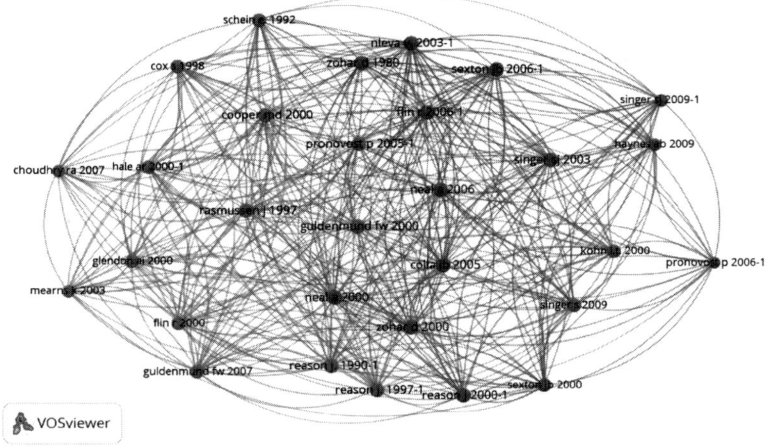

图 4.8　VOSviewer 中对结果的可视化 ❶

4.8　合作网络可视化

问题

如何在 R 中进行合作网络的分析?

方法

使用 biblioNetwork 函数来对合作网络进行分析 ❷。

标准的语言格式为:

```
biblioNetwork(M,analysis="collaboration",network="authors",n=NULL,
sep=";",short=FALSE,shortlabel=TRUE)
```

案例

(1) safety culture 的作者合作网络分析及可视化结果(图 4.9)。

```
> library(bibliometrix)  # 加载 bibliometrix 工具包
> file <- c("data1.txt","data2.txt")  # 加载数据
```

---

❶ 可视化步骤:打开 VOSviewer ▶ Create ▶ Create a map based on network data ▶ Pajek ▶ 读取 Pajek network file。

❷ 在科学计量学中,合作网络的分析可以分为三个维度:微观、中观和宏观。对应的网络的类型分别为作者的合作网络、机构的合作网络以及国家或地区的合作网络。

```
> safetyculture<-convert2df(file,dbsource="isi",format="plaintext")
#数据的转换,dbsource 可以是 isi 或者 scopus
    ## Converting your isi collection into a bibliographic dataframe
    ## Done!
    ## Generating affiliation field tag AU_UN from C1:  Done!
> NetMatrix<-biblioNetwork(safetyculture,analysis= "collaboration",
network="authors", sep = ";")  #作者合作网络分析，产生一个网络
> net<-networkPlot(NetMatrix,n=100,type="kamada",Title= "Collabor
ation",labelsize=0.7,community.repulsion=0,remove.isolates=TRUE,size=
TRUE)  #网络的可视化及属性调整
```

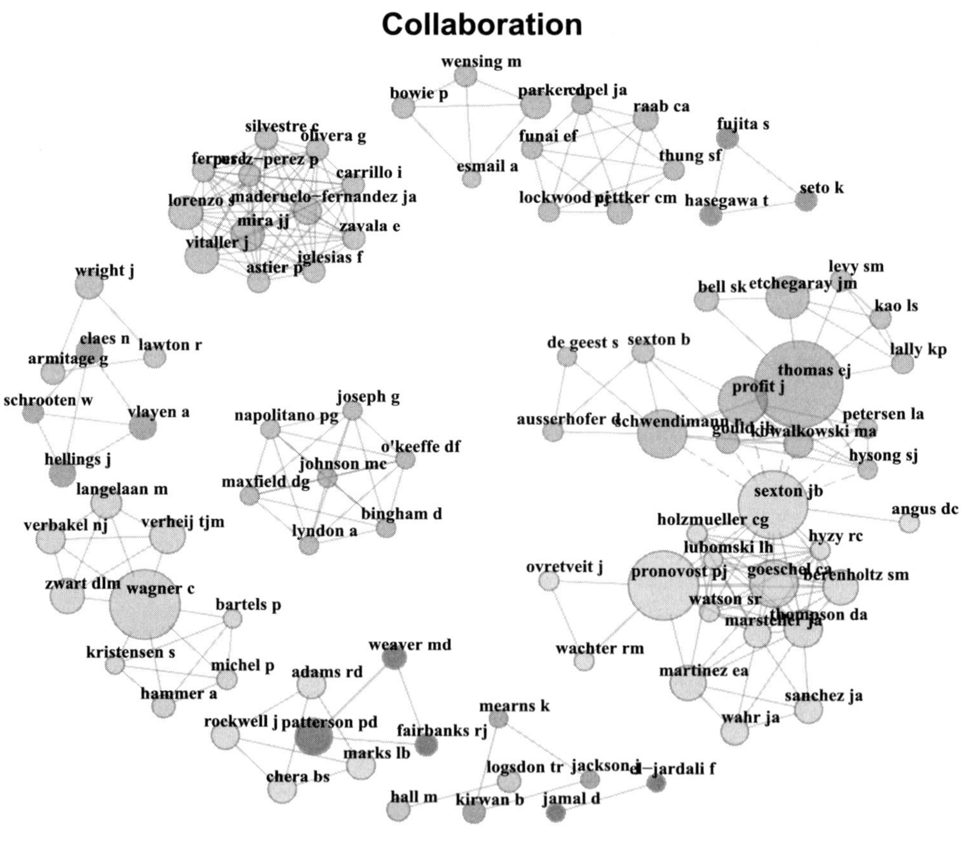

图 4.9　作者的合作网络

（2）safety culture 的国家或地区的合作网络分析过程及可视化结果（图4.10）。

```
> safetyculture<-metaTagExtraction(safetyculture,Field="AU_CO",sep = ";") # 创建国家或地区的合作网络
> NetMatrix<-biblioNetwork(safetyculture,analysis="collaboration", network="countries", sep=";") # 创建国家或地区的合作网络
> net<-networkPlot(NetMatrix,n=20,Title="Country Collaboration",type="kamada",community.repulsion=0,size=TRUE,remove.multiple=FALSE,remove.isolates=TRUE) # 网络的可视化
```

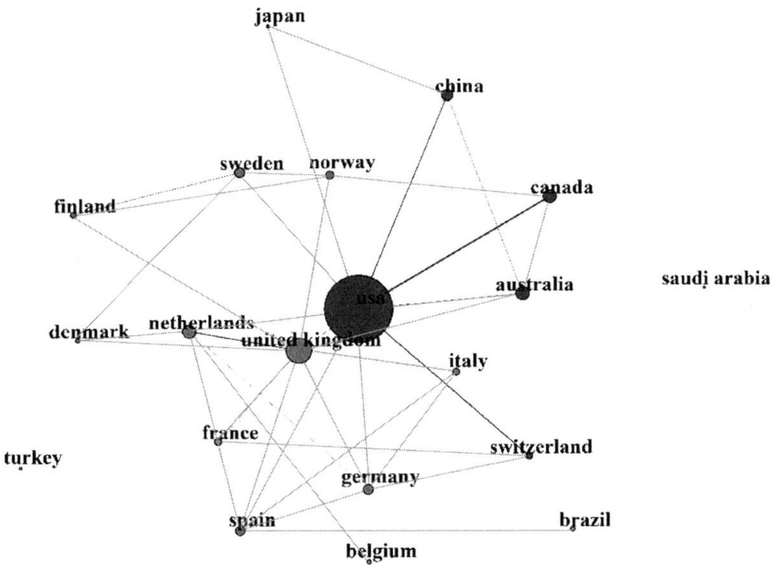

图 4.10　国家的合作网络

（3）safety culture 机构的合作网络分析过程及可视化结果（图 4.11）。

```
> safetyculture<-metaTagExtraction(safetyculture,Field="AU_UN",sep= ";")  # 创建机构的合作网络
> NetMatrix<-biblioNetwork(safetyculture,analysis="collaboration",network="universities",sep=";")  # 创建机构的合作网络
> net<-networkPlot(NetMatrix,n=20,Title="Institute Collaboration",type="fruchterman",community.repulsion=0,size=TRUE,remove.multiple = FALSE,remove.isolates = TRUE)  # 网络的可视化
```

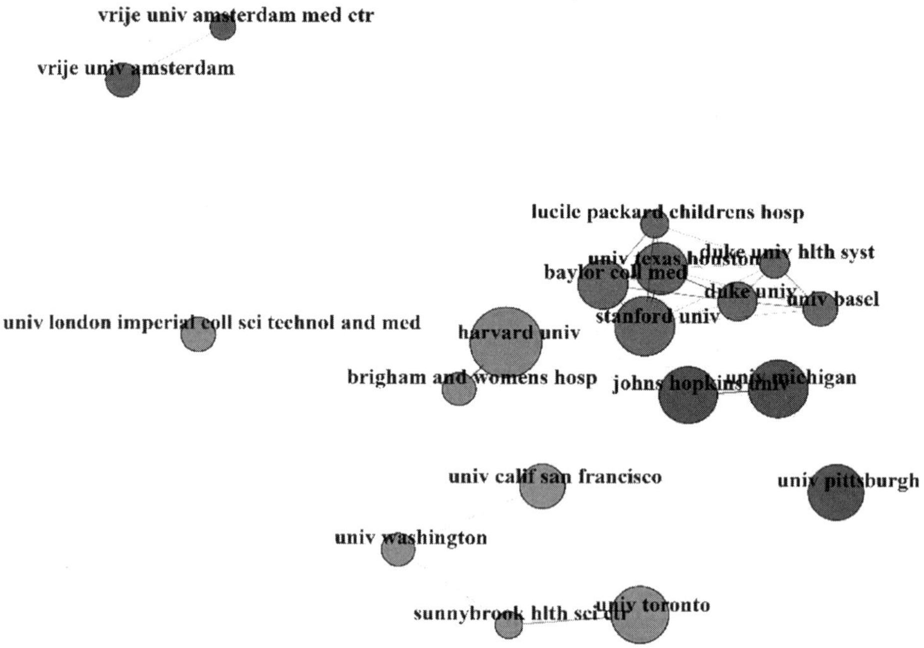

图 4.11　机构的合作网络

4.9 耦合网络可视化

问题

在 R 中如何进行文献耦合网络 [1] 分析?

方法

使用 biblioNetwork 函数来对耦合网络进行分析。

标准的语言格式为：

```
biblioNetwork ( M, analysis="coupling",network="authors",sep=";" )
```

案例

Safety culture 数据集作者的耦合分析过程及可视化结果（图 4.12）。

```
> library(bibliometrix)  #加载bibliometrix工具包
> file <- c("data1.txt","data2.txt")  #加载数据
> safetyculture <- convert2df(file, dbsource = "isi", format =
"plaintext")  # 数据的转换，dbsource 可以是 isi 或者 scopus
## Converting your isi collection into a bibliographic dataframe
## Done!
## Generating affiliation field tag AU_UN from C1:  Done!
> NetMatrix <- biblioNetwork(safetyculture, analysis = "coupling",
network = "authors", sep = ";")  #作者耦合网络分析
> S<-normalizeSimilarity(NetMatrix,type="jaccard")  #计算jaccard相似
性
> net<-networkPlot(S,n=50,labelsize=0.1,Title="Authors' Coupling",type=
"mds",size=FALSE,community.repulsion=0,remove.multiple=TRUE)  #网络可视化
```

[1] （1）文献耦合是由美国麻省理工学院开斯勒（M.M. Kessler）于 1963 年首次提出的。若文献 A 和文献 B 引证了相同的参考文献，则它们之间构成耦合关系，它们所包含相同参考文献的个数称为耦合强度。（2）从文献耦合的概念来看，一个文献若引用的参考文献越多，那么它将有更多的机会与其他文献建立耦合关系。为了尽量消除这种影响，通常需要对原始数据使用 Jaccard 或 Salton 方法进行标准化处理，来计算相对的耦合强度。（3）文献耦合测度的是施引文献之间的一种静态的关系，即已经发表的论文的耦合强度不随时间的变化而变化。

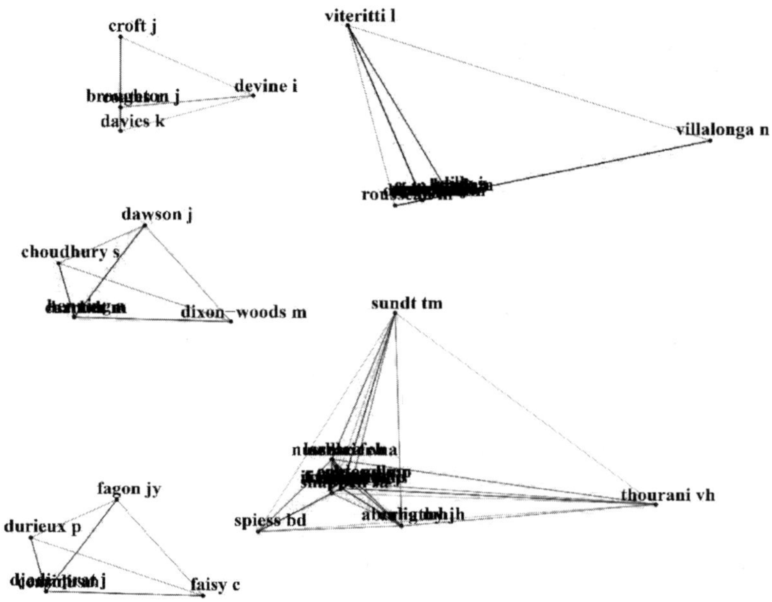

图 4.12　文献耦合分析结果

4.10　共被引网络可视化

问题

在 R 中如何进行文献共被引网络分析?

方法

使用 biblioNetwork 函数来对共被引网络[1]进行分析。

标准的语言格式为：

---

[1] （1）文献的共被引是由美国情报学家亨利·斯莫尔(Henry Small)和前苏联情报学家林娜·马沙科娃（Irina Marshakova）分别同时于 1973 年提出的。其概念是：若两篇（或多篇）论文同时被后来一篇或者多篇论文所引证，则称这两篇论文构成共被引关系；同时引用这两篇论文的文献篇数称为共被引强度。（2）文献的共被引关系会随着时间的变化而变化，是被引文献的一种暂时性的关系。通过对文献共被引网络的研究，可以探究科学的发展和演进动态。比如，知名的科学文献可视化软件 CiteSpace 的核心功能，就是通过对共被引网络的时间属性的研究来分析科学发展的转折点和演化路径。

```
biblioNetwork(M,analysis="co-citation",network="authors",sep=";")
```

案例

Safety culture 数据集文献的共被引分析过程及可视化结果（图 4.13）。

```
    > library(bibliometrix)  #加载 bibliometrix 工具包
    > file<-c("data1.txt","data2.txt")  #加载数据
    > safetyculture<-convert2df(file,dbsource="isi",format="plaintext")
# 数据的转换，dbsource 可以是 isi 或者 scopus
    ## Converting your isi collection into a bibliographic dataframe
    ## Done!
    ## Generating affiliation field tag AU_UN from C1:  Done!
    > NetMatrix<-biblioNetwork(safetyculture,analysis="co-citation",
network="references",sep= ";")  #文献共被引矩阵分析
    > net <- networkPlot(NetMatrix,n=30,type="fruchterman",Title="Co-
Citation Network",community.repulsion=0,labelsize=0.5)  #网络可视化
```

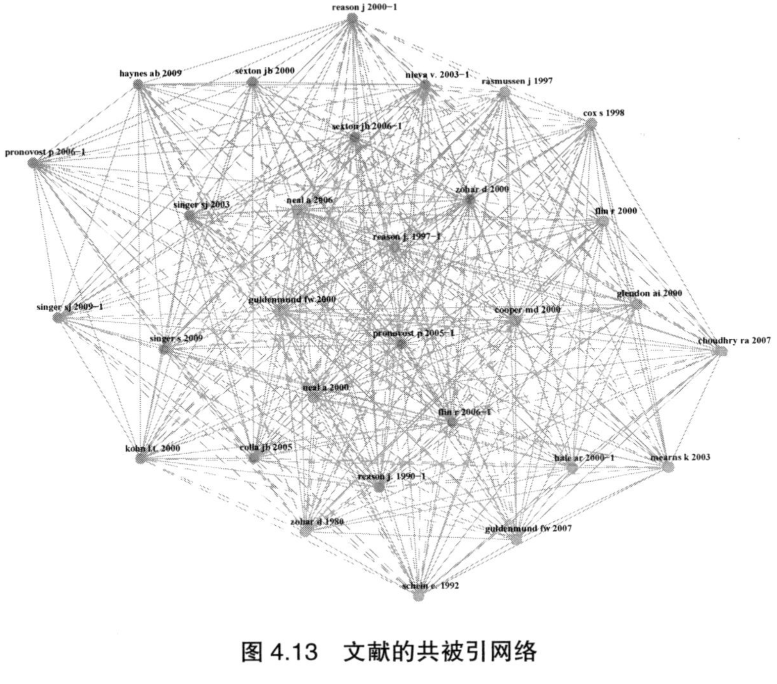

图 4.13　文献的共被引网络

4.11 历史引证网络分析

问题

如何在 R 中分析历史引证网络❶？

方法

在 R 中使用 histNetwork 和 histPlot 函数生成历史引证网络和对网络进行可视化分析。histNetwork 标准的语言格式为：

```
histNetwork(M, min.citations=1, sep=";",network=TRUE,verbose=TRUE)
```

其中，M 为所分析的数据集；

min.citations 表示所分析的文献被引频次的最小值，默认值为 1；

sep 表示知识单元的分割方式；

network 为逻辑值，如果为 TRUE（默认），函数将会返回直接引文网络，如果为 FALSE，函数仅返回被引表格；

verbose 为逻辑值，如果为 TRUE（默认），在屏幕打印结果。

histPlot 标准的语言格式为：

```
histPlot(histResults,size=F,labelsize=1)
```

其中，histResults 为 histNetwork 所分析的结果；

size 表示网络中节点的大小。size=F 时，节点大小一致；size=T 时，节点的大小等于节点的度数（这里特指引证次数）；

labelsize 为图形中标签的大小，默认为 1。

案例

Safety culture 数据集的历史引证网络分析过程及可视化结果（图 4.14）。

```
> library(bibliometrix)  #加载包
> library(biliometrixData)  #加载包
> data(management)  #加载 bibliometrix 包
```

❶ 文献的历史引证网络的思路来源于加菲尔德和其开发的软件 HistCite。通常是按照时间顺序将文献关联，通过文献来解释某一领域的演进过程，多用于文献综述中。

```
> histResults<-histNetwork(management,min.citations=0,sep=";")
#创建历史引证网络
> net <-histPlot(histResults,size=7,labelsize=3)  #历史引证网络可视化
## Legend
                                                                Label
1      MOED HF, 1985, RES POLICY DOI 10.1016/0048-7333(85)90012-5
2               HOFFMAN DL, 1993, J CONSUM RES DOI 10.1086/209319
3 PORTER AL,1995,TECHNOL FORECAST SOC DOI 10.1016/0040-1625(95)00022-3
4        USDIKEN B, 1995, ORGAN STUD DOI 10.1177/017084069501600306
5 WATTS RJ, 1997, TECHNOL FORECAST SOC DOI 10.1016/S0040-1625(97)00050-4
6    RINIA EJ, 1998, RES POLICY DOI 10.1016/S0048-7333(98)00026-2
7        KOSTOFF RN, 2001, IEEE T ENG MANAGE DOI 10.1109/17.922473
8      VERBEEK A, 2002, INT J MANAG REV DOI 10.1111/1468-2370.00083
9    RAMOS-RODRIGUEZ AR, 2004, STRATEGIC MANAGE J DOI 10.1002/SMJ.397
10   KOSTOFF RN, 2004, TECHNOL FORECAST SOC DOI 10.1016/S0040-1625(03)00048-9
11 DAIM TU,2006,TECHNOL FORECAST SOC DOI10.1016/J.TECHFORE.2006.04.004
12 SCHILDT HA,2006,ENTREP THEORY PRACTDOI10.1111/J.1540-6520.2006.00126.X
13 CASILLAS J, 2007, FAM BUS REV DOI 10.1111/J.1741-6248.2007.00092.X
14 KAJIKAWA Y,2008,TECHNOL FORECAST SOCDOI10.1016/J.TECHFORE.2007.05.005
15          NERUR SP, 2008, STRATEG MANAGE J DOI 10.1002/SMJ.659
16 CHARVET FF, 2008, J BUS LOGIST DOI 10.1002/J.2158-1592.2008.TB00068.X
17  FAGERBERG J, 2012, RES POLICY DOI 10.1016/J.RESPOL.2012.03.008
18    LANDSTROM H, 2012, RES POLICY DOI 10.1016/J.RESPOL.2012.03.009
19          ZUPIC I, 2015, ORGAN RES METHODS DOI
10.1177/1094428114562629
                                  DOI Year LCS GCS
1       10.1016/0048-7333(85)90012-5 1985  18 268
2                     10.1086/209319 1993  23  88
3       10.1016/0040-1625(95)00022-3 1995  13 118
4         10.1177/017084069501600306 1995  10  98
5      10.1016/S0040-1625(97)00050-4 1997  15 140
6      10.1016/S0048-7333(98)00026-2 1998  12 128
7                  10.1109/17.922473 2001  16 302
8            10.1111/1468-2370.00083 2002  10  74
9                    10.1002/SMJ.397 2004  55 340
10     10.1016/S0040-1625(03)00048-9 2004  11 146
11     10.1016/J.TECHFORE.2006.04.004 2006  31 371
12  10.1111/J.1540-6520.2006.00126.X 2006  17 109
```

```
13   10.1111/J.1741-6248.2007.00092.X 2007  10  63
14      10.1016/J.TECHFORE.2007.05.005 2008  18 118
15                       10.1002/SMJ.659 2008  30 175
16 10.1002/J.2158-1592.2008.TB00068.X 2008  10  47
17         10.1016/J.RESPOL.2012.03.008 2012  10  97
18         10.1016/J.RESPOL.2012.03.009 2012  11 101
19             10.1177/1094428114562629 2015  11  76
```

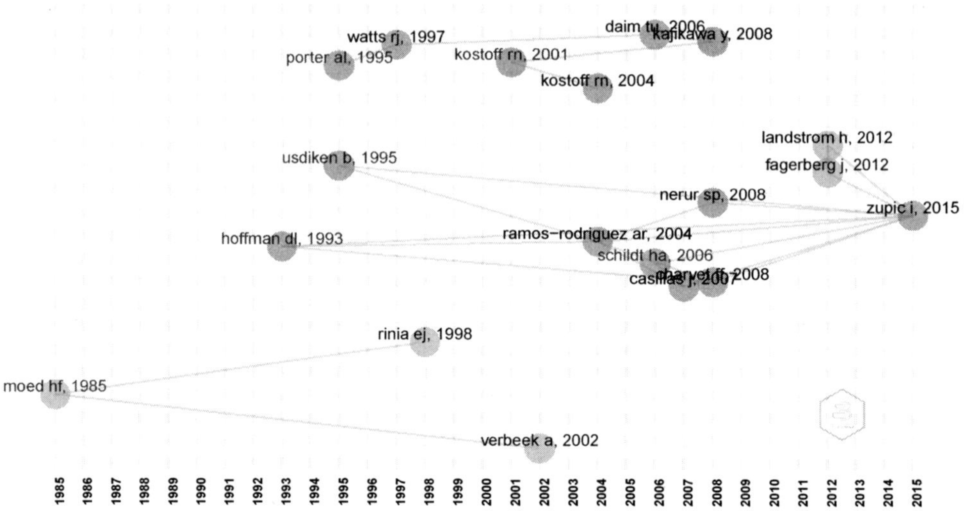

图 4.14　历史引证网络的分析

4.12　共词网络可视化

问题

如何在 R 中进行科技论文的主题网络分析（共词网络分析[1]）？

---

❶　词的共现现象是普遍存在于自然语言中的一种现象，被广泛应用于文本信息检索与数据挖掘之中。共词分析的核心原理，是词与词之间的共现频次在一定程度上反映了词语之间的语义关联。在科技文本的共词分析中，词的来源主要有标题、摘要、关键词（包含补充关键词）或全文。除了关键词的共现分析之外，其他位置的词的共现都需要借助自然语言的处理过程来首先识别有意义的术语，并进一步对这些术语之间的共现关系进行分析。

方法

使用 biblioNetwork 函数来对主题网络进行分析。

标准的语言格式为：

```
biblioNetwork(M,analysis="co-occurrences",network="keywords",sep=";")
```

案例

Safety culture 数据集主题的网络分析过程及可视化结果（图 4. 15）。

```
> library(bibliometrix)  # 加载包
> library(bibliometrixData)  # 加载包
> file <- c("data1.txt","data2.txt")
> safetyculture<-convert2df(file,dbsource="isi",format="plaintext")
# 数据的转换， dbsource 可以是 isi 或者 scopus
## Converting your isi collection into a bibliographic dataframe
## Done!
## Generating affiliation field tag AU_UN from C1:Done!
> NetMatrix<-biblioNetwork(safetyculture,analysis="co-occurrences",
network="keywords",sep=";")  # 创建共词网络
> net<-networkPlot(NetMatrix,n=40,Title="Keyword Co-occurrences",
type="kamada",community.repulsion=0,size=T)  # 共词网络可视化
```

或者也可以将上面的代码改为：

```
> library(bibliometrix)  # 加载包
> library(bibliometrixData)  # 加载包
> file <-c("data1.txt","data2.txt")  # 加载数据
> safetyculture<-convert2df(file,dbsource="isi",format="plaintext")
# 数据的转换，dbsource 可以是 isi 或者 scopus
## Converting your isi collection into a bibliographic dataframe
## Done!
## Generating affiliation field tag AU_UN from C1:  Done!
> NetMatrix<-biblioNetwork(safetyculture,analysis="co-occurrences",
network="author_keywords",sep=";")  # 创建网络
```

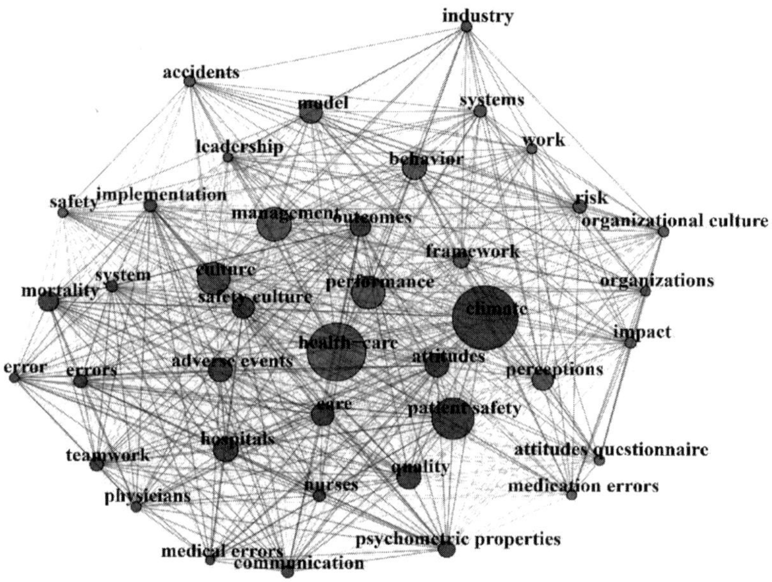

图 4.15　补充关键词的共现分析

```
> Net<-networkPlot(NetMatrix,n=40,Title="Keyword Co-occurrences",
type="kamada",size=T, community.repulsion=0)  # 网络可视化
```

最后得到的作者关键词共现网络的可视化结果如图 4.16 所示。

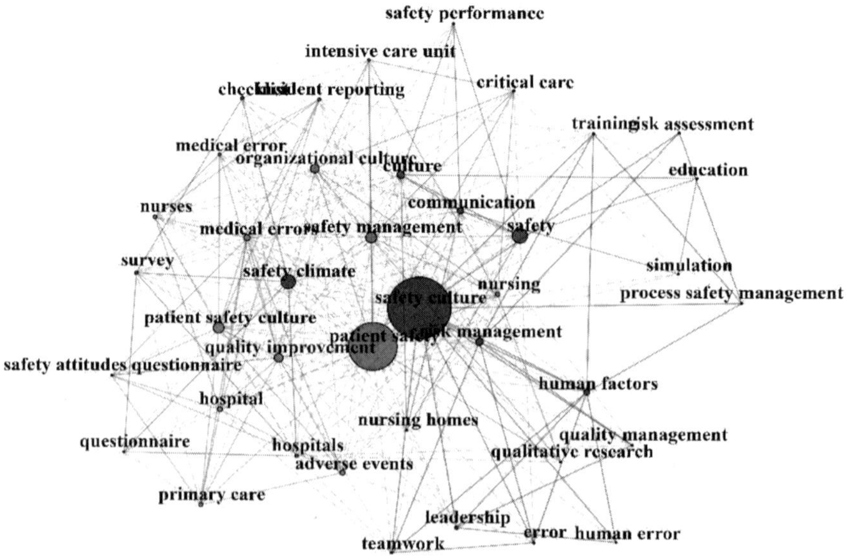

图 4.16　作者关键词的共现分析

4.13 术语概念结构图

问题

如何用 R 来绘制科技文本术语的概念地图[1]？

方法

在 R 中可以使用 conceptualStructure 函数来进行分析。

标准的语言结构为：

```
conceptualStructure(M,field="ID",method="MCA",quali.supp=NULL,
quanti.supp=NULL,minDegree=2,k.max=5,stemming=FALSE,labelsize=10,
documents=2,graph=TRUE)
```

其中，M 为所分析的数据集；

field 为数据提取的字段，可以是补充关键词字段 ID，作者关键词字段 DE，对补充关键词进行 Porter 词干化处理的字段 ID_TM，对作者关键词进行 Porter 词干化处理的字段 DE_TM，从标题提取术语以及从摘要 AB 提取术语 TI；

quali.supp 为分类补充变量，仅当方法为“CA”和“MCA”有效，默认为 NULL；

quanti.supp 为定量补充变量，仅当方法为“CA”和“MCA”有效，默认为 NULL；

minDegree 为术语之间的最低出现次数，默认值为 2；

k.max 表示最大聚类数量控制，默认为 5，最大设置为 20；

stemming 为 TRUE 时，进行 Porter 词干化处理，默认值为 stemming=FALSE；

labelsize 为对标签大小的调整，默认 labelsize = 10；

documents为因子图中每个聚类的文档数，默认为2，仅当方法为“CA”和“MCA”有效；

graph 为逻辑值，表示是否输出因子分析图，默认为 TRUE。

结果返回一个列表，包含文档 × 术语矩阵，多元统计分析结果表，层次聚

---

[1] 该分析方法类似于多维尺度分析（MDS）或多元对应分析（MCA）技术，对主题进行了降维分析。在这里使用了 MCA 分析方法和 K-means 聚类分析方法来绘制术语在二维空间的分布。

类结果，概念结构地图，层次聚类树状图，高贡献文档因子图，高被引文档因子图，文档信息等文件。

案例

Safety culture 数据集的术语概念图谱分析过程及结果（图 4.17 至图 4.20）。

```
> library(bibliometrix)  #加载包
> library(bibliometrixData)  #加载包
> file<-c("data1.txt","data2.txt")  #加载数据
> safetyculture<-convert2df(file,dbsource="isi",format="plaintext")
# 数据的转换，dbsource 可以是 isi 或者 scopus
> CS<-conceptualStructure(safetyculture,field="ID",minDegree=10,k.
max=5,stemming=FALSE,labelsize=7)  #使用关键词来绘制概念结构图
```

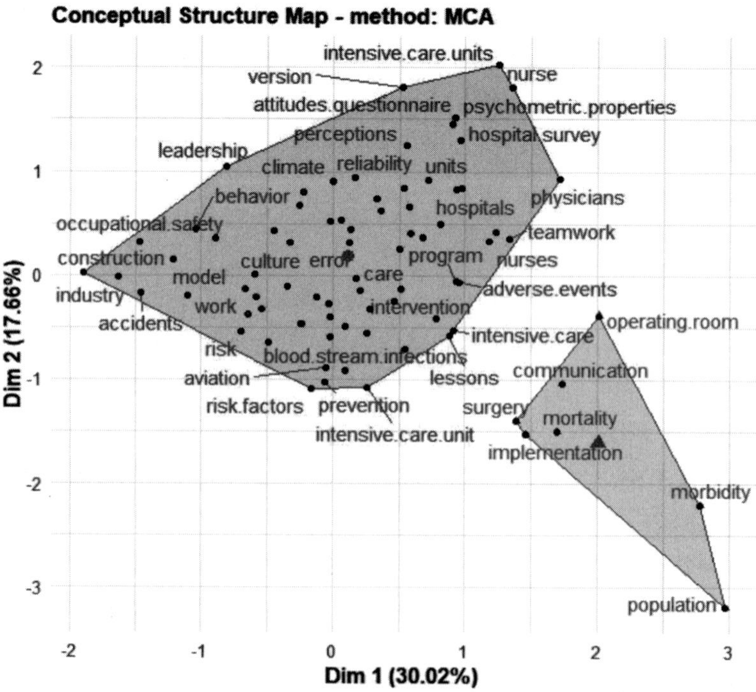

图 4.17　术语的概念结构

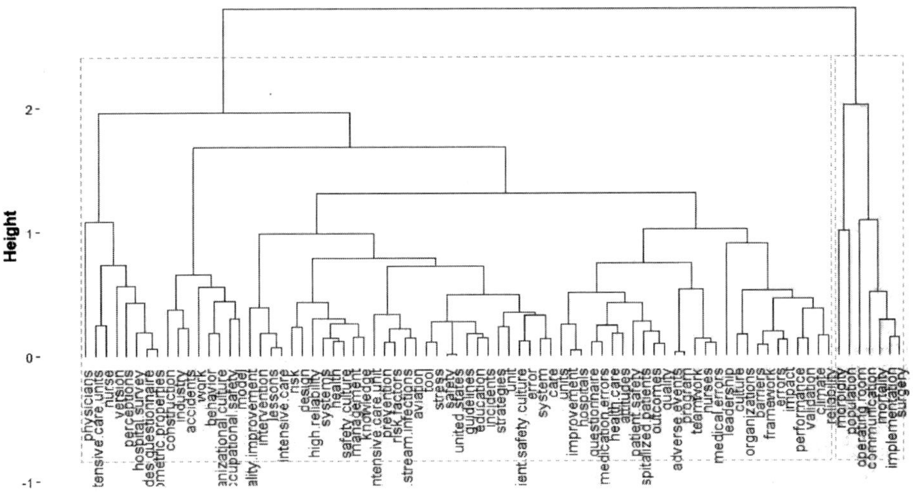

图 4.18　主题结构

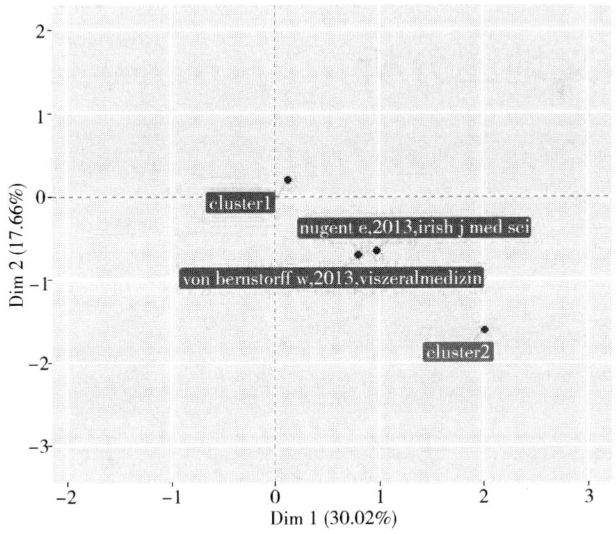

图 4.19　贡献最大的文献因子地图

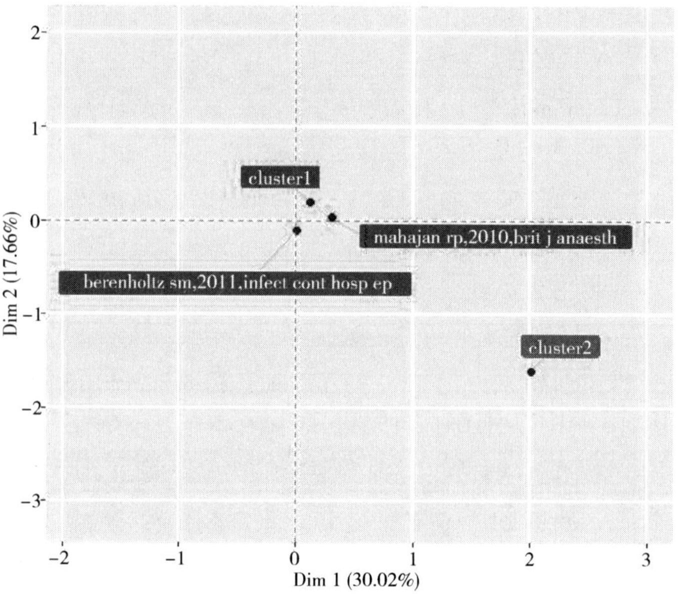

图 4.20　被引最高的文献因子地图

4.14　语义地图分析

问题

如何用 R 分析语义图？

方法

在 R 中提供了 thematicMap 函数来进行分析[1]。

标准的函数语句为：

```
    thematicMap（M,field="ID",n=250, minfreq = 5, ngrams = 1, stemming =
FALSE, size = 0.5, n.labels = 1, repel = TRUE）
```

其中，M 为所分析数据集；

field 为数据提取的字段，可以是补充关键词字段 ID（默认）、作者关键词

[1] 该功能需要安装 bibliometrix 1.7 或更高版本。

字段 DE、从标题提取的术语 TI 以及从摘要 AB 提取的术语；

n 为所分析的术语数量，默认为 250；

minfreq 为聚类中术语最小词频，单位‰，数值为（0,1000），默认是 5；

ngrams 为整型，表示从文本中提取包含 n 个单词的词组；

stemming 为逻辑值，如果为 TRUE，则运用 Porter's algorithm 算法提取词干，默认为 FALSE；

size 为主题和标签大小的度量，范围为（0.01,1）；

n.labels 为主题标签的术语数量，默认为 1；

repel 为逻辑值，如果为 TRUE，则用 geom_label_repel 替代 geom_label，默认为 TRUE。

结果返回列表，包含战略坐标图、主题中心度和密度、主题术语信息、主题数量、网络（共 networkPlot 函数可视化）、每篇文档关键词对应的主题词。

案例

对 bibliometrix Data 包中的 Scientometrics 案例数据进行分析，结果见图 4.21、图 4.22。

```
> library(bibliometrix) #加载包
> library(bibliometrixData) #加载包
> data(scientometrics)
> NetMatrix<-biblioNetwork(scientometrics,analysis="co-occurrences",
network="keywords",sep=";") #共词矩阵
> S<-normalizeSimilarity(NetMatrix,type="association") #共词矩阵标准化
> net <-networkPlot(S,n=100, Title="co-occurrence network",type=
"fruchterman",labelsize=0.5,halo=FALSE,cluster="walktrap",remove.
isolates= FALSE,remove.multiple=FALSE,noloops=TRUE,weighted=TRUE) #共
词矩阵可视化
> res<-thematicMap(scientometrics,field="ID",n=250,minfreq=5,size=
0.5,repel=TRUE) #战略坐标图分析
> plot(res$map) #绘图
```

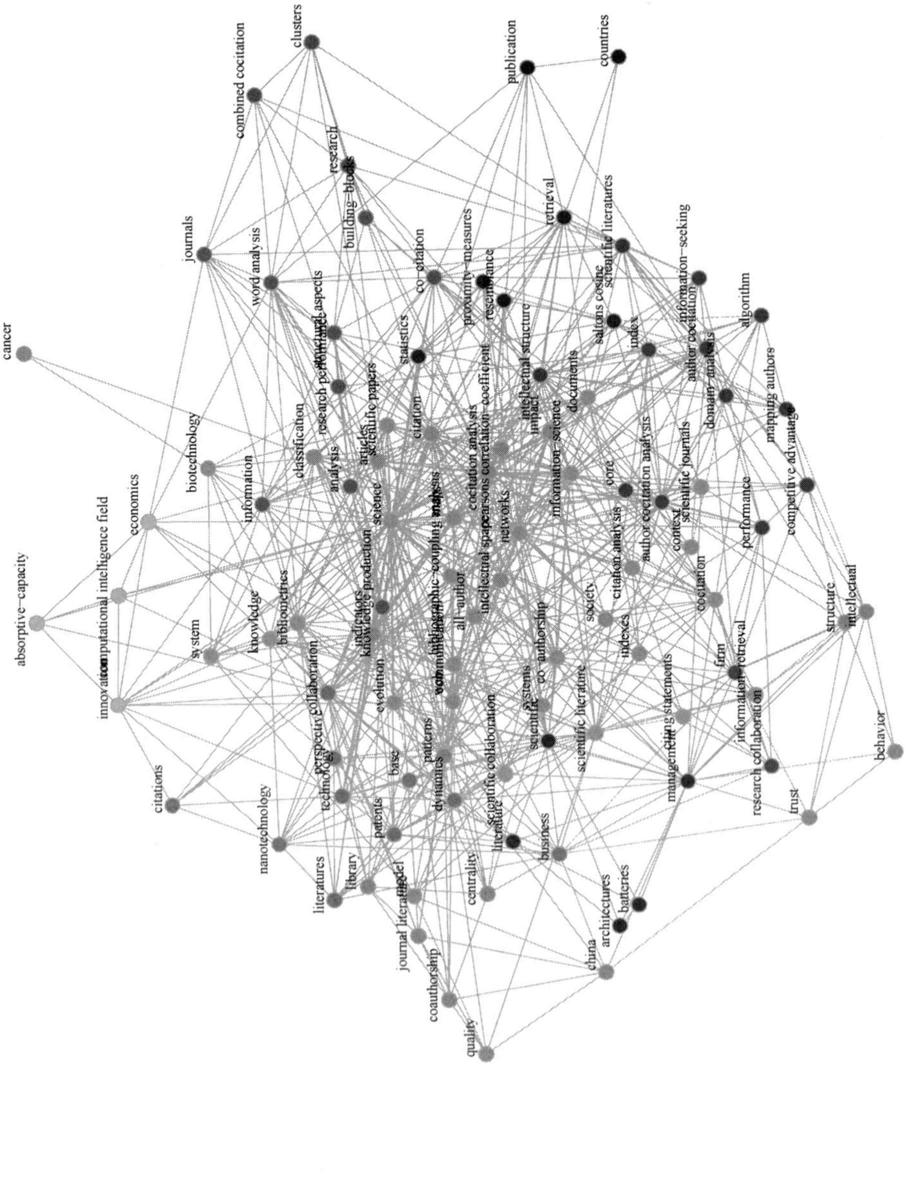
cancer
absorptive−capacity
computational intelligence field
economics
biotechnology
journals
combined cocitation
clusters
research
building−blocks
publication
countries
retrieval
scientific literatures
information−seeking
algorithm
mapping authors
competitive advantage
performance
structure
intellectual
behavior
trust
research collaboration
information−retrieval
firm
management
batteries
architectures
china
quality
coauthorship
centrality
business
literature
scientific collaboration
citations
nanotechnology
literatures
library
innovation
system
knowledge
bibliometrics
information
classification
word analysis
co−citation
proximity−measures
statistics
science
networks
citation
cocitation analysis
pearsons correlation−coefficient
intellectual structure
documents
salton's cosine
index
author cocitation
domain−analysis
core
author cocitation analysis
scientific journals
context
cocitation
citation analysis
society
indexes
co−authorship
scientific literature
systems
scientific
dynamics
patents
base
technology
perspective
collaboration
evolution
knowledge production
indicators
all−author
intellectual space
information−science
impact
analysis
articles
scientific papers
research performance
structural aspects
resemblance

图 4.21 共词网络

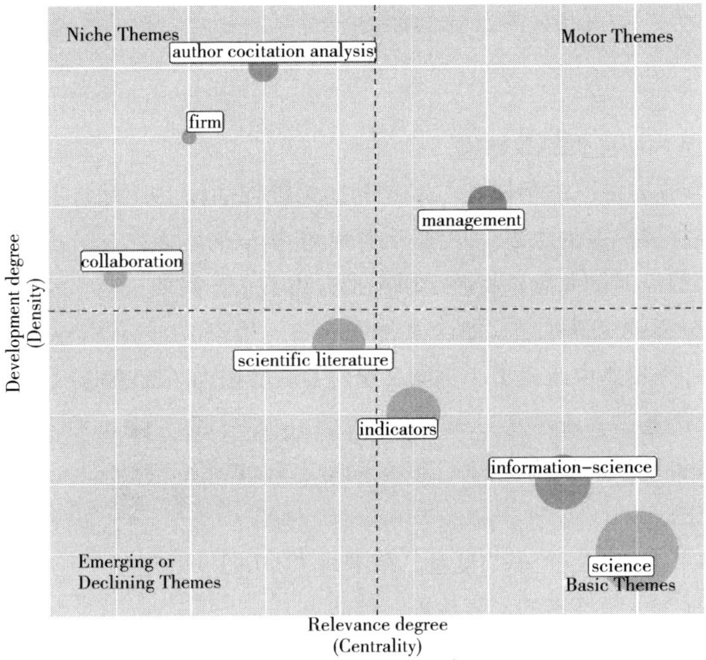

图 4.22　共词分析的战略坐标分析 ❶

4.15　主题演化可视化

问题

在 R 中如何进行主题演化分析?

方法

R 中提供了 thematicEvolution 函数进行主题演化分析。

---

❶ 在战略坐标图中，x 轴为向心度，y 轴为密度。这两个指标被用来衡量某一研究领域各主题类团的内部发展以及主题类团间相互影响的状况。密度是用来衡量主题类团内部关联强度的指标，它表示该主题类团维持和发展自己的能力。向心度被用来衡量一个类团与同一研究领域的其他类团联系的紧密程度。向心度越大，说明某一研究领域的主题类团与其他主题类团联系紧密，该主题则在这一研究领域中处于核心地位。

标准的语言格式为：

```
thematicEvolution(M,field="ID",years,n=250,minFreq=2,size=0.5,ngrams=1,stemming=FALSE,n.labels=1,repel=TRUE)
```

其中，M 为所分析的数据集；

field 为数据提取的字段，可以是补充关键词字段 ID（默认），作者关键词字段 DE、从标题提取的术语 TI 以及从摘要 AB 提取的术语；

year 为截点时刻向量，将整个研究期分为若干子时期；

n 为所分析的术语数量，默认为 250；

minfreq 为聚类中术语最小词频，单位‰，数值为（0,1000），默认是 2；

ngrams 为整型，表示从文本中提取包含 n 个单词的词组，默认是 1；

stemming 为逻辑值，如果为 TRUE，则运用 Porter's algorithm 算法提取词干，默认为 FALSE；

size 为主题和标签大小的度量，范围为（0.01,1）；

n.labels 为主题标签的术语数量，默认为 1；

repel 为逻辑值，如果为 TRUE，则用 geom_label_repel 替代 geom_label，默认为 TRUE。

结果返回列表，包含节点标签、边信息、节点间连接信息、主题战略坐标图、网络输出列表。

案例

案例数据 Scientometrics 的主题演化分析。

（1） 数据分割及第一时间段的网络可视化，结果如图 4.23 所示。

```
> library(bibliometrix) #加载包
> library(bibliometrixData) #加载包
> data(scientometrics) #加载数据
> years<-c(2000) #数据切割时刻
> list_df<-timeslice(scientometrics,breaks=years) #根据时间点分割研究期
> M1<-list_df[[1]] #时期 I 题录数据框
> M2<-list_df[[2]] #时期 II 题录数据框
```

```
> NetMatrix1<-biblioNetwork(M1,analysis="co-occurrences",network=
"keywords",sep=";") # 创建共词矩阵
> S1<-normalizeSimilarity(NetMatrix1,type="association") #矩阵标准化
> net1<-networkPlot(S1,n=50,Title="co-occurrence network",type=
"fruchterman",labelsize=0.7,halo=FALSE,cluster="walktrap",community.
repulsion=0,remove.isolates=FALSE,remove.multiple=FALSE,noloops=TRUE,
weighted=TRUE) #网络可视化
```

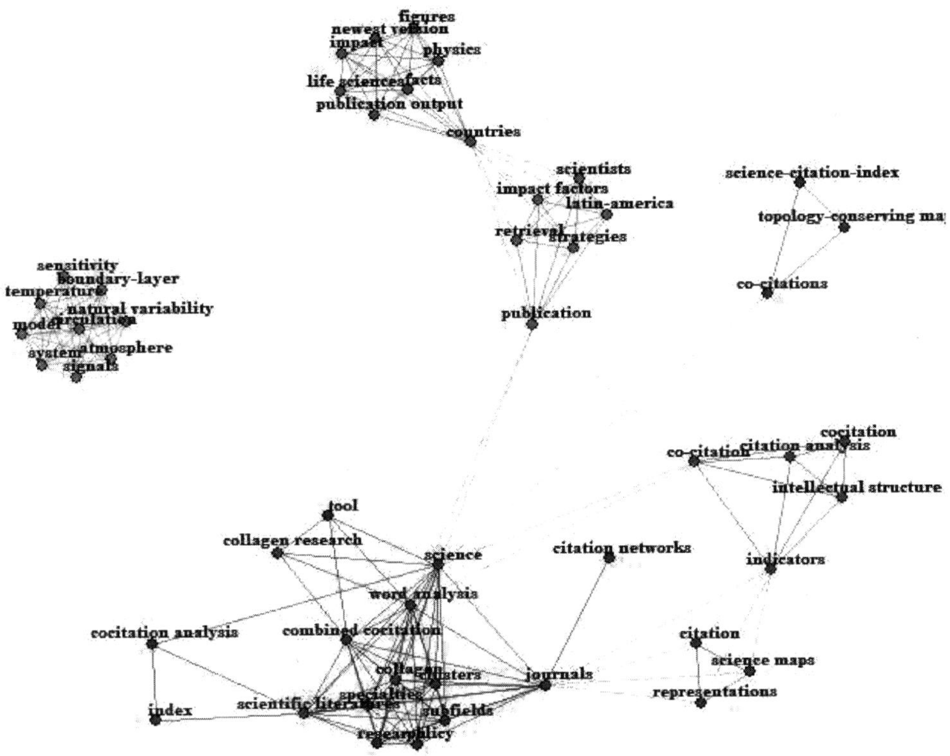

图 4.23　主题共现网络

（2）第二时间段的网络可视化，结果如图 4.24 所示。

```
> NetMatrix2<-biblioNetwork(M2,analysis="co-occurrences",network=
"keywords",sep=";") #共词矩阵
```

```
> S2 <-normalizeSimilarity(NetMatrix2,type="association")  #矩阵标准化
> net2 <-networkPlot(S2,n=50,Title="co-occurrence network",type=
"fruchterman",labelsize=0.7, halo=FALSE,cluster="walktrap",community.
repulsion=0,remove.isolates=FALSE,remove.multiple=FALSE,noloops=TRUE,
weighted=TRUE)  #共词网络可视化
```

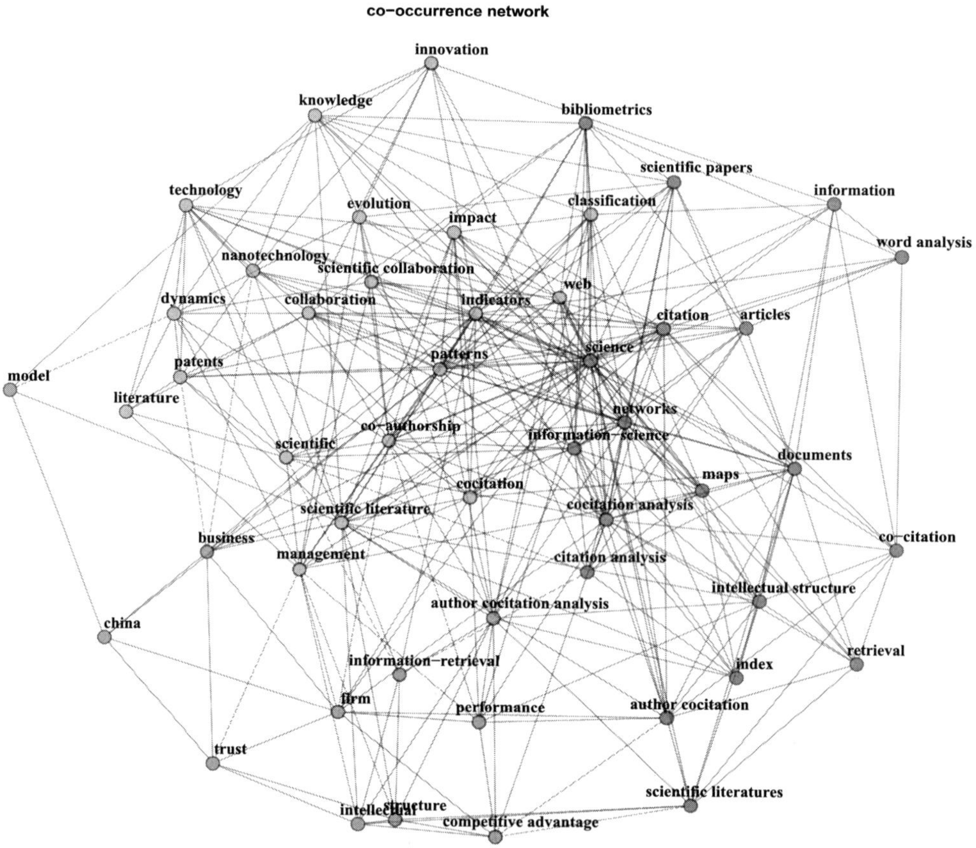

图 4.24　主题共现网络

（3）演化分析结果，见图 4.25。

```
> years <-c(2007) #时间节点
> nexus<-thematicEvolution(scientometrics,field="ID",years=years,
n=100,minFreq=2,ngrams=1) #主题分析
> plotThematicEvolution(nexus$Nodes,nexus$Edges) #主题演化可视化
```

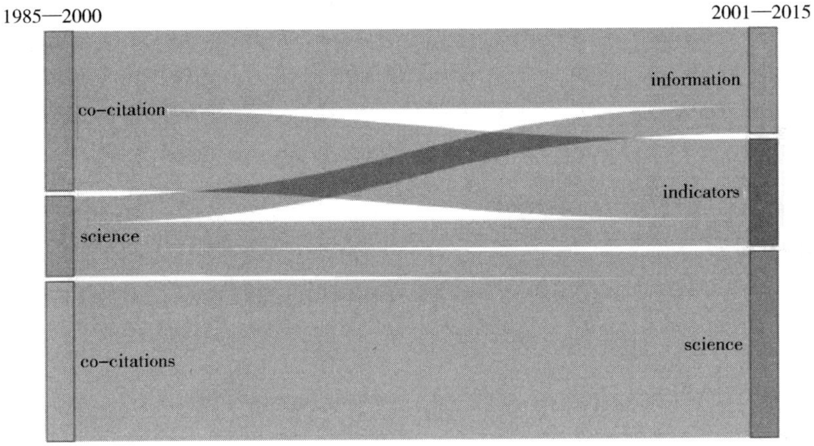

图 4.25 主题演化[1]

4.16 词云可视化

问题

如何利用 R 对产生的描述性统计结果绘制词云图?

方法

在 R 中可以使用 wordcloud2 来绘制词云图，只需要准备一个 csv 文件，包含

[1] 关于主题演化的详细原理及其解读方法参见：Cobo M J, López-Herrera A G, Herrera-Viedma E, et al. An approach for detecting, quantifying, and visualizing the evolution of a research field: A practical application to the Fuzzy Sets Theory field[J]. Journal of Informetrics, 2011, 5(1):146-166.

频次和词语即可。wordcloud2 的标准格式为：

```
wordcloud2(data,size=1,minSize=0,gridSize=0,fontFamily='Segoe
UI', fontWeight='bold',color='random-dark',backgroundColor="white",
minRotation=-pi/4,maxRotation=pi/4,shuffle=TRUE,rotateRatio=0.4,shape=
'circle',ellipticity=0.65,widgetsize=NULL,figPath=NULL,hoverFunction=
NULL)
```

其中，data 为词云生成数据，包含具体词语以及频率；

size 为字体大小，默认为 1，一般来说，该值越小，生成的形状轮廓越明显；

fontFamily 为字体，如“微软雅黑”；

fontWeight 为字体粗细，包含“normal”，“bold”以及“600”；

color 为字体颜色，可以选择“random-dark”以及“random-light”，其实就是颜色色系；

backgroundColor 为背景颜色，支持 R 语言中的常用颜色，如“gray”，“blcak”，但是还支持不了更加具体的颜色选择，如“gray20”；

minRontatin 与 maxRontatin 为字体旋转角度范围的最小值以及最大值，选定后，字体会在该范围内随机旋转；

rotateRatio 为字体旋转比例，如设定为 1，则全部词语都会发生旋转；

shape 为词云形状选择，默认是“circle”，即圆形。还可以选择“cardioid”（苹果形或心形），“star”（星形），“diamond”（钻石形），“triangle-forward”（三角形），“triangle”（三角形），“pentagon”（五边形）。

案例

对 safety culture 的文献数据进行了描述性统计分析后，将要分析的项目按照下面的格式保存在 csv 中（图 4.26）。

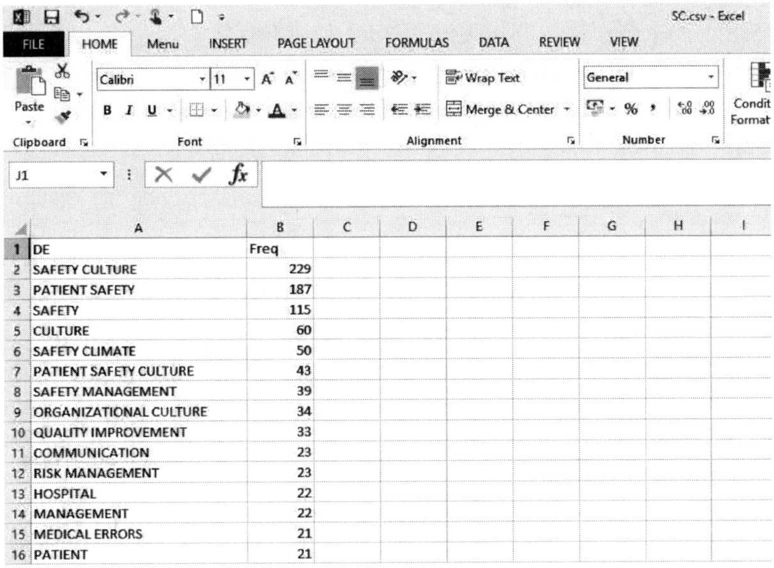

	DE	Freq
1	DE	Freq
2	SAFETY CULTURE	229
3	PATIENT SAFETY	187
4	SAFETY	115
5	CULTURE	60
6	SAFETY CLIMATE	50
7	PATIENT SAFETY CULTURE	43
8	SAFETY MANAGEMENT	39
9	ORGANIZATIONAL CULTURE	34
10	QUALITY IMPROVEMENT	33
11	COMMUNICATION	23
12	RISK MANAGEMENT	23
13	HOSPITAL	22
14	MANAGEMENT	22
15	MEDICAL ERRORS	21
16	PATIENT	21

图 4.26　待分析数据

绘制词云图，结果如图 4.27 所示。

```
> library(wordcloud2)  # 加载包
> library(tm)  # 加载包
> library(RColorBrewer)  # 加载包
> library(readr)  # 加载包
> library(bibliometrix)  # 加载包
> file <- c("data1.txt","data2.txt")  # 加载数据
> safetyculture<-convert2df(file,dbsource="isi",format="plaintext")
# 读入数据
## Converting your isi collection into a bibliographic dataframe
## Done!
## Generating affiliation field tag AU_UN from C1:  Done!

> results<-biblioAnalysis(safetyculture)  # 描述统计
> summary_results<-summary(results,k=50, verbose=F)  # 结果总结
> Topkeyword <- summary_results$MostRelKeywords  # 提取关键词数据
> SC <- Topkeyword[,1:2]  #SC 为 Topkeyword 的前 2 列
> colnames(SC)<-c("DE","Freq")  # 列名更改
```

```
> write.csv(SC,"SC.csv",row.names=F)  # 保存数据

> SC <- read_csv("SC.csv")  # 读取数据
> wordcloud2(SC,size=0.5,minRotation=-pi/2,maxRotation=-pi/2)  # 词频云图
```

图 4.27　对词频列表分析的词云可视化

4.17　PuMed 数据可视化

问题

如何在 R 中进行 PubMed 数据关键词词云的分析?

方法

R 中提供了 PubMedWordcloud 工具包来对 PubMed 数据进行词云分析。该工具包也包含了 cleanAbstracts（数据的清理）、colSets（颜色的设置）、editPMIDs（数据的编辑）、getAbstracts（摘要信息的获取）、getPMIDs（通过作者获取 PMID）、getPMIDsByKeyWords(通过关键词、期刊等获取 PMID)以及 plotWordCloud(词云的绘制）等函数，可对 PubMed 进行处理。

案例

获取2016年关键词包含bibliometric的数据,并绘制该数据摘要的词云(图4.28)。

```
> install.packages("PubMedWordcloud",dependencies=TRUE)  #安装工具包
> library(PubMedWordcloud)  #加载工具包
> pmid <- getPMIDsByKeyWords(keys = "bibliometric*",n=10000,dTo=2016)  #使用关键词等条件检索文献
> abstracts<-getAbstracts(pmid)  #获取摘要信息
> cleanAbs<-cleanAbstracts(abstracts)  #清洗数据
> plotWordCloud(cleanAbs,min.freq=2,scale=c(3,0.5))  #绘制词频云图
```

图 4.28　词云绘制结果

4.18　全文本挖掘及可视化

问题

如何利用 R 对全文本进行挖掘和可视化?

方法

在 R 中专门开发了 tidytext 工具包来对全文本进行挖掘和可视化，该工具包包含了大量的函数用于支持相关任务的完成。

案例

下面对 tidytext 作者 Julia Silge 在网上分享的案例进行说明。

数据集是 Jane Austen（简·奥斯丁）的 6 本小说的全文[1]，这 6 本小说分别为 *Sense and Sensibility*（《理智与情感》），*Pride and Prejudice*（《傲慢与偏见》），*Mansfield Park*（《曼斯菲尔德庄园》），*Emma*（《爱玛》），*Northanger Abbey*（《诺桑德修道院》）和 *Persuasion*（《劝导》）。

工具包加载和数据分析。原始数据为 one-row-per-line 的格式。

```
> library(janeaustenr)  # 加载数据包
> library(dplyr)  # 加载数据包
> library(stringr)  # 加载数据包
> original_books<-austen_books() %>%
group_by(book)%>%
mutate(linenumber=row_number(),
chapter =cumsum(str_detect(text,regex("^chapter[\\divxlc]",
ignore_case=TRUE)))) %>%
ungroup()  # 读取数据，并增加行号和章节号
> original_books  # 输出结果
## A tibble:73,422x4
##                     text                book linenumber chapter
##                    <chr>              <fctr>      <int>   <int>
## 1 SENSE AND SENSIBILITY Sense & Sensibility          1       0
## 2                       Sense & Sensibility          2       0
## 3        by Jane Austen Sense & Sensibility          3       0
## 4                       Sense & Sensibility          4       0
## 5                 (1811) Sense & Sensibility          5       0
## 6                       Sense & Sensibility          6       0
## 7                       Sense & Sensibility          7       0
## 8                       Sense & Sensibility          8       0
## 9                       Sense & Sensibility          9       0
## 10            CHAPTER 1 Sense & Sensibility         10       1
# ... with 73,412 more rows
```

为了对原始数据进行分析，还需要对该数据集进行 tidy 处理。将其转化为

---

[1] janeaustenr: Jane Austen's Complete Novels, Full texts for Jane Austen's 6 completed novels, ready for text analysis. These novels are "*Sense and Sensibility*", "*Pride and Prejudice*", "*Mansfield Park*", "*Emma*", "*Northanger Abbey*", and "*Persuasion*".

https://cran.r-project.org/web/packages/janeaustenr/index.html

one-token-per-row 的格式。这里使用 unnest_tokens 函数进行处理。

```
> library(tidytext)  #加载包
> tidy_books <- original_books %>%
unnest_tokens(word, text)  #每行一词处理
> tidy_books  #输出结果
## A tibble: 725,055 x 4
##                   book linenumber chapter        word
##                 <fctr>      <int>   <int>       <chr>
## 1 Sense & Sensibility           1       0       sense
## 2 Sense & Sensibility           1       0         and
## 3 Sense & Sensibility           1       0 sensibility
## 4 Sense & Sensibility           3       0          by
## 5 Sense & Sensibility           3       0        jane
## 6 Sense & Sensibility           3       0      austen
## 7 Sense & Sensibility           5       0        1811
## 8 Sense & Sensibility          10       1     chapter
## 9 Sense & Sensibility          10       1           1
## 10 Sense & Sensibility         13       1         the
# ... with 725,045 more rows
```

使用 anti_join 对停用词进行处理：

```
> data("stop_words")  #加载停用词数据
> cleaned_books <- tidy_books %>% anti_join(stop_words)  #删除停用
词
##Joining, by = "word"
```

也可以使用 count 来分析这 6 本书中最常见的词汇。

```
> cleaned_books %>% count(word, sort = TRUE)  #统计词频
## A tibble: 13,914 x 2
     word     n
    <chr> <int>
## 1  miss  1855
## 2  time  1337
## 3 fanny   862
## 4  dear   822
```

```
## 5   lady   817
## 6    sir   806
## 7    day   797
## 8   emma   787
## 9 sister   727
## 10 house   699
# ... with 13,904 more rows
```

对文本的主题可以进行情感分析，tidytext 中包含了三种情绪词集。下面我们来考察通过 NRC 词集分析得到《爱玛》中反映文本积极情感的词集。

```
> library(textdata)  #加载包
> nrcjoy <- get_sentiments("nrc") %>%
       filter(sentiment == "joy")  # 下载 NRC 积极情感的词集
> tidy_books %>% filter(book == "Emma") %>%
       semi_join(nrcjoy) %>%
       count(word, sort = TRUE)  #《爱玛》中反映文本积极情感的词集
##Joining, by = "word"
## A tibble: 303 x 2
##       word     n
##     <chr> <int>
## 1     good   359
## 2    young   192
## 3   friend   166
## 4     hope   143
## 5    happy   125
## 6     love   117
## 7     deal    92
## 8    found    92
## 9 present    89
## 10    kind    82
# ... with 293 more rows
```

或者也可以来考察每个小说的情感是怎么变化的，这里我们用 Bing 词集来对文本中积极和消极的主题进行统计。

```
> library(tidyr)  #加载包
> bing <- get_sentiments("bing")  #获取情感词汇集
> janeaustensentiment <- tidy_books %>%
      inner_join(bing) %>%  #内连接
      count(book, index = linenumber %/% 80, sentiment) %>%  #情感类型统计
      spread(sentiment, n, fill = 0) %>%  #根据情感类型把长数据变宽数据
      mutate(sentiment = positive - negative)  #增加一列数据
##Joining, by = "word"
```

通过以上结果，下面可以使用 ggplot 来绘制每本小说的情感轨迹（图 4.29）。

```
> library(ggplot2)  #加载包
> ggplot(janeaustensentiment, aes(index, sentiment, fill = book)) +
         geom_bar(stat = "identity", show.legend = FALSE) +
facet_wrap(.~book, ncol = 2, scales = "free_x")  #绘图
```

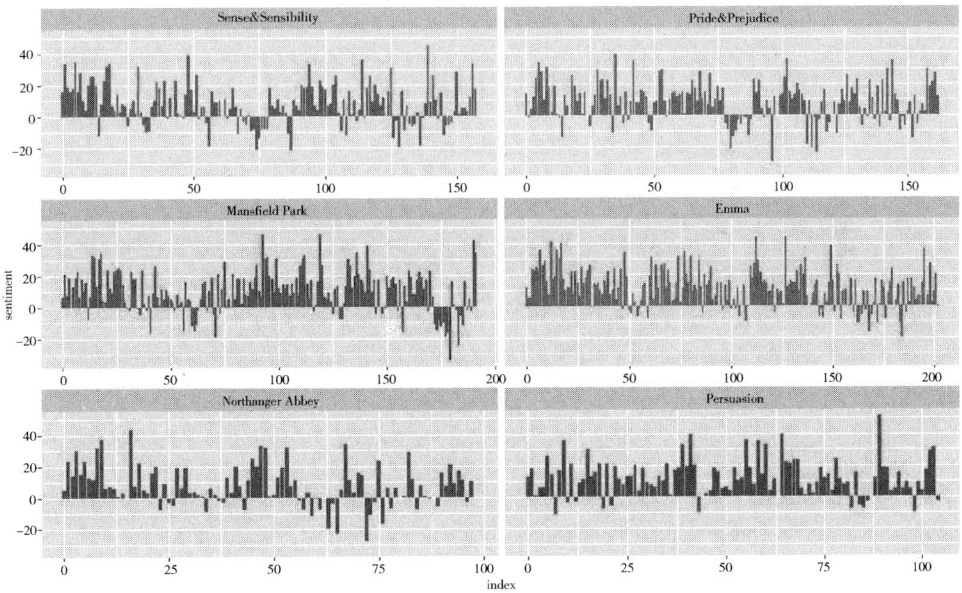

图 4.29　六本小说用词的情感分析

最常见的正面和负面的单词分析：

```
> bing_word_counts <- tidy_books %>%
    inner_join(bing) %>% #内连接
    count(word, sentiment, sort = TRUE) %>% #情感词统计
    ungroup() #解除分组
##Joining, by = "word"
> bing_word_counts
## A tibble: 2,585 x 3
##       word sentiment     n
##      <chr>     <chr> <int>
## 1     miss  negative  1855
## 2     well  positive  1523
## 3     good  positive  1380
## 4    great  positive   981
## 5     like  positive   725
## 6   better  positive   639
## 7   enough  positive   613
## 8    happy  positive   534
## 9     love  positive   495
## 10 pleasure  positive   462
# ... with 2,575 more rows
```

可视化结果如图 4.30 所示。

```
> bing_word_counts %>%
    filter(n>150) %>% #选择 n>150 的数据
    mutate(n=ifelse(sentiment=="negative",-n,n)) %>% #若为负面情绪，
则得分变为负值
    mutate(word=reorder(word,n)) %>% #重新排序
    ggplot(aes(word,n,fill=sentiment)) + #绘图
    geom_bar(stat="identity") +
    theme(axis.text.x=element_text(angle=90,hjust=1)) +
    ylab("Contribution to sentiment")
```

词云可视化，结果见图 4.31。

```
> library(wordcloud) #加载包
> cleaned_books %>%
count(word) %>% #词频统计
with(wordcloud(word, n, max.words = 100)) #词云可视化
```

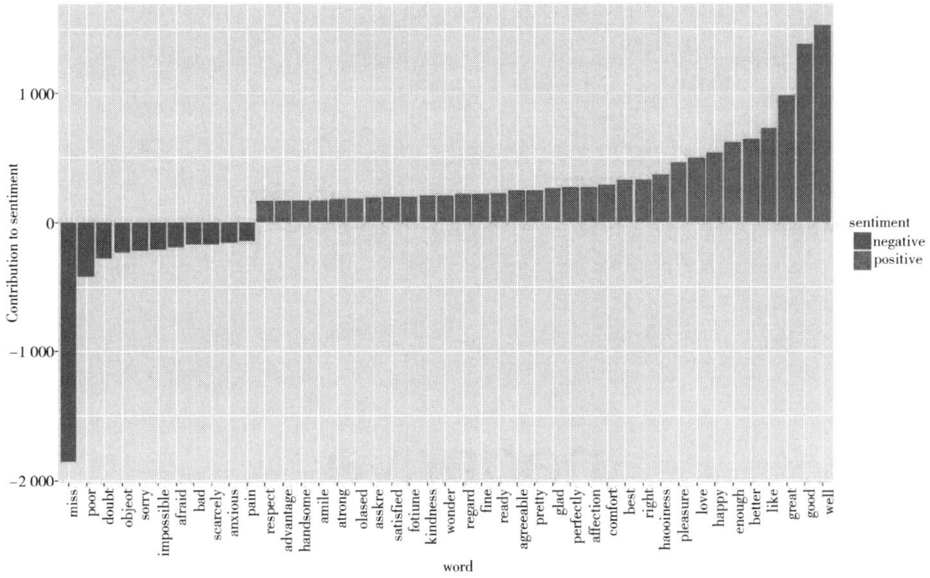

图 4.30　情感分析的比较分析

图 4.31　情感分析的词云

或者还可以将正负两个方面分开进行比较，结果如图 4.32 所示。

```
> library(reshape2)  #加载包
> tidy_books %>%
    inner_join(bing) %>% #内连接
    count(word,sentiment,sort=TRUE) %>% #词频统计
    acast(word~sentiment,value.var="n",fill=0) %>% #数据格式变换
     comparison.cloud(colors=c("#F8766D", "#00BFC4"),max.words=
100)  #比较词云
##Joining,by="word"
```

图 4.32　情感分析的词云比较

关于 tidytext 更多的资料和案例，参见 http://tidytextmining.com/。

4.19 高产作者动态

问题

研究高产作者的研究动态，有利于跟踪特定学科的发展趋势。那么，如何搜索并可视化高产作者发文时间和被引状态呢?

方法

Bibliometrix 包中提供了 authorProdOverTime 函数能够快速分析并可视化高产作者发文和被引动态。

标准的语言格式为:

```
authorProdOverTime(M,k=10,graph=TRUE)
```

其中，M 为所分析的数据集;

k 为整型，表示发文量前 k 名作者将会被分析;

graph 为逻辑值，若为真表示绘制高产作者动态图，默认为 TRUE。

结果返回列表，包含作者发表文档信息和动态图。

案例

查看 Scientometrics 数据排名前 10 的高产作者动态，结果如图 4.33 所示。

```
> library("bibliometrixData")  # 加载数据包
> data(scientometrics)  # 加载数据
> TopAu <-authorProdOverTime(scientometrics,k=10,graph=TRUE)  # 高产作者发文和被引动态
> plot(TopAu$graph)  # 可视化
```

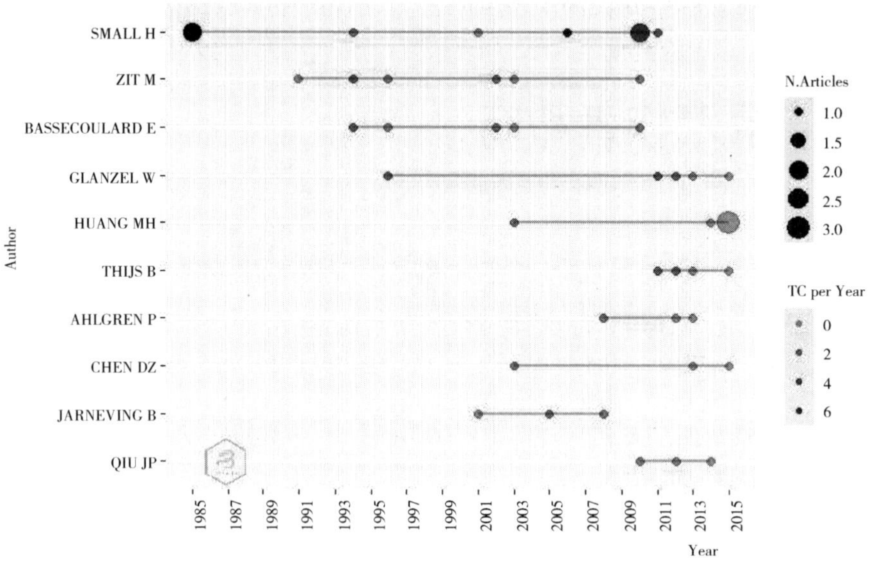

图 4.33　高产作者发文与被引动态

4.20　耦合网络战略坐标图

问题

如何将耦合网络绘制在战略坐标图上?

方法

Bibliometrix 包中提供了 couplingMap 函数，该函数能够分析文档、作者和出版源耦合网络，其耦合强度为共同参考文献数量或者共同关键词数量。

标准的语言格式为:

```
couplingMap(M,analysis="documents",field="CR",n=500,label.term=NULL, ngrams=1,impact.measure="local",minfreq=5,stemming=FALSE,size=0.5, n.labels=1,repel=TRUE)
```

其中，M 为所分析的数据集;

analysis 为分析对象，可为 “documents”（默认），“authors”（作者），“sources”（出版源）;

field 为测量耦合强度的文本属性，可以是参考文献 CR（默认），补充关键词字段 ID，作者关键词字段 DE，从标题提取的术语 TI 以及从摘要 AB 提取的术语；

n 为所分析的术语数量，默认为 500；

label.term 为字符串，聚类标签类型，可为 NULL（默认）显示分析对象，补充关键词字段 ID，作者关键词字段 DE，从标题提取的术语 TI 以及从摘要 AB 提取的术语；

ngrams 为整型，从标题或摘要中提取 n 个单词组成的词组，默认为 1；

impact.measure 为字符串，表示被引次数的指标，可为"local"（默认）或"global"；

minfreq 为聚类中术语最小词频，单位 ‰，数值为（0,1000），默认是 5；

stemming 为逻辑值，如果为 TRUE，则运用 Porter's algorithm 算法提取词干，默认为 FALSE；

size 为聚类和标签大小的度量，范围为（0.01,1）；

n.labels 为聚类标签的数量，默认为 1；

repel 为逻辑值，如果为 TRUE，则用 geom_label_repel 替代 geom_label，默认为 TRUE。

结果返回列表，战略坐标图，聚类信息等。

案例

以 Management 数据为例，绘制文档耦合战略坐标图，如图 4.34 所示。

```
> library ( "bibliometrixData" )  # 加载数据包
> data ( management )  # 加载数据
> res <- couplingMap ( management, analysis="documents",field="CR",n=500, impact.measure="local",n.labels=3, label.term=NULL, minfreq=5, size=0.5, repel=TRUE )  # 耦合战略图
> plot ( res$map )  # 可视化
```

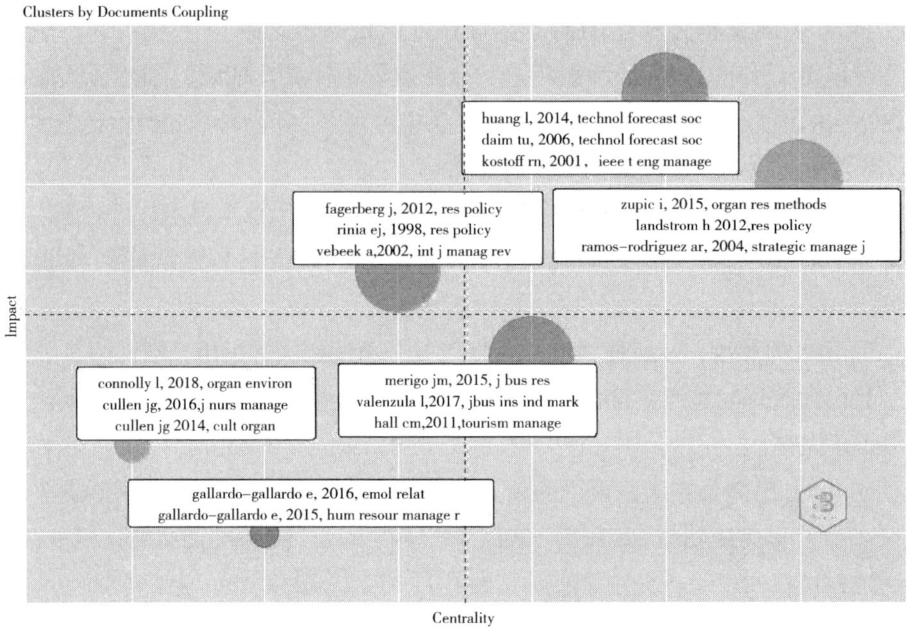

图 4.34　文档耦合战略坐标图

4.21　参考文献时间可视化

问题

某一学科或领域中，少数高被引文献被认为是该学科 / 领域的重要文献，代表了该学科发展演化与前进的方向。那么，如何快速掌握高被引文献呢?

方法

Bibliometrix 包中提供了 rpys 函数从参考文献的角度出发，能够快速分析参考文献的时间分布特征。通过该分析能够发现引文峰值年份，从而能够挖掘峰值年份背后的高被引论文，对其进行分析，可探索科学发展的足迹。

标准的语言格式为：

```
rpys (M,sep=";",timespan=NULL,graph=T)
```

其中，M 为所分析的数据集；

sep 为参考文献分隔符，默认为 “;”；

timespan 为数值向量 c（最小值，最大值），默认为 NULL，考虑整个时期；

graph 为逻辑值，如果为真表示在屏幕输出光谱图（参考文献时间分布图），默认为 TRUE。

结果返回列表，包含光谱图、光谱图元数据、参考文献信息等。

案例

以 Scientometrics 为例探索参考文献的时间分布规律，绘制参考文献光谱图（图 4.35）。

```
> library("bibliometrixData")  # 加载数据包
> data("scientometrics")  # 加载数据
> hrs <-rpys(scientometrics,sep=';',timespan=NULL,graph=TRUE)  # 参考文献光谱分析
```

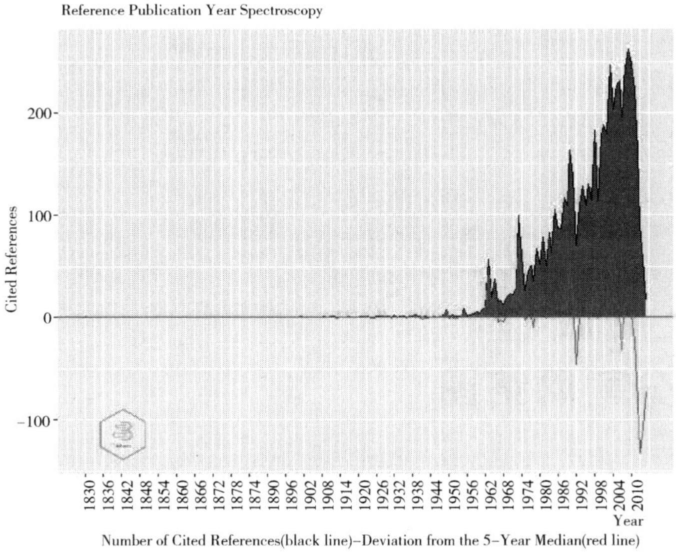

图 4.35　参考文献光谱图

```
> hrs$rpysTable[1:10,]  # 光谱图原数据前 10 行
##        Year Citations diffMedian5
##1830 1830         1           1
##1831 1831         0           0
```

```
##1832 1832        0          0
##1833 1833        0          0
##1834 1834        0          0
##1835 1835        0          0
##1836 1836        0          0
##1837 1837        0          0
##1838 1838        0          0
##1839 1839        0          0
> hrs$CR
## A tibble:4,387x3  #参考文献信息
## Groups: Year[91]
##   Year Reference                                          Freq
##   <chr><chr>                                              <int>
## 1 1830 "COMTE A.1830 COURS PHILOS POSITIV"                   1
## 2 1901 "JACCARD P. 1901 B SOC VAUD SCI NAT"                  1
## 3 1901 "JACCARD P. 1901 B SOC VAUD SCI NAT"                  1
## 4 1909 "MINKOWSKI H 1909 PHYS Z"                             1
## 5 1911 "TAYLOR F. 1911 PRINCIPLES SCI MANAG"                 1
## 6 1912 "SCHUMPETER J.A.1912 THEORIE WIRTSCHAFTLI"            1
## 7 1917 "COLE F.J.1917 SCI PROGR"                             1
## 8 1921 "KNIGHT FH 1921 RISK UNCERTAINTY PRO"                 1
## 9 1922 "GMUR M 1922 ORG VERANDERUNG CORP P225"               1
## 10 1922 "WEBER M.1922 WIRTSCHAFT GESELLSCH"                  1
### ... with4,377 more rows
```

4.22 分割网络图

问题

在网络可视化中，不同社区交织在一起，怎么分开它们呢？

方法

Bibliometrix包中提供了splitCommunites函数，能够快速分割网络图，从而清晰地展示网络图的不同社区。

标准的语言格式为：

```
splitCommunities(graph, n = NULL)
```

其中，graph 为所分割的网络图，是 networkPlot 函数的结果之一；

n 为整型，表示分割图中每个社区节点标签的个数。

结果返回分割图。

案例

以 mangement 为例，以下展示如何将共词网络进行分割。图 4.36 是未经分割的网络图。

```
> library("bibliometrixData")  #加载数据包
> data(management)  #加载数据
> NetMatrix <-biblioNetwork(management,analysis="co-occurrences",
                network="keywords",sep=";")  #构建共词网络
> net <-networkPlot(NetMatrix,n=50,type="auto",community.repulsion=
0,Title="Co-occurrence Network",labelsize=1)  #共词网络可视化
```

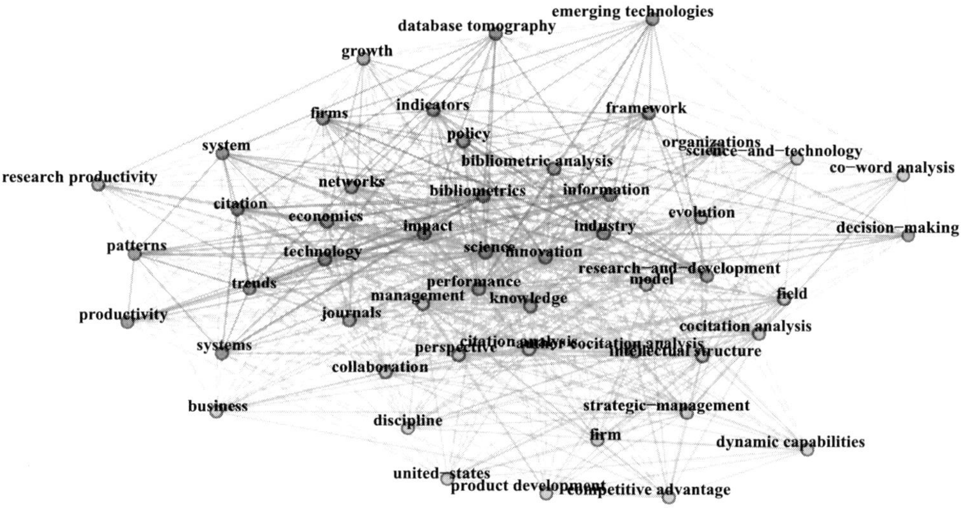

图 4.36　共词网络可视化图

对图 4.36 共词网络进行分割，得到图 4.37。

```
> graph <-splitCommunities(net$graph,n=5)  # 分割网络图
> plot(graph)  # 分割后的网络图可视化
```

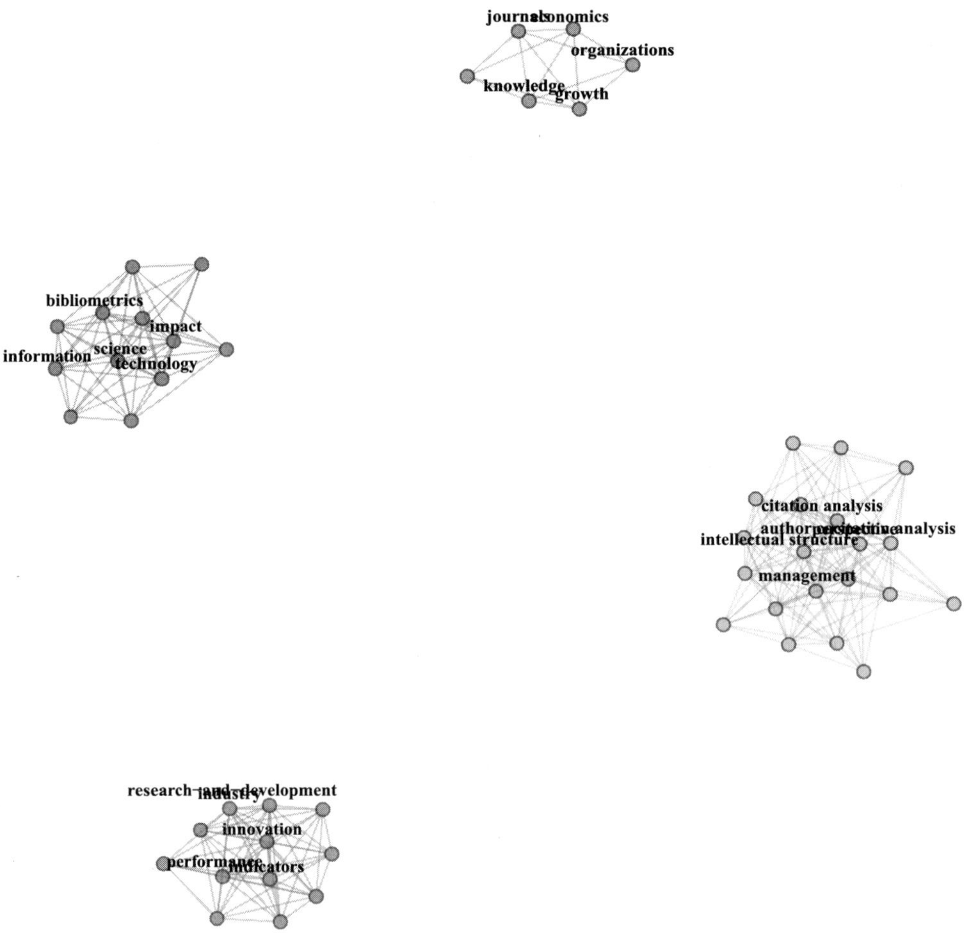

图 4.37　分割后共词网络可视化图

第 5 讲

网页版 R-biblioshiny

biblioshiny 是基于 bibliometirx 包开发的网页版应用程序，无须任何代码。该应用程序对于无编辑基础的学习者来说非常友好，能够快速上手。网页版详细教程请参考官方网站：www.bibliometrix.org。biblioshiny 包含 bibliometrix 包中大部分功能，基本可以满足常规的科学计量学分析。biblioshiny 应用程序需要通过 R 语言开启，代码如下：

```
library(bibliometrix)  # 加载包
biblioshiny()  # 打开无代码版网页应用程序
```

网页版界面如图 5.1 所示。

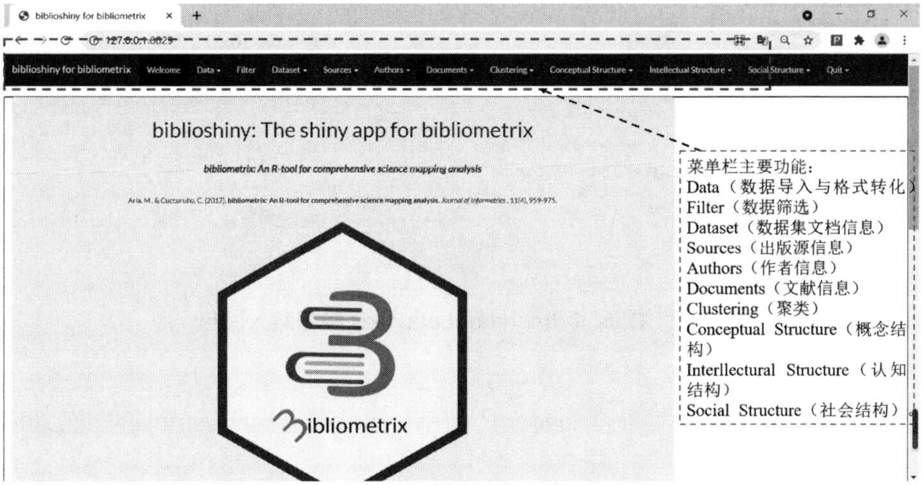

图 5.1　网页版 R-biblioshiny 界面

菜单栏数据分析功能主要有 10 大板块，分别是：Data（数据导入与格式转化)、Filter(数据筛选)、Dataset(数据集文档信息)、Sources(出版源信息)、Authors(作者信息)、Documents(文献信息)、Clustering(聚类)、Conceptual Structure(概念结构)、Interllectural Structure(认知结构)、Social Structure(社会结构)。接下来，本章将按照顺序介绍每个板块的功能。

5.1 数据导入与格式转化(Data)

数据导入分为两种形式，一种是直接导入或加载已有数据(Import or Load files，图5.2)，另外一种是通过API获取数据(Gather data using APIs，图5.3)。以下展示两种数据导入与格式转化的方式。

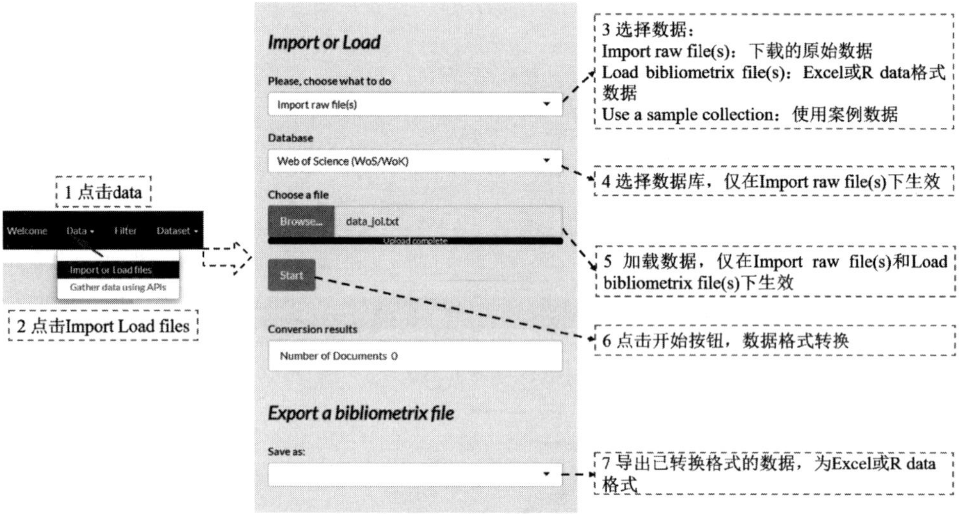

图5.2 Data中Import or Load files数据载入流程

接下来，以示例数据“Management”为例，逐一展示biblioshiny的其他功能。

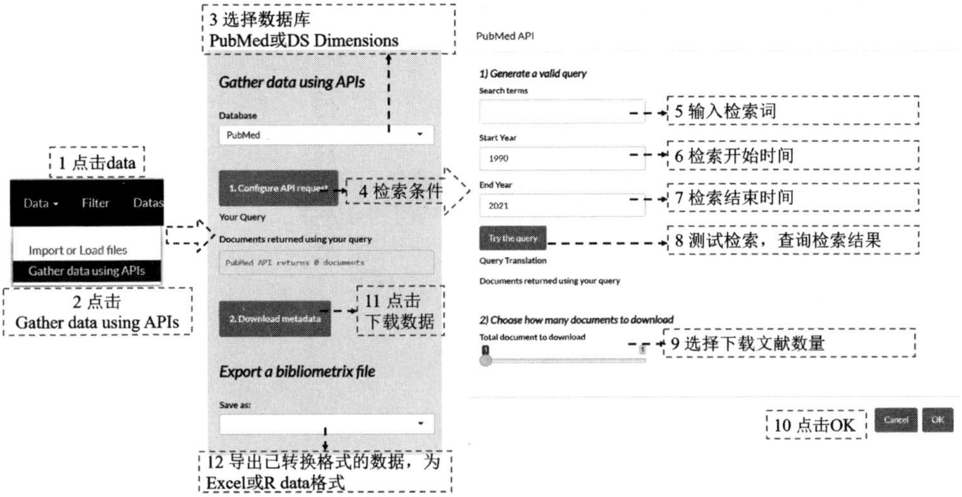

图 5.3　Data 中 Gather data using APIs 数据载入流程

5.2　数据筛选（Filter）

加载示例数据：

左键单击“Data”，再单击“Import or Load files”，在“Please, choose what to do”下拉菜单中选择“Use a sample collection”，左键单击“Start”。如图 5.4 所示。

图 5.4　加载案例数据

数据筛选：左键单击“Filter”，设置好参数，左键单击“Apply！”。如图 5.5 所示。

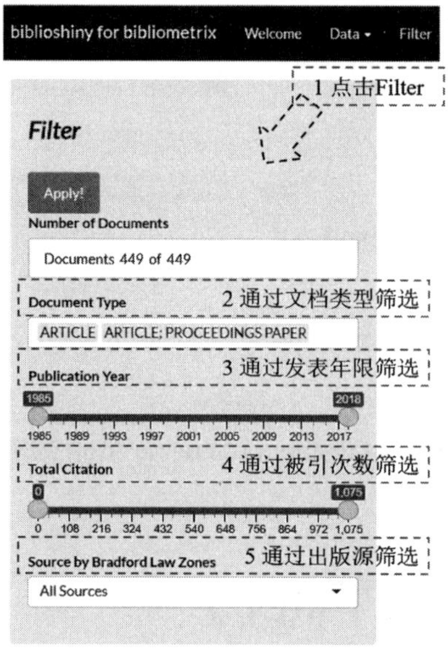

图 5.5　数据筛选

5.3　数据集主要信息（Dataset）

数据集主要信息包括四个板块：主要信息（Main Information）、年发文量（Annual Scientific Production）、平均每年每篇文章被引次数（Average Article Citations per Year）、“三字段”桑基图（Three-Fields Plot）。

主要信息（Main Information）：左键单击“Dataset”，再单击“Main Information”。通过该板块可以对该数据框进行简单的操作与导出。如图 5.6 所示。

年发文量（Annual Scientific Production）：左键单击“Dataset”，再单击“Annual Scientific Production”。如图 5.7、图 5.8 所示。

Main Information about the collection

Show 50 rows | Copy | CSV | Excel | PDF | Print

Search:

Description	Results
MAIN INFORMATION ABOUT DATA	
Timespan	1999:2018
Sources (Journals, Books, etc)	23
Documents	273
Average years from publication	8.68
Average citations per documents	30
Average citations per year per doc	2.612
References	12535
DOCUMENT TYPES	
article	260
article; proceedings paper	13
DOCUMENT CONTENTS	
Keywords Plus (ID)	793
Author's Keywords (DE)	854
AUTHORS	
Authors	599
Author Appearances	776
Authors of single-authored documents	42
Authors of multi-authored documents	557
AUTHORS COLLABORATION	
Single-authored documents	45
Documents per Author	0.456
Authors per Document	2.19
Co-Authors per Documents	2.84
Collaboration Index	2.44

Showing 1 to 26 of 26 entries   Previous 1 Next

图 5.6　数据集主要信息

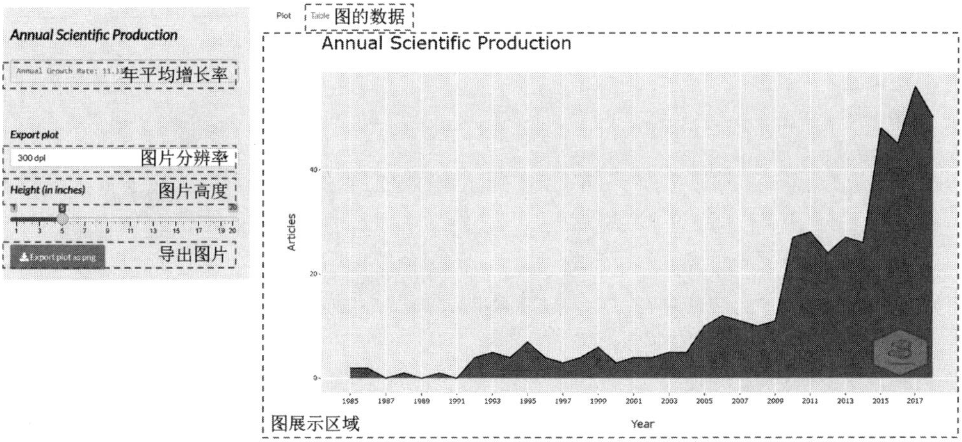

图 5.7　年发文量

Plot Table

Show 20 rows | Copy | CSV | Excel | PDF | Print

Search:

Year	Articles
1985	2
1986	2
1988	1
1990	1
1992	4
1993	5
1994	4
1995	7
1996	4
1997	3
1998	4
1999	6
2000	3
2001	4
2002	4
2003	5
2004	5
2005	10
2006	12
2007	11

Showing 1 to 20 of 31 entries

Previous 1 2 Next

图 5.8　每年发文量表格

平均每年每篇文章被引次数（Average Article Citations per Year）：左键单击“Dataset”，再单击“Average Article Citations per Year”。如图 5.9 所示。

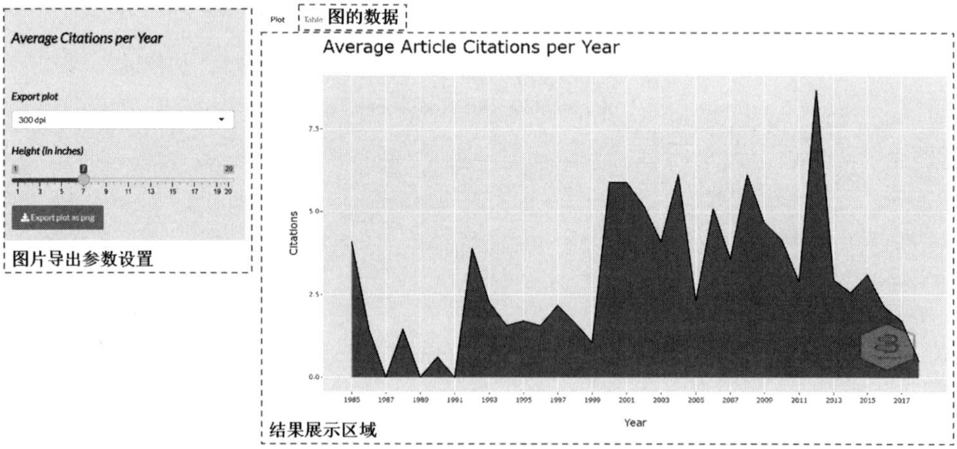

图 5.9　平均每年每篇文章被引次数

“三字段”桑基图(Three-Fields Plot)：左键单击“Dataset”,再单击“Three-Fields Plot”，设置好参数，左键单击“Apply！”。参数同 threeFieldPlot 函数，图操作区可以对图进行输出。如图 5.10 所示。

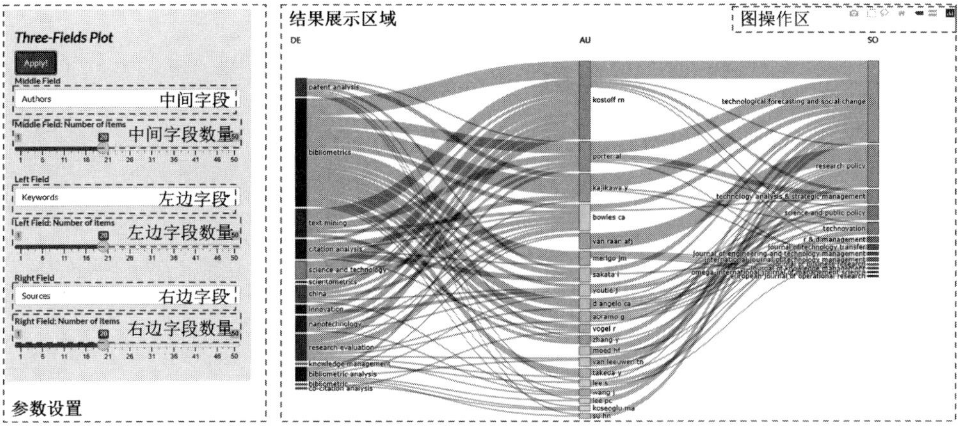

图 5.10　三字段桑基图

5.4　出版源信息（Sources）

出版源信息分析包括出版源载文量（Most Relevant Sources）、出版源本地被引次数（Most Local Cited Sources （from Reference Lists））、布拉德福定律(Bradford’s law)、出版源影响力(Sources Impact)、出版源载文量动态(Source Dynamics)。

出版源载文量（Most Relevant Sources）：左键单击“Sources”，再单击“Most Relevant Sources”，设置好参数，左键单击“Apply！”。如图 5.11 所示。

出版源本地被引次数（Most Local Cited Sources （from Reference Lists））：左键单击“Sources”，再单击“Most Local Cited Sources（from Reference Lists）”，设置好参数，左键单击“Apply！”。如图 5.12 所示。

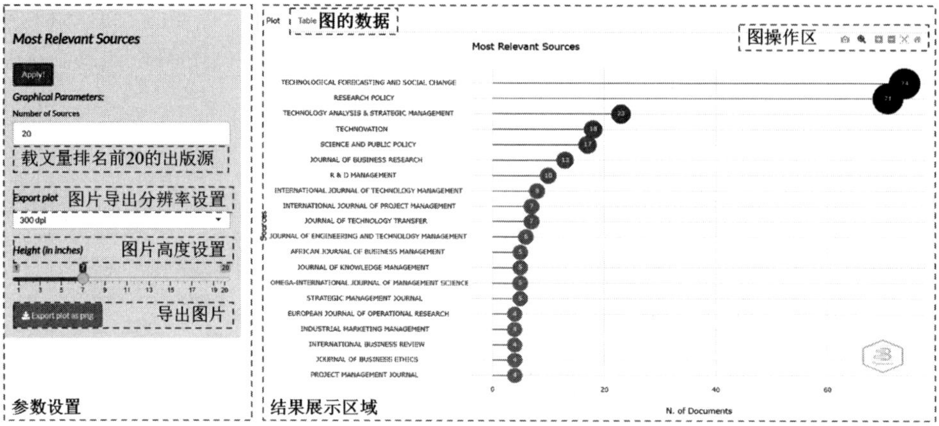

图 5.11　载文量排名前 20 出版源

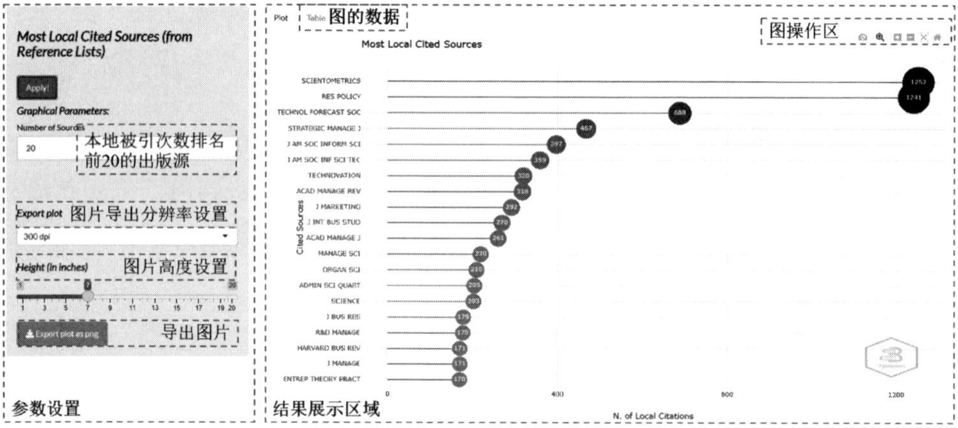

图 5.12　本地被引次数排名前 20 出版源

布拉德福定律(Bradford's law)：左键单击"Sources"，再单击"Bradford's law"。如图 5.13 所示。

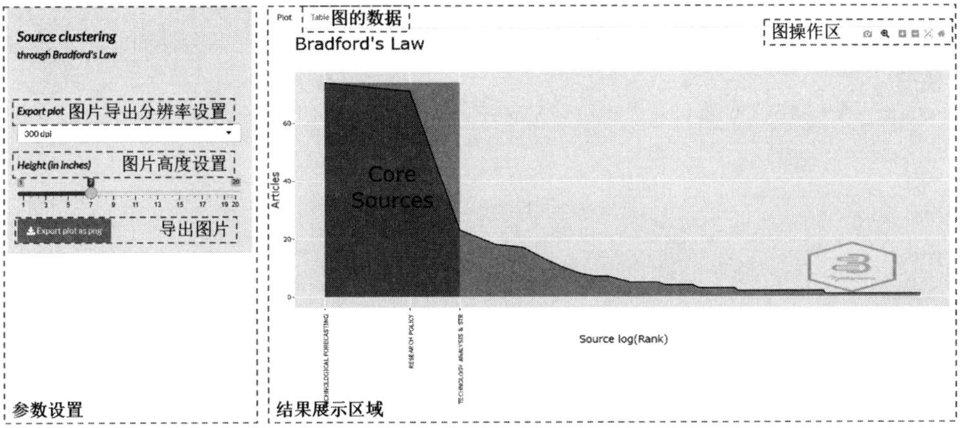

图 5.13　布拉德福定律

出版源影响力（Sources Impact）：左键单击“Sources”，再单击“Sources Impact”，设置好参数，左键单击“Apply！”。如图 5.14 所示。

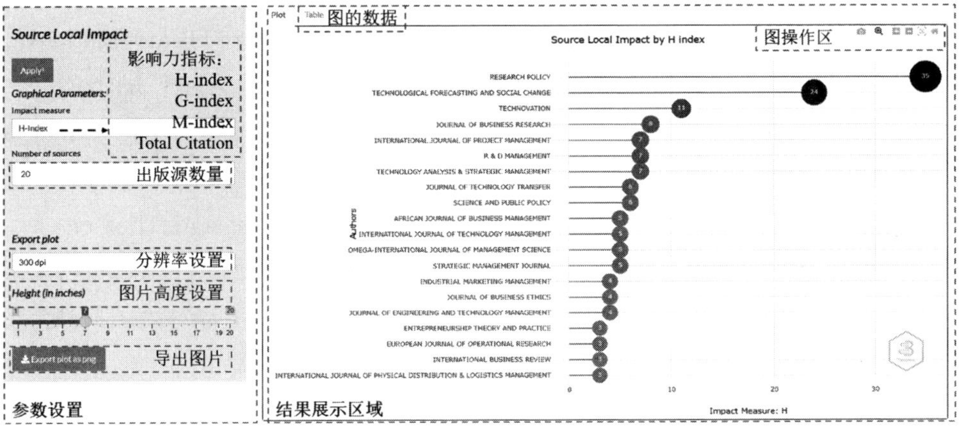

图 5.14　H-index 排名前 20 的出版源

出版源载文量动态（Source Dynamics）：左键单击“Sources”，再单击“Source Dynamics”，设置好参数，左键单击“Apply！”。如图 5.15 所示。

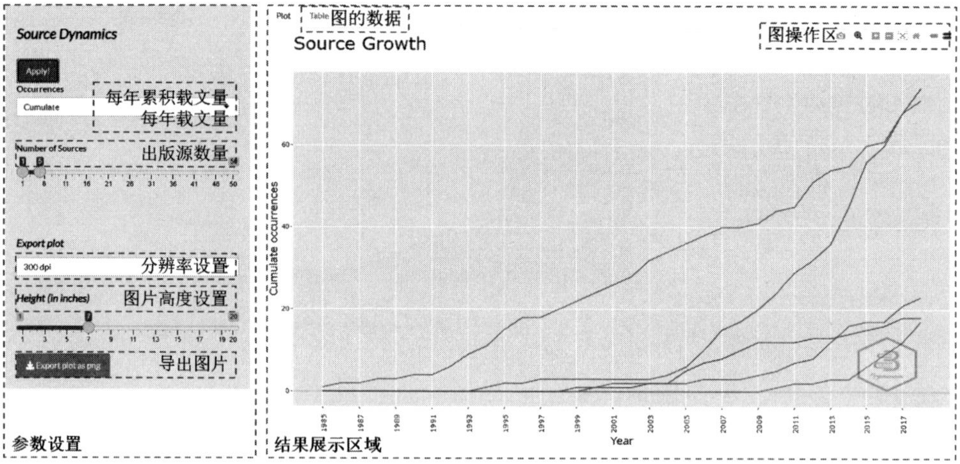

图 5.15　载文量排名前 20 的出版源动态

5.5　作者信息（Authors）

作者信息板块不仅包含作者信息(Authors)、作者研究机构信息(Affiliations)、作者国家信息（Countries），还包含作者发文量（Most Relevant Authors）、作者本地被引次数（Most Local Cited Authors）、作者发文量动态（Author's Production over Time）、Lotka 定律（Lotka's law）、作者影响力（Author Impact）。研究机构信息目前仅有机构发文量（Most Relevant Affiliations）。研究国家信息包含通讯作者国家发文量（Corresponding Author's Country）、国家 / 地区发文量全球分布（Country Scientific Production，全球地图不符合我国标准，因此不能公开使用）、国家被引次数（Most Cited Contries）。

作者发文量（Most Relevant Authors）：左键单击 “Authors”，再单击 “Most Relevant Authors”，设置好参数，左键单击 “Apply！”。见图 5.16。

作者本地被引次数（Most Local Cited Authors）：左键单击 “Authors”，再单击 “Most Local Cited Authors”，设置好参数，左键单击 “Apply！”。见图 5.17。

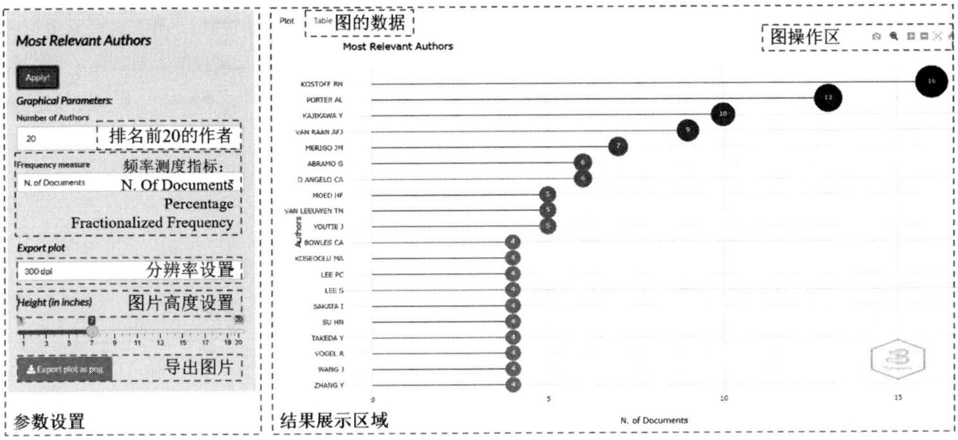

图 5.16　发文量排名前 20 的作者

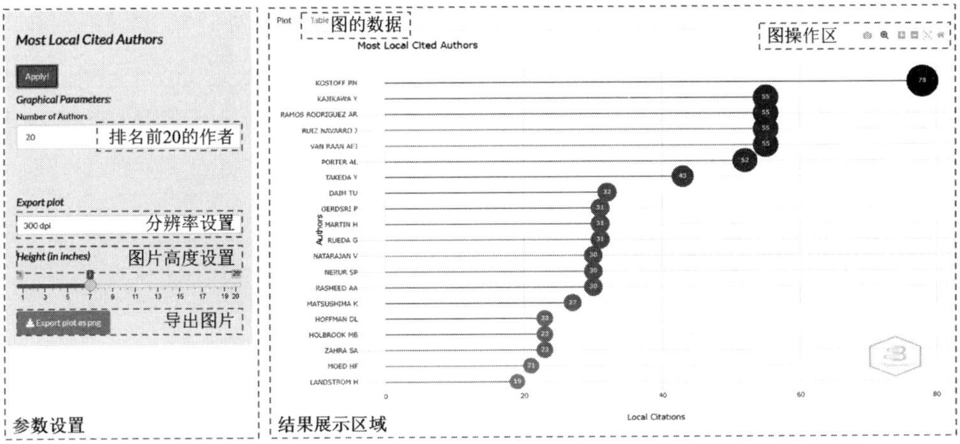

图 5.17　本地被引次数排名前 20 的作者

作者发文量动态（Author’s Production over Time）：左键单击“Authors”，再单击“Author’s Production over Time”，设置好参数，左键单击“Apply！”。见图 5.18。该图未提供图例，根据 authorProdOverTime 函数结果，推测点的大小表示发文量，点的颜色表示平均每年被引次数。结果还提供了图的数据和作者所著的文献信息，方便读者追踪作者的研究成果。

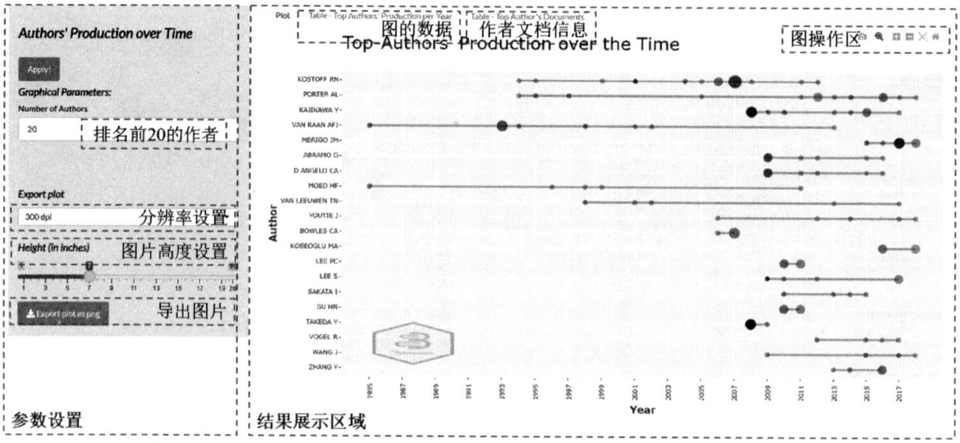

图 5.18　发文量排名前 20 的作者发文量动态

Lotka 定律（Lotka's law）：左键单击“Authors”，再单击“Lotka's law”。见图 5.19。

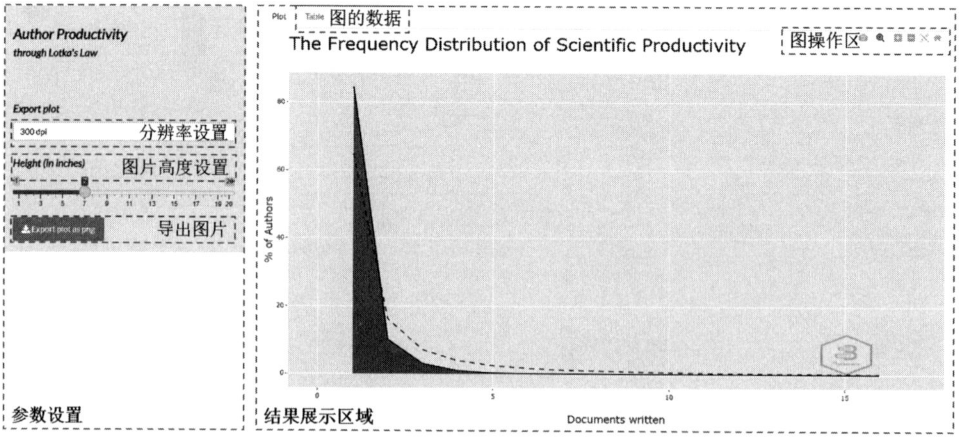

图 5.19　Lotka 定律

作者影响力（Author Impact）：左键单击“Authors”，再单击“Author Impact”，设置好参数，左键单击“Apply！”。见图 5.20。影响力指标有四种，分别是“H-index”“G-index”“M-index”“Total Citation”。

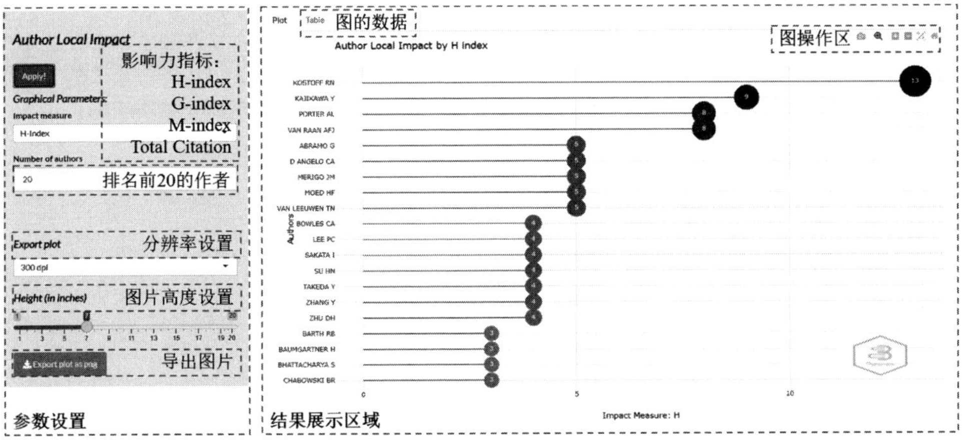

图 5.20　h 指数排名前 20 的作者

研究机构发文量（Most Relevant Affiliations）：左键单击“Authors”，再单击“Most Relevant Affiliations”，设置好参数，左键单击“Apply！”。见图 5.21。

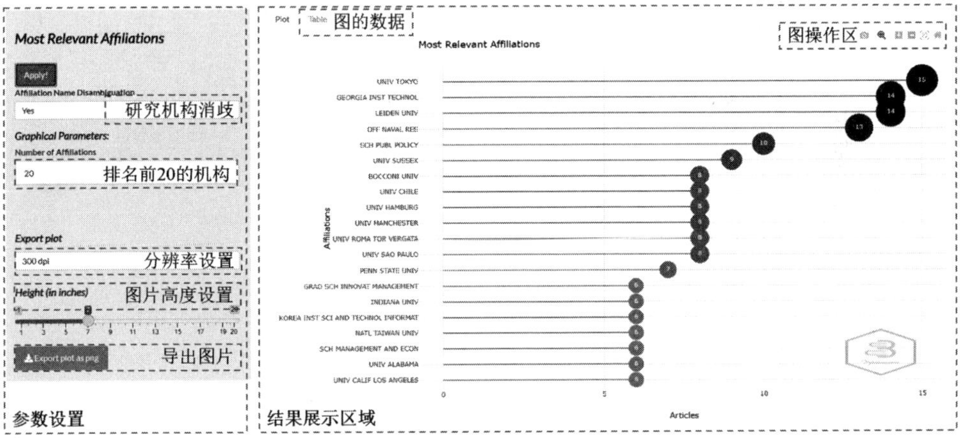

图 5.21　发文量排名前 20 的研究机构

通讯作者国家发文量（Corresponding Author’s Country）：左键单击“Authors”，再单击“Corresponding Author’s Country”，设置好参数，左键单击“Apply！”。见图 5.22。

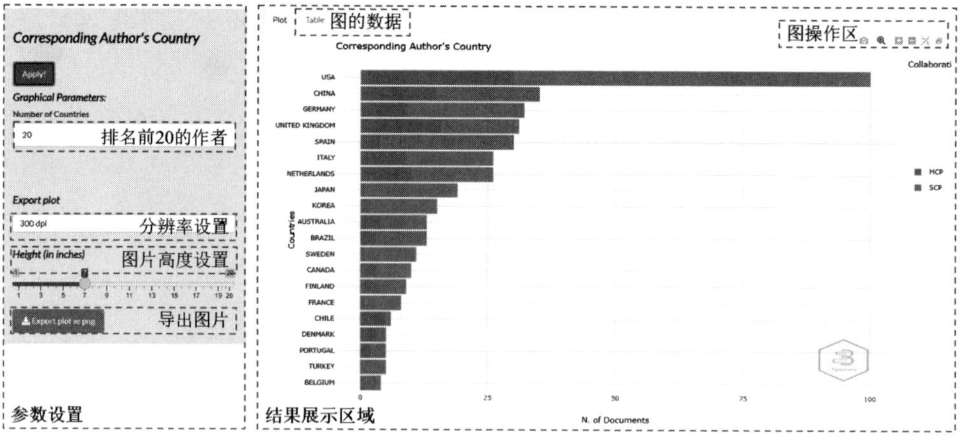

图 5.22　发文量排名前 20 的通讯作者所属国家

国家被引次数（Most Cited Contries）：左键单击 “Authors” ，再单击 “Most Cited Contries” ，设置好参数，左键单击 “Apply！” 。见图 5.23。

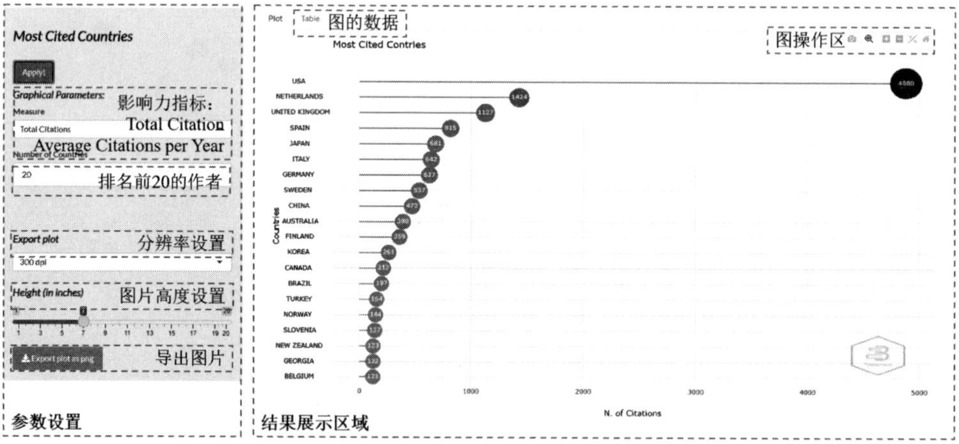

图 5.23　被引次数排名前 20 的国家

5.6 文档信息（Documents）

文档信息包括三个板块，分别是文献信息（Documents）、被引文献（Cited References）、术语（Words）。其中文献信息包含高被引文献（Most Global Cited Documents）和高本地被引文献（Most Local Cited Documents）。被引文献包含高本地被引参考文献（Most Local Cited References）和参考文献光谱（Reference Spectroscopy）；术语包含高频词（Most Frequent Words）、词云（WordCloud）、矩形树状图（TreeMap）、术语动态（Word Dynamics）、主题趋势（Trend Topics）。

高被引文献（Most Global Cited Documents）：左键单击“Documents”，再单击“Most Global Cited Documents”，设置好参数，左键单击“Apply！”。见图 5.24。

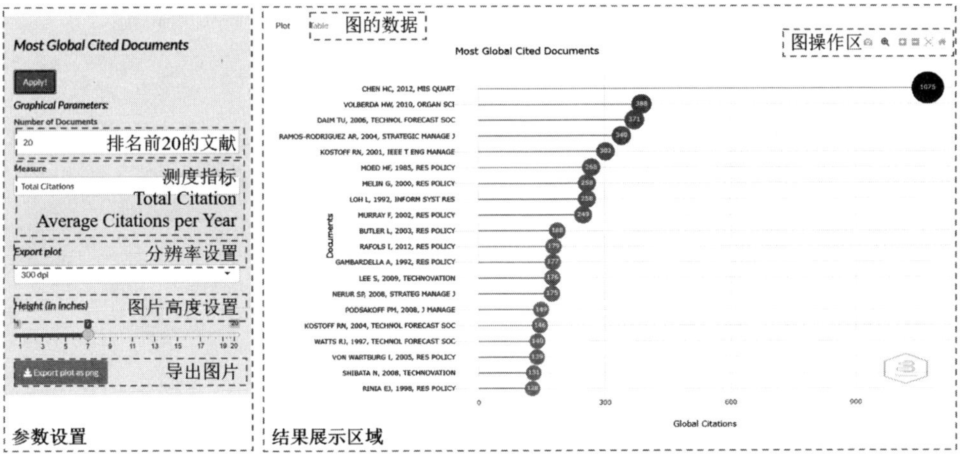

图 5.24　被引次数排名前 20 的文献

高本地被引文献（Most Local Cited Documents）：左键单击“Documents”，再单击“Most Local Cited Documents”，设置好参数，左键单击“Apply！”。见图 5.25。

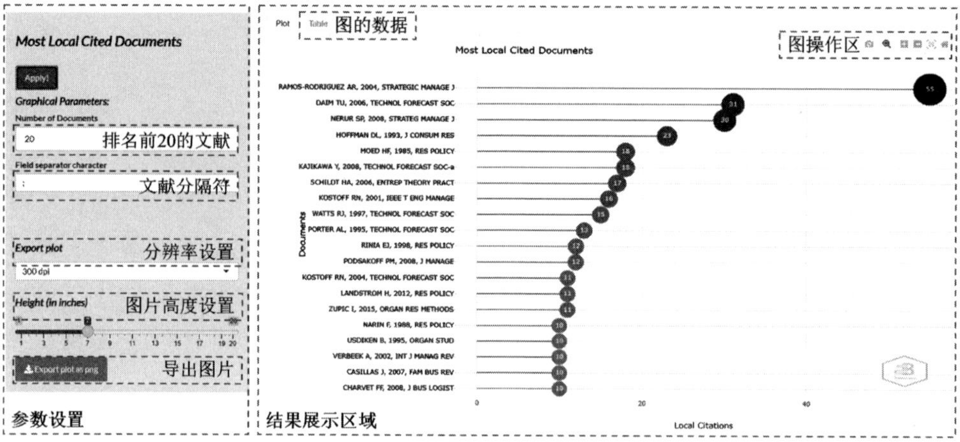

图 5.25　本地被引次数排名前 20 的文献

高本地被引参考文献（Most Local Cited References）：左键单击“Documents”，再单击“Most Local Cited References”，设置好参数，左键单击“Apply！”。见图 5.26。

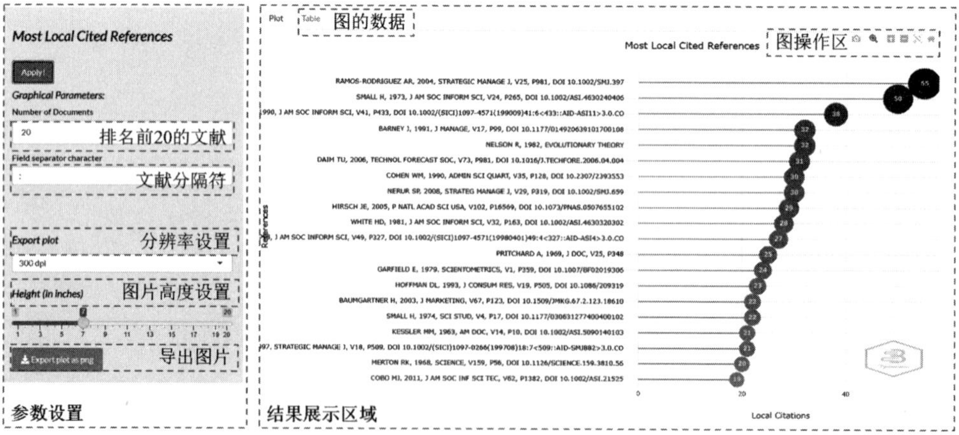

图 5.26　本地被引次数排名前 20 的参考文献

参考文献光谱（Reference Spectroscopy）：左键单击“Documents”，再单击“Reference Spectroscopy”，设置好参数，左键单击“Apply！”。见图 5.27。

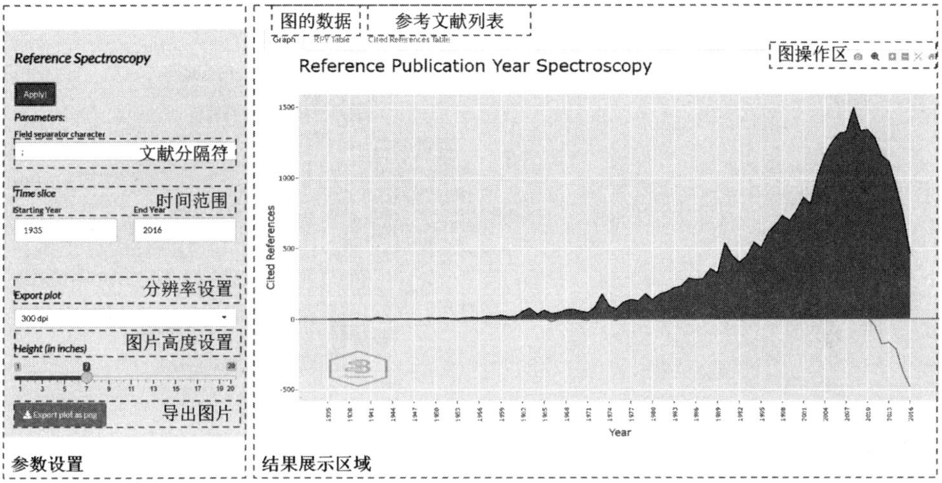

图 5.27 参考文献时间分布规律

高频词（Most Frequent Words）：左键单击“Documents”，再单击“Most Frequent Words”，设置好参数，左键单击“Apply！”。见图 5.28。

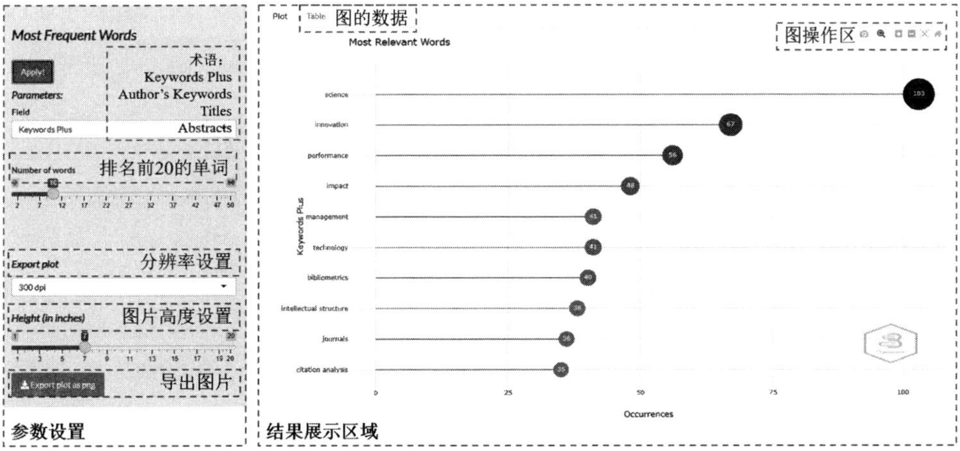

图 5.28 词频排名前 20 的术语

词云（WordCloud）：左键单击“Documents”，再单击“WordCloud”，设置好参数，左键单击“Apply！”。见图 5.29。

图 5.29　词频排名前 50 的术语词云

矩形树状图（TreeMap）：左键单击“Documents”，再单击“TreeMap”，设置好参数，左键单击“Apply！”。见图 5.30。

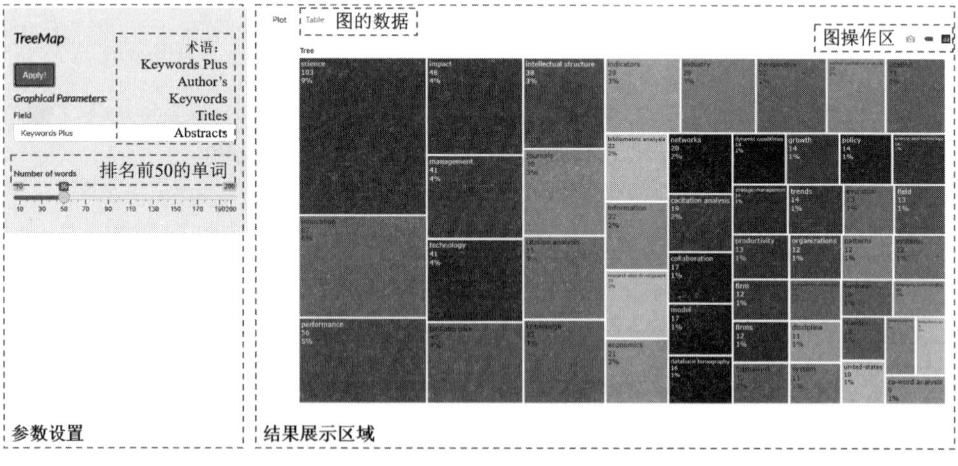

图 5.30　词频排名前 50 的矩形树状图

术语动态（Word Dynamics）：左键单击“Documents”，再单击“Word Dynamics”，设置好参数，左键单击“Apply！”。见图 5.31。

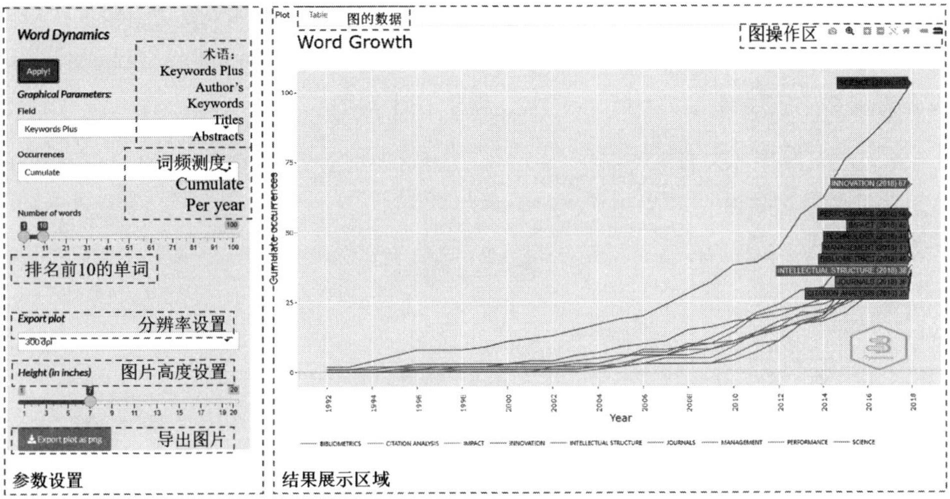

图 5.31　词频排名前 10 的术语动态

主题趋势（Trend Topics）：左键单击“Documents”，再单击“Trend Topics”，设置好参数，左键单击“Apply！”。见图 5.32。

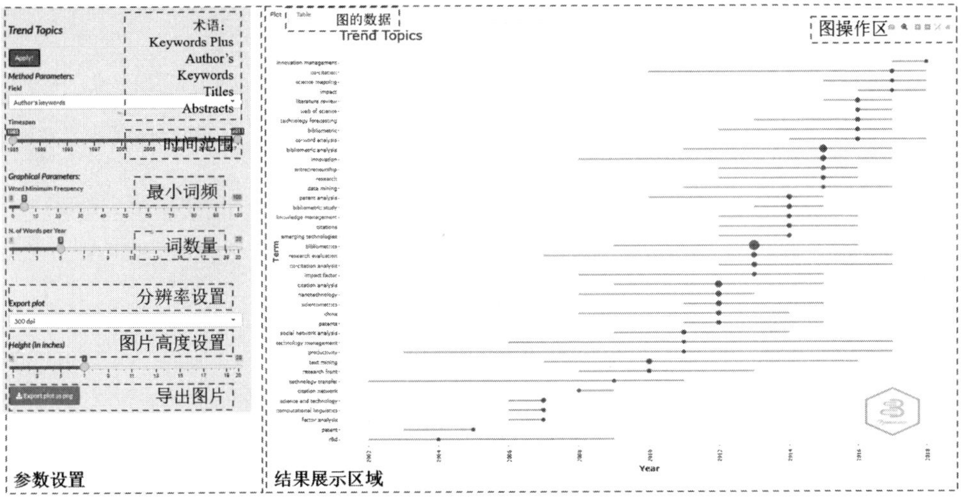

图 5.32　主题趋势

5.7 聚类（Clustering）

聚类分析中目前仅包含一项内容耦合聚类（Clustering by Coupling），对应 couplingMap 函数。左键单击“Clustering”，再单击“Clustering by Coupling”，设置好参数，左键单击“Apply！”。见图 5.33 及图 5.34。

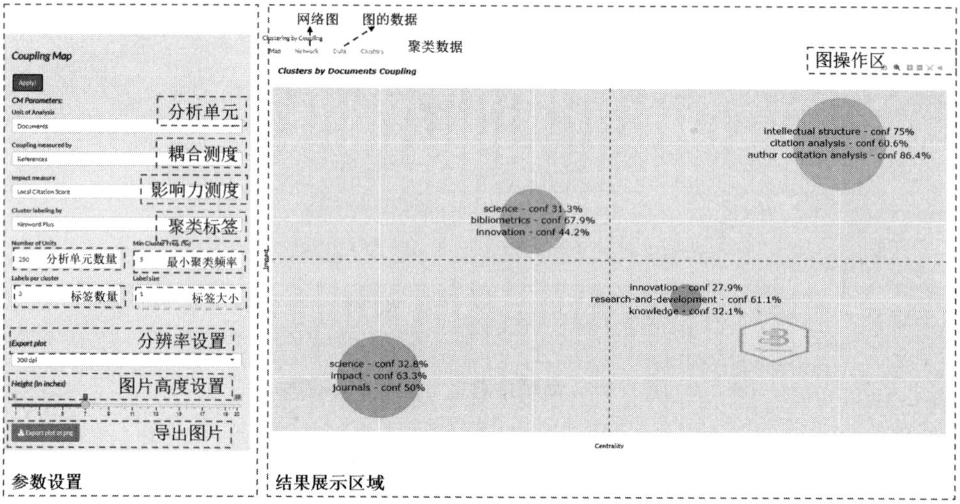

图 5.33 作者耦合战略坐标图

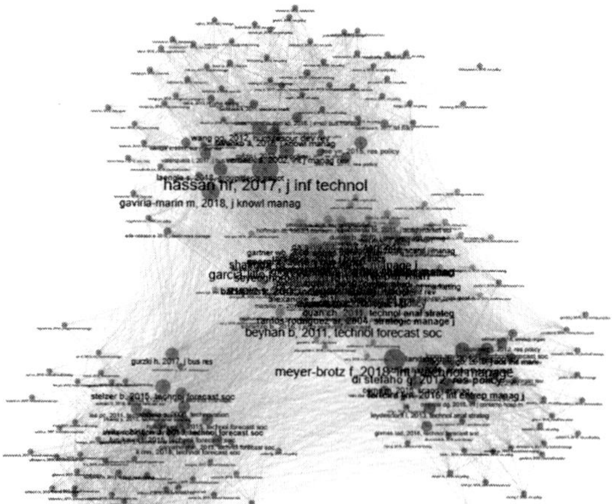

图 5.34 作者耦合网络

5.8 概念结构（Conceptual Structure）

概念结构包括两个板块：网络方法(Network Approach)和因子方法(Factorial Approach ）。网络方法包含共词网络（Co-occurrence Network）、主题战略坐标图（Thematic Map）、主题演化（Thematic Evolution）；因子方法目前仅为因子分析（Factorial Analysis）。

共词网络（Co-occurrence Network）：左键单击"Conceptual Structure"，再单击"Co-occurrence Network"，设置好参数，左键单击"Apply！"。见图 5.35。

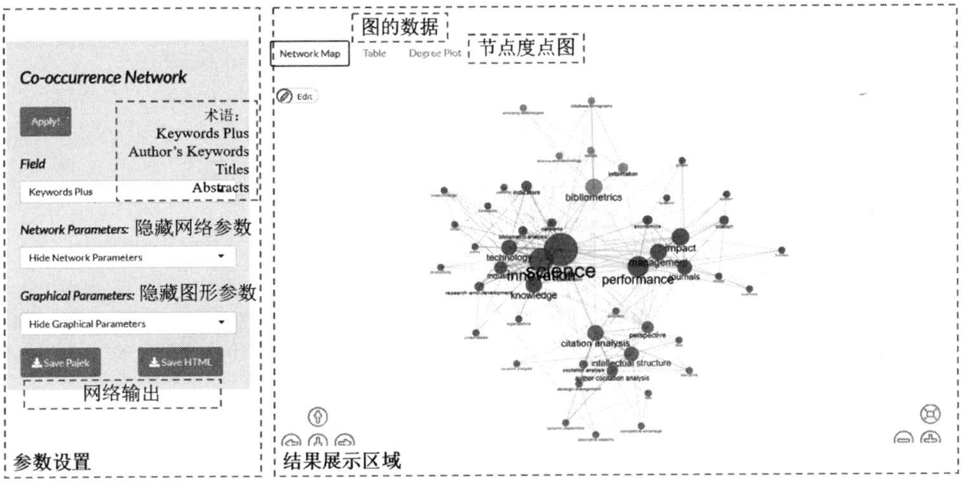

图 5.35　共词网络

主题战略坐标图（Thematic Map）：左键单击"Conceptual Structure"，再单击"Thematic Map"，设置好参数，左键单击"Apply！"。见图 5.36。

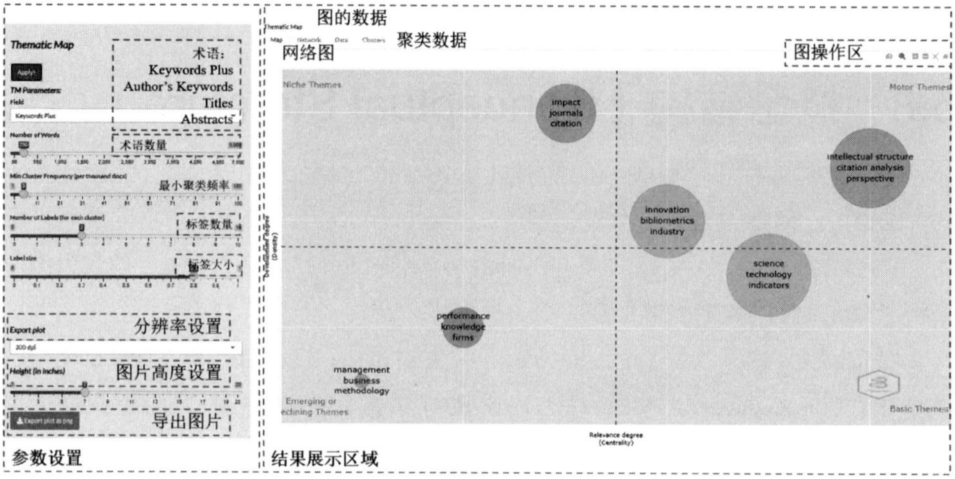

图 5.36　主题战略坐标图

在上一步的基础上，左键单击“Network”。见图 5.37。

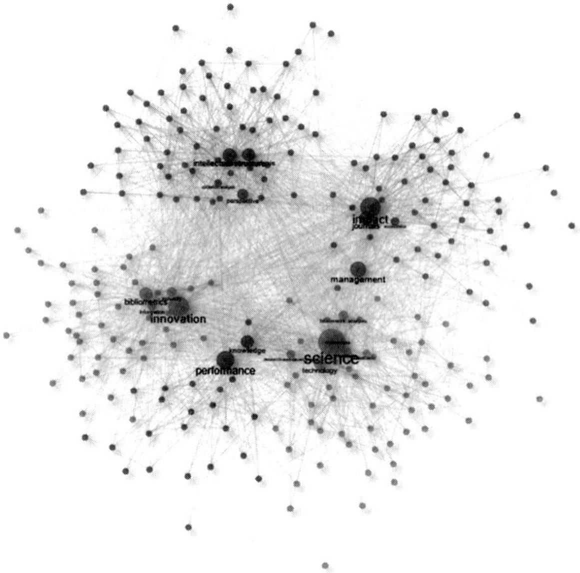

图 5.37　主题战略坐标图对应的共词网络

主题演化（Thematic Evolution）：左键单击“Conceptual Structure”，再单击“Thematic Evolution”，设置好参数，左键单击“Apply！”。见图 5.38。

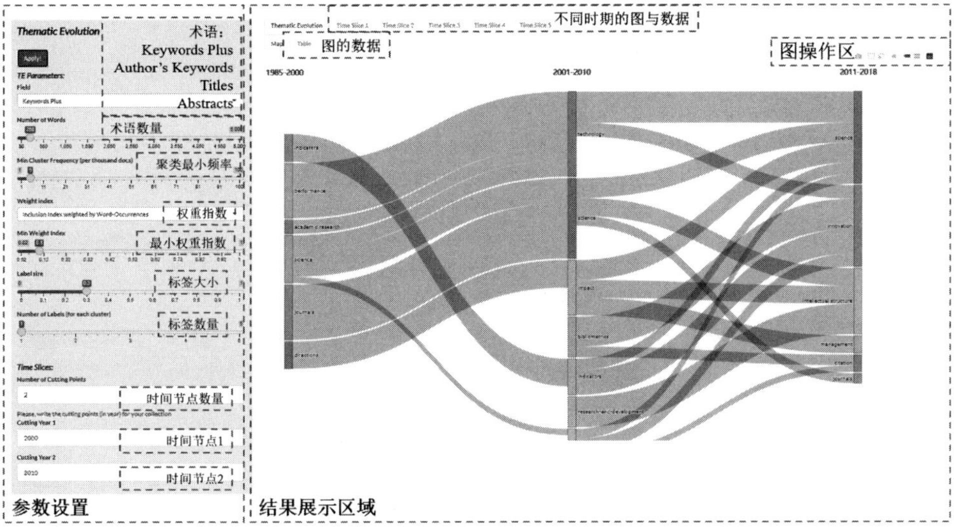

图 5.38　主题演化桑基图

在上一步的基础上，左键单击“Time Slice1”。得到图 5.39。

在上一步的基础上，左键单击“Network”。得到图 5.40。

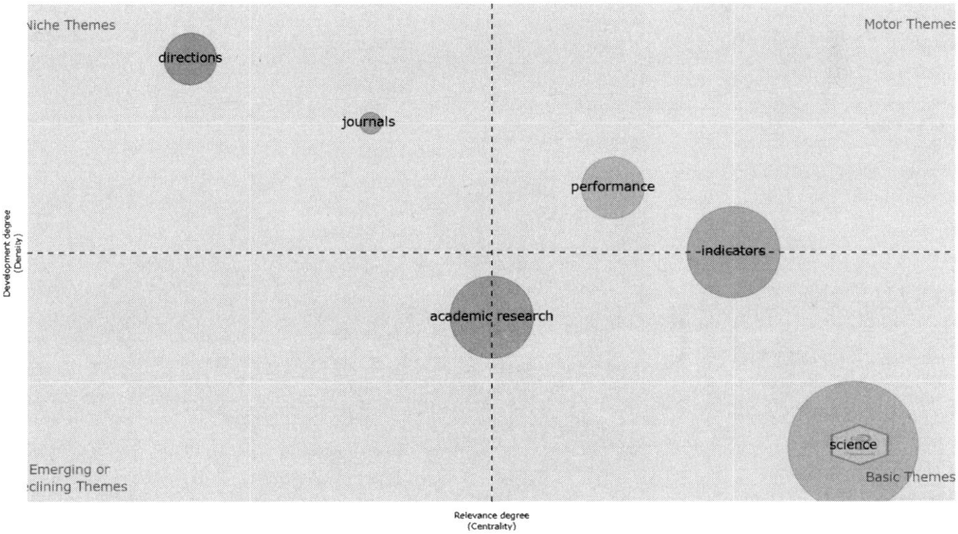

图 5.39　主题演化对应的子时期主题战略坐标图

图 5.40　主题演化中时期 1 主题战略坐标图对应的网络图

因子分析（Factorial Analysis）：左键单击“Conceptual Structure”，再单击“Factorial Analysis”，设置好参数，左键单击“Apply！”。得到图 5.41。

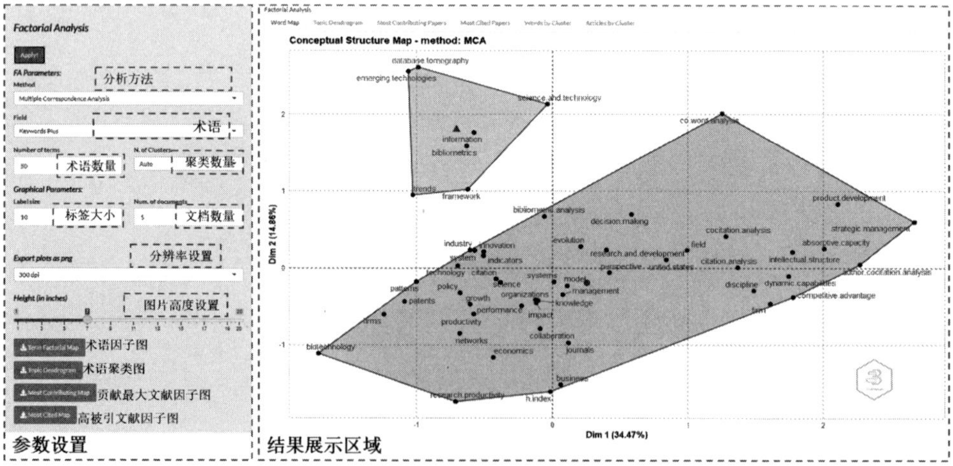

图 5.41　术语因子分析图

在上一步的基础上，左键单击“Topic Dendrogram”。得到图 5.42。

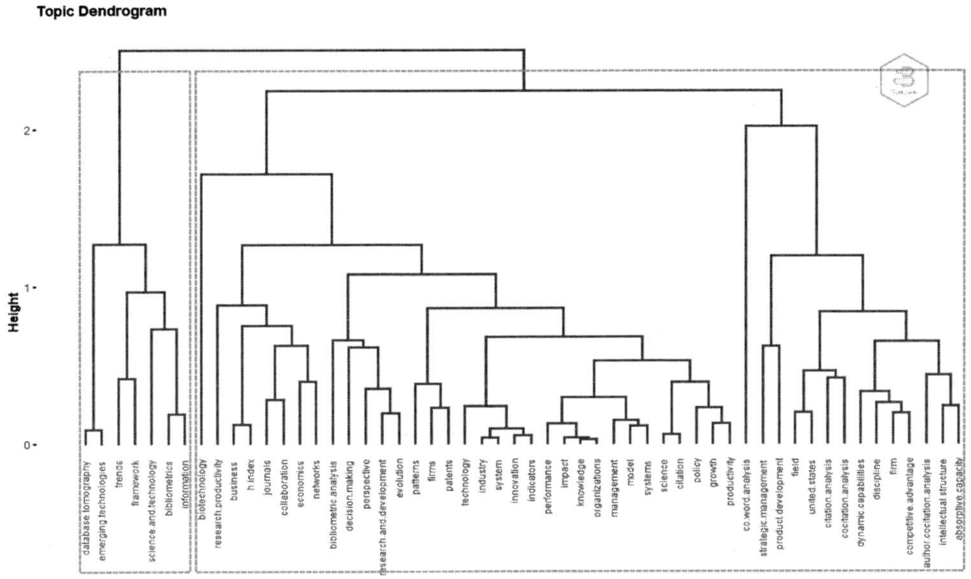

图 5.42　术语层次聚类图

在上一步的基础上，左键单击“Most Contributing Map”。得到图 5.43。

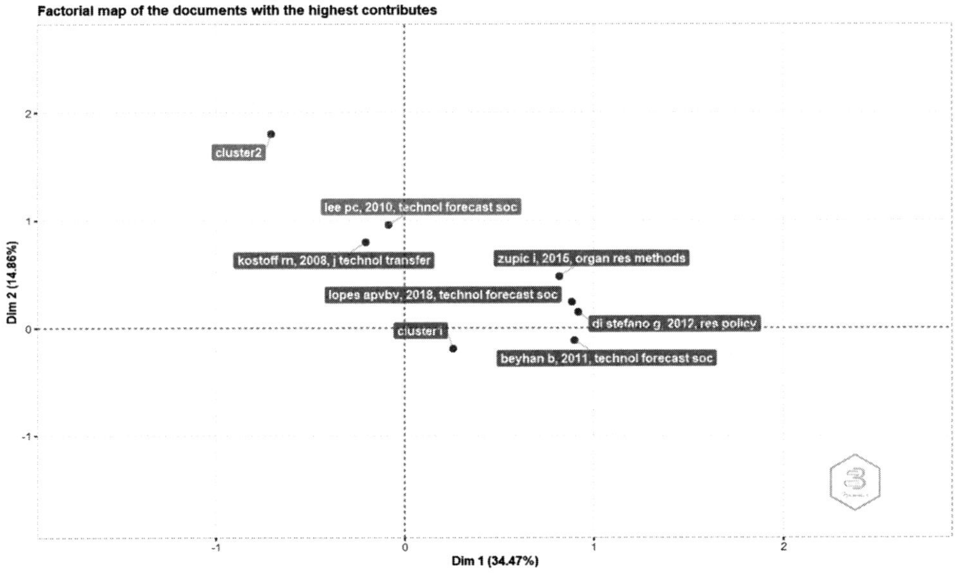

图 5.43　贡献最大的文献因子地图

在上一步的基础上，左键单击“Most Cited Map”。得到图 5.44。

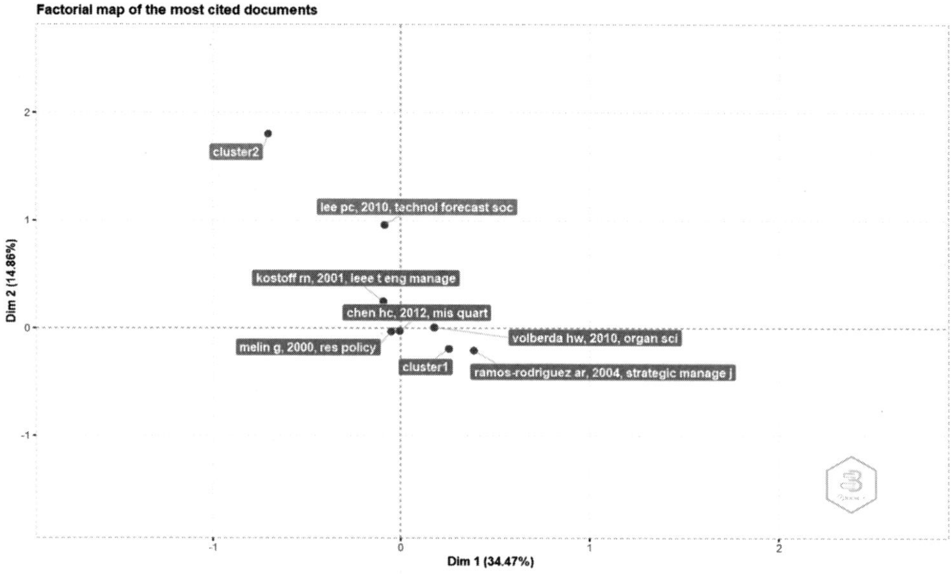

图 5.44　被引次数最大的文献因子地图

5.9　认知结构（Interllectual Structure）

认知结构包含 2 个功能，分别是共被引网络（Co-citation Network）和历史指引网络（Historiograph）。

共被引网络（Co-citation Network）：左键单击“Interllectual Structure”，再单击“Co-citation Network”，设置好参数，左键单击“Apply！”，得到图 5.45。

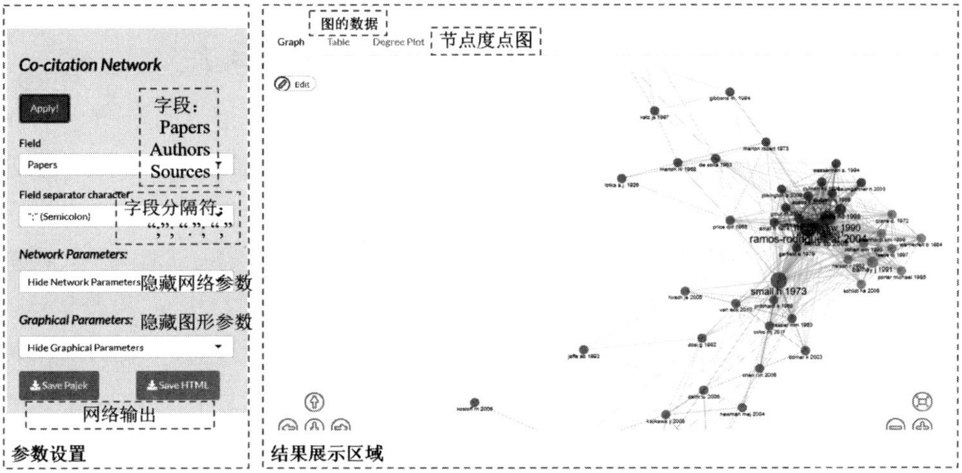

图 5.45　文献共被引网络图

历史直接引用网络（Historiograph）：左键单击“Interllectual Structure”，再单击“Historiograph”，设置好参数，左键单击“Apply！”，得到图 5.46。

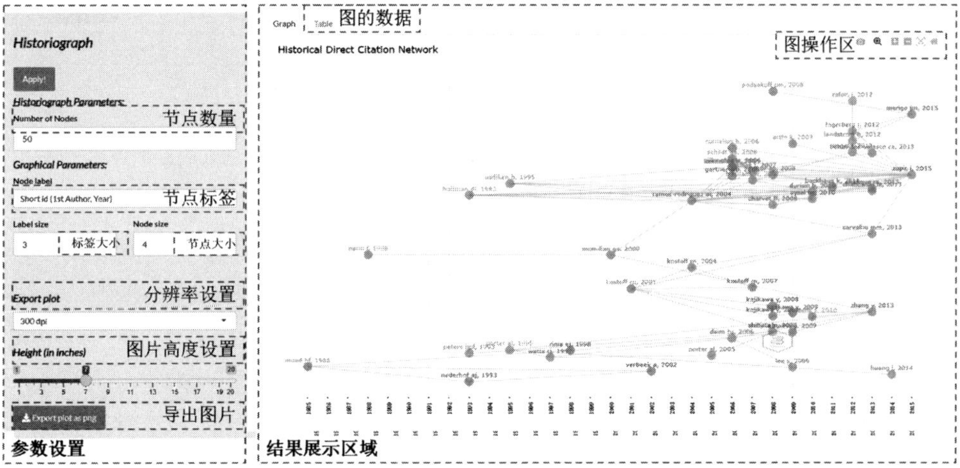

图 5.46　历史直接引用网络

5.10 社会结构（Social Structure）

社会结构包含2个功能，分别是合作网络（Collaboration Network）和合作网络世界地图（Collaboration WorldMap，全球地图不符合我国标准，因此不能公开使用）。

合作网络（Collaboration Network）：左键单击“Social Structure”，再单击“Collaboration Network”，设置好参数，左键单击“Apply！”。见图5.47。

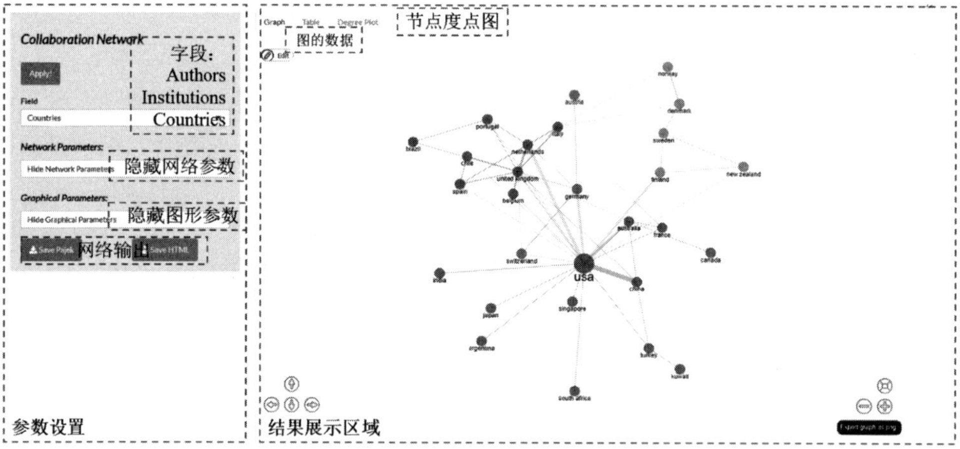

图5.47　国家合作网络

第 6 讲

上机实验

下面的案例更多的是告诉读者，通过 R-bibliometrix 在实际的数据分析中能得到些什么结果。关于如何对这些基本的分析结果进行分析，笔者推荐读者检索相关的文献计量学论文进行学习。这里的结果已经包含了常见论文中的结果，读者可以根据自己的研究目的来确定要进行的分析，并从这些结果中得到一些支持。

6.1 特定作者的论文计量

问题

如何来分析某一个科学家的论文产出？以 SCI 发明人加菲尔德博士（图 6.1）为例[1]。

---

❶ 关于加菲尔德博士的论文分析，参见：

加菲尔德教授论文的知识图谱 . http://blog.sciencenet.cn/blog-554179-1036931.html.

[1] Wouters P. Eugene Garfield （1925-2017）[J]. Nature, 2017, 543（7646）:492.

[2] Kretschmer H, Kretschmer T. Memory of Eugene Garfield [J]. Journal of Scientometic Research. 2017;6（1）:1-5. doi:10.5530/jscires.6.1.1. http://www.jscires.org/article/185

[3] Small H. A tribute to Eugene Garfield: Information innovator and idealist [J]. Journal of Informetrics, 2017, 11（3）:599-612.

[4] List J, Bates S. A tribute to Eugene Garfield: A bibliography of publications relating to patents [J]. World Patent Information, 2017, 49:69-70.

[5] Leydesdorff L, Wagner C S, Bornmann L. Betweenness and Diversity in Journal Citation Networks as Measures of Interdisciplinarity - A Tribute to Eugene Garfield [J]. 2017. https://arxiv.org/abs/1705.03272

[6] 王金鹏，王慧杰．从科学知识图谱角度看加菲尔德的学术地位和影响：基于 SCI 近 20 年的数据 [J]. 国家图书馆学刊,2010,（04）:41-46.

[7] 王金鹏，王慧杰．基于科学知识图谱的加菲尔德学术影响分析 [J]. 中国科技资源导刊，2010,（05）:43-48.

图 6.1　SCI 发明者加菲尔德博士

方法

在 Web of Science 中以加菲尔德博士的作者识别号（A-1009-2008）和文献类型 ARTICLE 进行字段检索（图 6.2）。

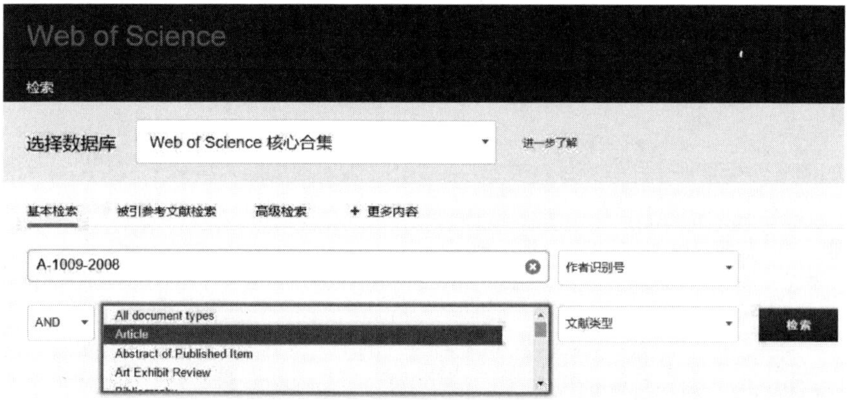

图 6.2　加菲尔德博士论文检索策略

结果

共检索得到加菲尔德博士的 816 篇论文，论文的 h 指数达到了 135，论文平均被引达到了 9.23 次（图 6.3）。

图 6.3 加菲尔德博士论文概况

（1）加载加菲尔德博士论文数据，并进行转换。

```
> library(bibliometrix)  #加载包
> file <-c("Eugene1.txt", "Eugene2.txt")  #加载数据
> M <-convert2df(file,dbsource="isi",format="plaintext")  #读取数据
## Converting your isi collection into a bibliographic dataframe
## Done!
## Generating affiliation field tag AU_UN from C1: Done!
```

（2）对数据进行描述性统计分析。

```
> results <- biblioAnalysis(M,sep = ";")  #描述性统计分析
> summary(results, k = 10, pause = FALSE)  #结果总结
```

描述性统计结果分析如下。得到本数据集所分析的文献为 816 条，期刊来源共有 60 个，补充关键词共有 57 个，作者关键词共有 39 个，时间跨度为 1954—2009 年，唯一作者共有 36 个。

```
## MAIN INFORMATION ABOUT DATA
 Timespan                               1954 : 2009
 Sources (Journals, Books, etc)          60
 Documents                              816
 Average years from publication         36.3
 Average citations per documents        70.02
 Average citations per year per doc     1.821
 References                             13491

DOCUMENT TYPES
 article                          805
 article; proceedings paper       11
```

```
DOCUMENT CONTENTS
 Keywords Plus  (ID)                     57
 Author's Keywords  (DE)                 35

AUTHORS
 Authors                                36
 Author Appearances                     868
 Authors of single-authored documents   1
 Authors of multi-authored documents    35

AUTHORS COLLABORATION
 Single-authored documents              784
 Documents per Author                   22.7
 Authors per Document                   0.0441
 Co-Authors per Documents               1.06
 Collaboration Index                    1.09
```

1954—2009 年加菲尔德博士发表论文的年度分布。

```
## Annual Scientific Production
 Year    Articles
    1954        2
    1955        1
    1957        3
    1961        1
    1962        1
    1963        3
    1964        1
    1965        2
    1966        1
    1967        2
    1968        1
    1969        2
    1970        4
    1971        2
    1972        4
    1973        3
    1974        4
```

```
     1975        7
     1976        5
     1977        6
     1978        5
     1979       59
     1980       55
     1981       52
     1982       51
     1983       53
     1984       53
     1985       54
     1986       54
     1987       53
     1988       52
     1989       50
     1990       65
     1991       28
     1992       29
     1993       25
     1996        2
     1998        4
     2000        1
     2001        3
     2002        4
     2003        4
     2004        2
     2007        1
     2008        1
     2009        1
Annual Percentage Growth Rate -1.252359
```

绘制加菲尔德博士论文的年度分布，如图 6.4 所示。

```
> plot(results, k = 10, pause = TRUE)  #绘制统计图
```

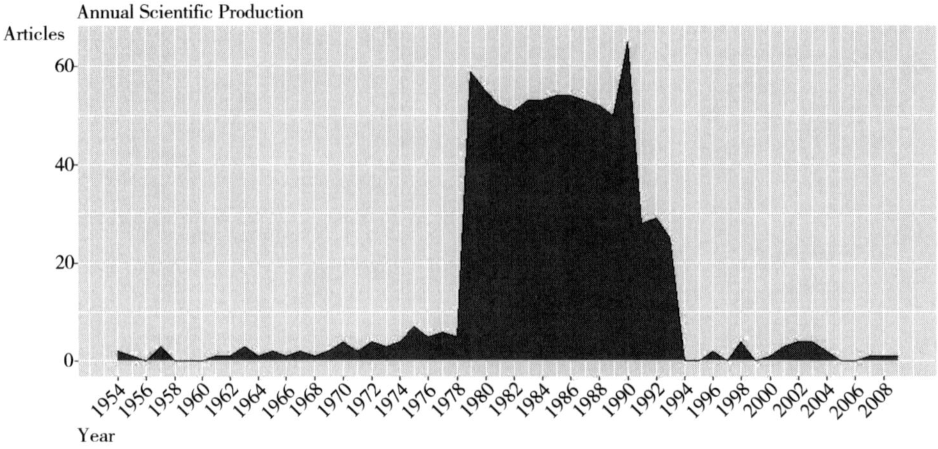

图 6.4　加菲尔德论文的时序分布

在加菲尔德博士的论文数据集中，作者的产出及合作情况。

```
## Most Productive Authors
    Authors          Articles  Authors          Articles Fractionalized
1   GARFIELD,E            816 GARFIELD,E                      797.533
2   PUDOVKIN,A              5 PUDOVKIN,A                        2.000
3   WELLJAMSDOROF,A         4 WELLJAMSDOROF,A                   2.000
4   GRANITO,C               3 SHER,I                            1.500
5   ISTOMIN,V               3 SMALL,H                           1.333
6   REVESZ,G                3 GRANITO,C                         1.000
7   SHER,I                  3 ISTOMIN,V                         1.000
8   SMALL,H                 3 REVESZ,G                          0.833
9   ABT,H                   1 ABT,H                             0.500
10  AVAKIAN,E               1 AVAKIAN,E                         0.500
```

作者的 h 指数等的计算。

```
> authors<-gsub(","," ",names(results$Authors)[1:10]) #发文量前10名的作者
```

```
> indices<-Hindex(M,field="author",element=authors,sep=";",years=46) #计算作者的 h 指数
> indices$H #打印结果
##          Author h_index g_index    m_index    TC  NP
1       GARFIELD E     135     172 2.87234043 55278 792
2       PUDOVKIN A       5       5 0.31250000   226   5
3  WELLJAMSDOROF A       4       4 0.14285714   165   4
4        GRANITO C       1       1 0.02222222     7   1
5        ISTOMIN V       3       3 0.18750000   100   3
6         REVESZ G       1       1 0.02222222    14   1
7           SHER I       0       0 0.00000000     0   0
8          SMALL H       2       3 0.04651163   152   3
9            ABT H       1       1 0.06250000     8   1
10       AVAKIAN E       0       0 0.00000000     0   0
```

作者合作网络的绘制。结果如图 6.5 所示。

```
>NetMatrix<-biblioNetwork(M,analysis="collaboration",network="authors",sep=";") #构建合作网络
>net<-networkPlot(NetMatrix,n=20,type="kamada",Title="authors' Collaboration",labelsize=0.3,remove.isolates=TRUE,size=FALSE,community.repulsion=0) #可视化
```

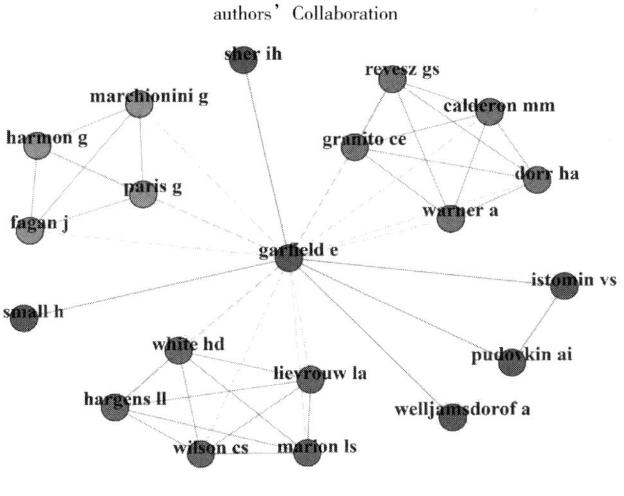

图 6.5　加菲尔德博士的主要合作者

加菲尔德博士的高被引论文（GCS）有哪些?

```
## Top manuscripts per citations
                 Paper                     DOI    TC TCperYear   NTC
1 GARFIELD E,1972,SCIENCE      10.1126/science.178.4060.471 1307  26.14 4.00
2 GARFIELD E,1955,SCIENCE      10.1126/science.122.3159.108 900 13.43 1.00
3 GARFIELD E,1996,BRIT MED J  NA                            286 11.00 1.86
4 GARFIELD E,1979,SCIENTOMETRICS 10.1007/BF02019306   282 6.56 41.59
5  GARFIELD E,1970,NATURE  10.1038/227669a0            221   4.25   3.45
6  GARFIELD E,1980,CURR CONTENTS   NA                  211   5.02   1.05
7 GARFIELD E,1980,CURR CONTENTS-a   NA                 211   5.02   1.05
8 GARFIELD E,1980,CURR CONTENTS-a-b NA                 211   5.02   1.05
9 GARFIELD E,1980,CURR CONTENTS-a-b-c NA               211   5.02   1.05
10 GARFIELD E,1980,CURR CONTENTS-a-b-c-d NA          211 5.02  1.05 5.70
```

加菲尔德博士的论文与哪些国家有合作?

```
## Corresponding Author's Countries
      Country Articles     Freq SCP MCP MCP_Ratio
1 USA              461 0.99568 456   5    0.0108
2 NETHERLANDS        1 0.00216   0   1    1.0000
3 RUSSIA             1 0.00216   0   1    1.0000

SCP: Single Country Publications
MCP: Multiple Country Publications

## Total Citations per Country
  Country      Total Citations Average Article Citations
1  USA                   11846                      25.7
2  RUSSIA                  118                     118.0
3  NETHERLANDS              14                      14.0
```

加菲尔德博士的论文发表在哪里?

```
## Most Relevant Sources
   Sources             Articles
1 CURRENT CONTENTS                      714
2 JOURNAL OF CHEMICAL DOCUMENTATION       8
```

```
3 CURRENT COMMENTS                        7
4 IEEE TRANSACTIONS ON PROFESSIONAL COMMUNICATION    5
5 JOURNAL OF INFORMATION SCIENCE            5
6 JOURNAL OF THE AMERICAN SOCIETY FOR INFORMATION SCIENCE AND TECHNOLOGY 5
7 SCIENTOMETRICS                            5
8 CHEMTECH                                 3
9  CURRENT CONTENTS/LIFE SCIENCES           3
10 JOURNAL OF THE AMERICAN SOCIETY FOR INFORMATION SCIENCE   3
```

加菲尔德博士所撰写论文的主要关键词有哪些?

```
## Most Relevant Keywords
   Author Keywords (DE)  Articles Keywords-Plus (ID)      Articles
1  CITATION ANALYSIS           5 JOURNALS                       3
2  SCIENCE CITATION INDEX       3 SCIENCE                        3
3  BIBLIOMETRICS               2 BIOLOGY JOURNALS               2
4  HISTCITE                     2 CITATION                       2
5  HISTORIOGRAPHY               2 CITATIONS                      2
6  SCIENTOMETRICS               2 DOCUMENTS                      2
7  ALGORITHMIC                  1 IMPACT                         2
8  AUSTRIAN MEDICAL RESEARCH   1 SCIENTIFIC DISCOVERY           2
9  CITATION IMPACT             1 ACID                           1
10 CTATION ANALYSIS            1 ACTIVATED KILLER CELLS         1
```

作者关键词的共现网络。结果如图 6.6 所示。

```
> NetMatrix<-biblioNetwork(M,analysis="co-occurrences",network=
"author_keywords",sep=";") # 构建共词网络
> net<-networkPlot(NetMatrix,n=50,noloops=TRUE,remove.isolates=
TRUE,Title="Keyword Co-occurrences",labelsize=0.5,type="kamada",size=
T) # 可视化
```

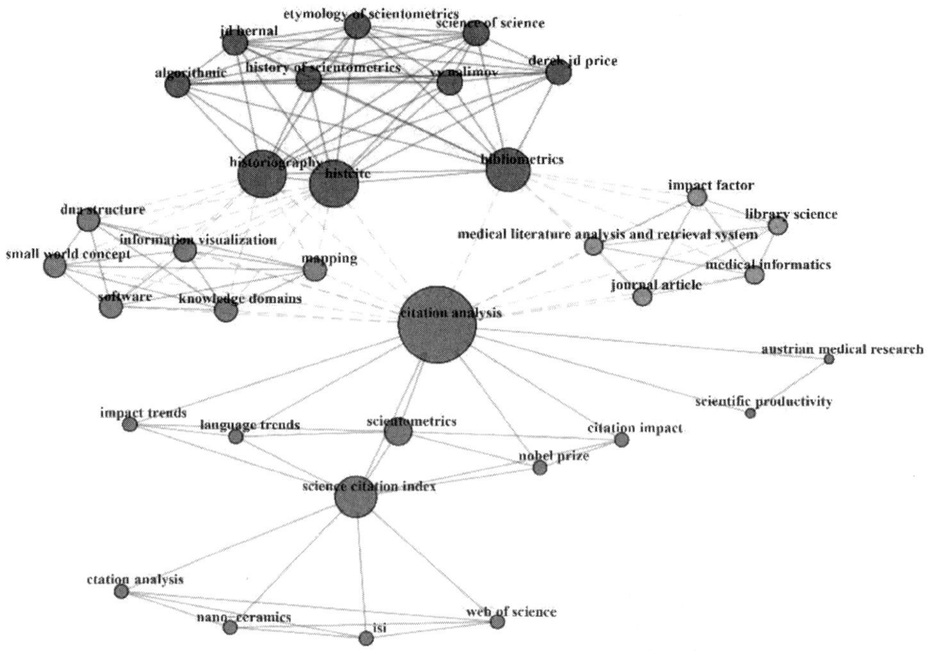

图 6.6　加菲尔德博士作者关键词的共现网络

（3）加菲尔德博士论文的研究主题。

前面已经提取了加菲尔德博士的论文关键词，下面再介绍一种从这些论文标题中提取加菲尔德论文术语的方法。

```
> Eugene<-termExtraction(M,Field="TI", ngrams=1,remove.numbers=
TRUE,remove.terms=NULL,verbose=TRUE,stemming=T)  #提取术语
```

得到的结果为：

```
## Tab
   SCIENC  CITAT  RESEARCH  JOURNAL INTRODUCT  CITE  MOST_CIT  SCIENTIF  REPRINT
   206     138     104      102       84      71     65        65        62
   ARTICL ISI    INDEX     VOL   PG   AWARD LITERATUR    REVIEW     PAPER
   61     52      51       49    46    45       44         44         43
  STUDI     INFORM     IMPACT SCIENTIST  NOBEL_PR     PHYSIC    ANALYSI
  43         42          41      36         35          34        31
```

进一步绘制标题术语的热力图。结果如图 6.7 所示。

```
> topKW<-KeywordGrowth(Eugene,Tag="TI_TM",sep=";",top=30,cdf=F)
#关键词时序数集
> library(reshape2)  #加载包
> library(ggplot2)  #加载包
> library(scales)  #加载包
> DF<-melt(topKW,id='Year')  #宽数据变长数据
> p<-ggplot(DF,aes(x=Year,y=variable,fill=value))+
  geom_tile()+scale_x_continuous(breaks=seq(1954,2009,by=5))+
scale_fill_gradient2(low=muted("red"),mid="orange",high=muted("yellow"),
midpoint=13,limits=c(0,26))  #绘图
> p  #在屏幕打印结果
```

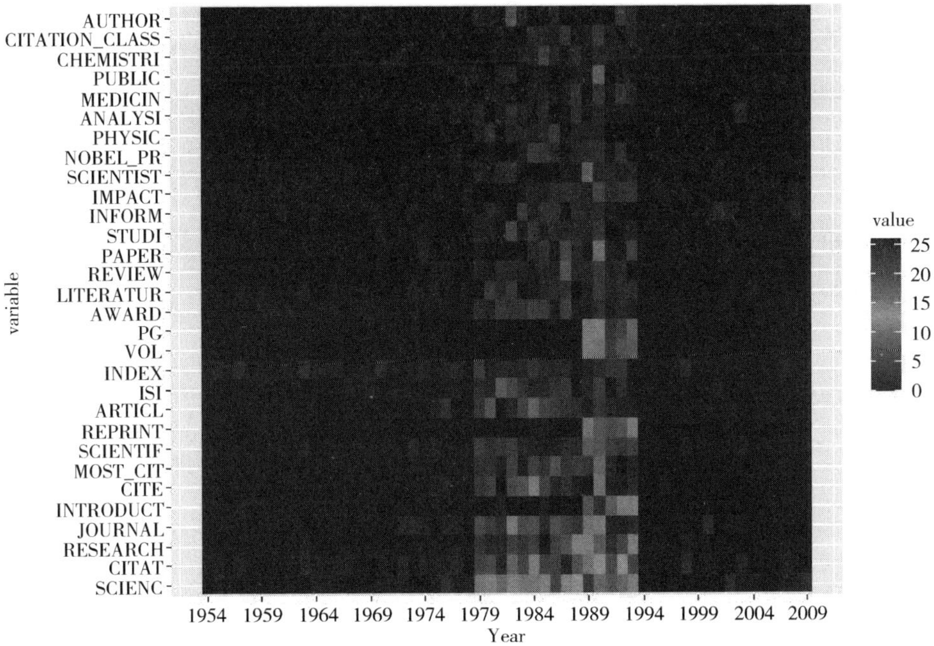

图 6.7　标题术语年度分布的热力图

6.2　特定论文的科学计量

问题

如何对单篇论文的学术影响进行计量分析？ CiteSpace 的经典论文在 2017 年 6 月谷歌公开的经典论文的图书馆与信息科学下排名第二（图 6.8），这里以此论文为例进行分析。

Categories > Engineering & Computer Science > **Library & Information Science** ▾　　2006

Title	Author	Cited by
Usage patterns of collaborative tagging systems SA Golder, BA Huberman - Journal of information science, 2006	Bernardo Huberman	3051
CiteSpace II: Detecting and visualizing emerging trends and transient patterns in scientific literature C Chen - Journal of the American Society for information Science ..., 2006	Chaomei Chen	1660
Theory and practise of the g-index L Egghe - Scientometrics, 2006	No profile	1473
Citation advantage of open access articles G Eysenbach - PLoS biology, 2006	Gunther Eysenbach	659
Comparison of the Hirsch-index with standard bibliometric indicators and with peer judgment for 147 chemistry research groups AFJ Van Raan - scientometrics, 2006	Anthony (Ton) F.J. van Raan	608
A Hirsch-type index for journals T Braun, W Glänzel, A Schubert - Scientometrics, 2006	András Schubert	564
A framework for authorship identification of online messages: Writing-style features and classification techniques R Zheng, J Li, H Chen, Z Huang - Journal of the American society ..., 2006	Rong Zheng	502
Is it possible to compare researchers with different scientific interests? PD Batista, MG Campiteli, O Kinouchi - Scientometrics, 2006	osame kinouchi	500

图 6.8　CiteSpace 经典论文在图书馆和信息科学论文中排名

方法

这里我们使用 Scopus 数据，以论文标题为 CiteSpace II: Detecting and visualizing emerging trends and transient patterns in scientific literature 来检索陈超美教授的这篇论文的基本引证信息，以及分析这篇论文施引文献集合的特征。结果显示，该论文在 Scopus 中被引用了 505 次（图 6.9）。点击论文后的数字 505，可以链接到这 505 篇施引文献的列表（图 6.10）。然后按照 Scopus 数据的下载步骤，将这些施引文献下载为 BibTex 格式。

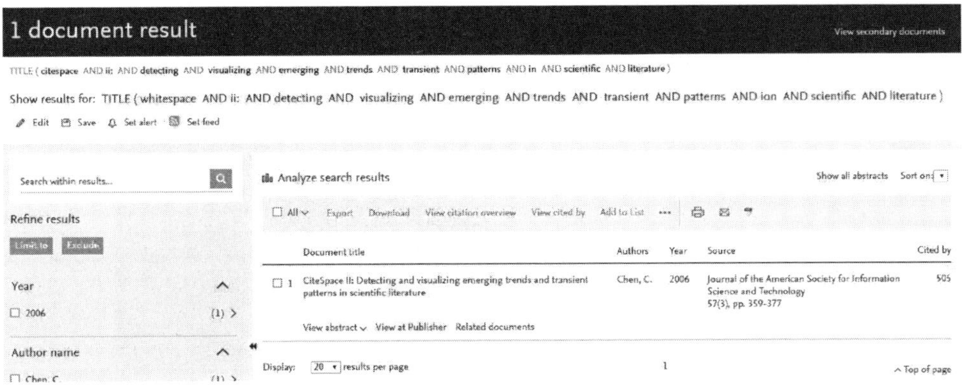

图 6.9 CiteSpace 经典论文的检索结果

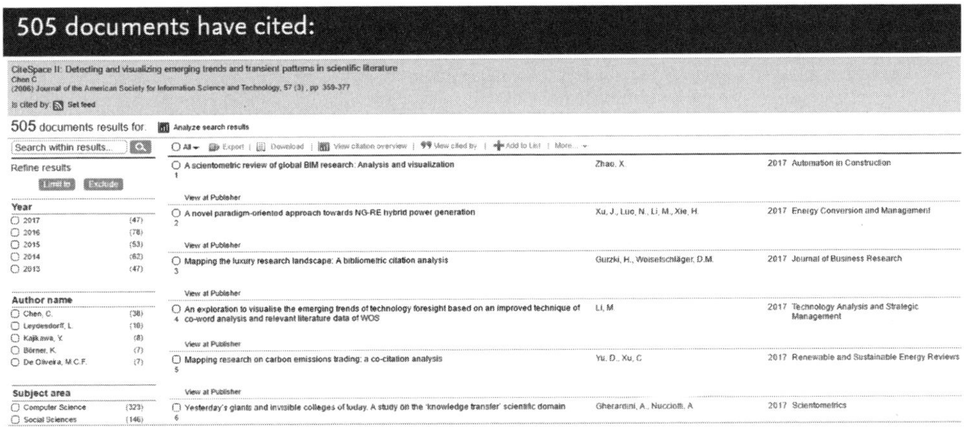

图 6.10 施引文献的列表信息

借助 Scopus 界面提供的分析功能，可以得到这些文献的基本分布。例如，图 6.11 是通过 Scopus 平台得到的文献集合 h 指数图。

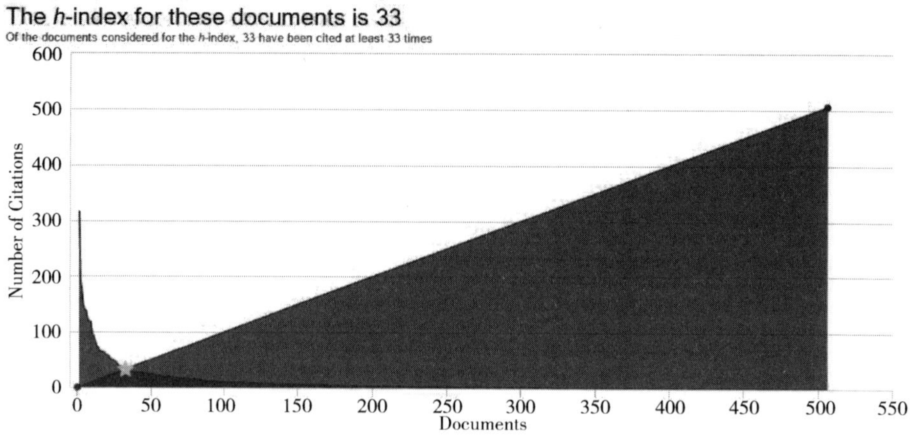

图 6.11 CiteSpace 经典论文的施引文献的 h 指数

结果

数据的载入、转换及描述性统计分析：

```
> library(bibliometrix) #加载包
> file <- "citespace.bib" #数据路径
> citespace <- convert2df(file, dbsource = "scopus", format =
"bibtex") #写入数据
## Converting your scopus collection into a bibliographic dataframe
## Done!
## Generating affiliation field tag AU_UN from C1:  Done!
```

描述性分析代码及结果：

```
> results <- biblioAnalysis(citespace,sep = ";") #描述统计
> summary(results, k = 10, pause = FALSE) #打印结果
```

Main Information about data（CiteSpace 经典论文施引文献基本信息）

```
Timespan                              2006 : 2017
 Sources (Journals, Books, etc)        276
 Documents                            505
 Average years from publication       8.21
```

```
 Average citations per documents        9.511
 Average citations per year per doc     0.8715
 References                             21040

DOCUMENT TYPES
 article               295
 book                  3
 book chapter          4
 conference paper      154
 editorial             5
 note                  1
 review                43
DOCUMENT CONTENTS
 Keywords Plus  (ID)                      2202
 Author's Keywords  (DE)                  1216

AUTHORS
 Authors                                 1062
 Author Appearances                      1589
 Authors of single-authored documents    51
 Authors of multi-authored documents     1011

AUTHORS COLLABORATION
 Single-authored documents               61
 Documents per Author                    0.476
 Authors per Document                    2.1
 Co-Authors per Documents                3.15
 Collaboration Index                     2.28
```

Annual Scientific Production（施引文献的年度分布）

```
 Year    Articles
    2006        4
    2007       23
    2008       23
    2009       43
    2010       41
    2011       37
```

```
    2012      47
    2013      47
    2014      62
    2015      53
    2016      79
    2017      46
 Annual Percentage Growth Rate 24.86108
```

Most Productive Authors（施引文献的作者分布）

```
     Authors          Articles Authors            Articles Fractionalized
1  CHEN C                41    CHEN C                           17.57
2  ZHANG J               13    LEYDESDORFF L                     5.50
3  ZHANG X               11    ZHANG J                           3.94
4  LEYDESDORFF L         10    SMALL H                           3.67
5  LI X                   9    YAN E                             3.50
6  WANG X                 9    KHAN GF                           3.00
7  KAJIKAWA Y             8    LUCIO-ARIAS D                     3.00
8  BRNER K                7    LI X                              2.99
9  CHEN H                 7    KAJIKAWA Y                        2.70
10 DE OLIVEIRA MCF        7    MUSTAFEE N                        2.67
```

Top manuscripts per citations（施引文献中的高被引文献）

```
                       Paper                         DOI   TC TCperYear   NTC
1 VAN ECK NJ,2010,SCIENTOMETRICS 10.1007/s11192-009-0146-3 315   6.25 12.12
2 JAHANGIRIAN M,2010,EUR J OPER RES 10.1016/j.ejor.2009.06.004 194   16.17 7.46
3 LEYDESDORFF L,2007,J AM SOC INF SCI TECHNOL 10.1002/asi.20614  174 11.60 9.03
4 BRAILSFORD SC, 2009, J SIMUL 10.1057/jos200910    147    11.31   9.27
5 VANCLAY JK,2012,SCIENTOMETRICS   10.1007/s11192-011-0561-0 140    14.00 8.67
6 BAR-ILAN J,2008, J INF 10.1016/j.joi.2007.11.001  138    9.86   6.67
7 COBO MJ,2011,J AM SOC INF SCI TECHNOL 10.1002/asi.21525  121 11.00   9.90
8 YAN E,2009,J AM SOC INF SCI TECHNOL 10.1002/asi.21128    119 9.15 7.50
9 CHEN C, 2010, J AM SOC INF SCI TECHNOL 10.1002/asi.21309    118   9.83   4.54
10 MOREAU L,2010, FOUND TRENDS WEB SCI 10.1561/1800000010  97   8.08   3.73
```

Most Productive Countries（施引文献作者的来源国家或地区）

```
        Country    Articles    Freq SCP MCP MCP_Ratio
1  CHINA                 105 0.3763  88  17     0.162
2  USA                    58 0.2079  47  11     0.190
3  UNITED KINGDOM         17 0.0609  11   6     0.353
4  NETHERLANDS            11 0.0394   8   3     0.273
5  BRAZIL                 10 0.0358   9   1     0.100
6  FRANCE                  9 0.0323   6   3     0.333
7  JAPAN                   9 0.0323   9   0     0.000
8  AUSTRALIA               6 0.0215   6   0     0.000
9  KOREA                   6 0.0215   6   0     0.000
10 GERMANY                 5 0.0179   3   2     0.400
SCP: Single Country Publications
MCP: Multiple Country Publications
```

Total Citations per Country（施引文献国家或地区的被引信息）

```
     Country       Total Citations Average Article Citations
1  USA                        1021                     17.60
2  NETHERLANDS                 812                     73.82
3  UNITED KINGDOM              597                     35.12
4  CHINA                       383                      3.65
5  SPAIN                       176                     58.67
6  AUSTRALIA                   146                     24.33
7  ISRAEL                      138                    138.00
8  JAPAN                        92                     10.22
9  CANADA                       90                     22.50
10 PAKISTAN                     74                     37.00
```

Most Relevant Sources（施引文献的来源）

```
          Sources
   1 SCIENTOMETRICS            2 JOURNAL OF THE AMERICAN SOCIETY FOR
INFORMATION SCIENCE AND TECHNOLOGY    3   JOURNAL OF INFORMETRICS
4  LECTURE NOTES IN COMPUTER SCIENCE
   5 12TH INTERNATIONAL CONFERENCE ON SCIENTOMETRICS AND INFORMETRICS
ISSI 2009    6  PROCEEDINGS OF THE INTERNATIONAL CONFERENCE ON
```

```
INFORMATION VISUALISATION    7  IEEE TRANSACTIONS ON VISUALIZATION AND
COMPUTER GRAPHICS        8  PROCEEDINGS OF ISSI 2007
    9 TECHNOLOGICAL FORECASTING AND SOCIAL CHANGE  10  WUHAN DAXUE
XUEBAO (XINXI KEXUE BAN)
     Articles
  1       68
  2       23
  3       19
  4       15
  5        8
  6        8
  7        7
  8        7
  9        6
  10       6
```

##Most Relevant Keywords（施引文献的作者关键词和补充关键词）

```
     Author Keywords  (DE)  Articles  Keywords-Plus (ID)      Articles
  1  CITESPACE                     48 VISUALIZATION                   84
  2  BIBLIOMETRICS                 44 RESEARCH                        68
  3  VISUALIZATION                 31  INFORMATION SYSTEMS            44
  4  SCIENTOMETRICS                27  DATA MINING                    43
  5  CITATION ANALYSIS             24  INFORMATION ANALYSIS           40
  6  INFORMATION VISUALIZATION     21  INFORMATION SCIENCE            34
  7  CO-CITATION ANALYSIS          20 BIBLIOMETRICS                   33
  8  SOCIAL NETWORK ANALYSIS       20  INFORMATION VISUALIZATION      32
  9  VISUALIZATION ANALYSIS        15  DATA VISUALIZATION             31
  10 BIBLIOMETRIC ANALYSIS         14  CITATION ANALYSIS              28
```

国家或地区的相关矩阵，可视化结果如图 6.12 所示。

```
> citespace<-metaTagExtraction(citespace,Field="AU_CO",sep=";") #提取国家或地区信息
> AU_CO<-cocMatrix(citespace,Field="AU_CO",type="sparse",sep=";") #构建文献×国家矩阵
> NetMatrix_dataframe<-as.data.frame.matrix(AU_CO)  #矩阵转数据框
> AU_CO_D<-cor(NetMatrix_dataframe)  #国家或地区相关矩阵
```

```
> round(AU_CO_D,digits=2)  #小数点保留2位
##     SINGAPORE CROATIA COLOMBIA CHILE BELGIUM  CUBA SWEDEN IRELAND
AUSTRALIA          -0.01   -0.01   -0.01 -0.01 -0.01 -0.01  -0.01 -0.01
CHINA             -0.05   -0.04   -0.04 -0.04 -0.03 -0.06  -0.06 -0.04
ITALY             -0.01    0.00    0.00  0.00 -0.01 -0.01  -0.01  0.00
GERMANY            -0.01   -0.01   -0.01 -0.01 0.13 -0.01  -0.01 -0.01
SPAIN             -0.01   -0.01   -0.01 -0.01 -0.01  0.21  -0.01 -0.01
UNITED STATES     -0.03   -0.02   -0.02 -0.02  -0.05 -0.04  -0.04  -0.02
BRAZIL            -0.01  -0.01  -0.01 -0.01  -0.02 -0.02 -0.02  -0.01
UNITED KINGDOM -0.02  -0.01 -0.01 -0.01  -0.02 -0.02  -0.02  -0.01
```

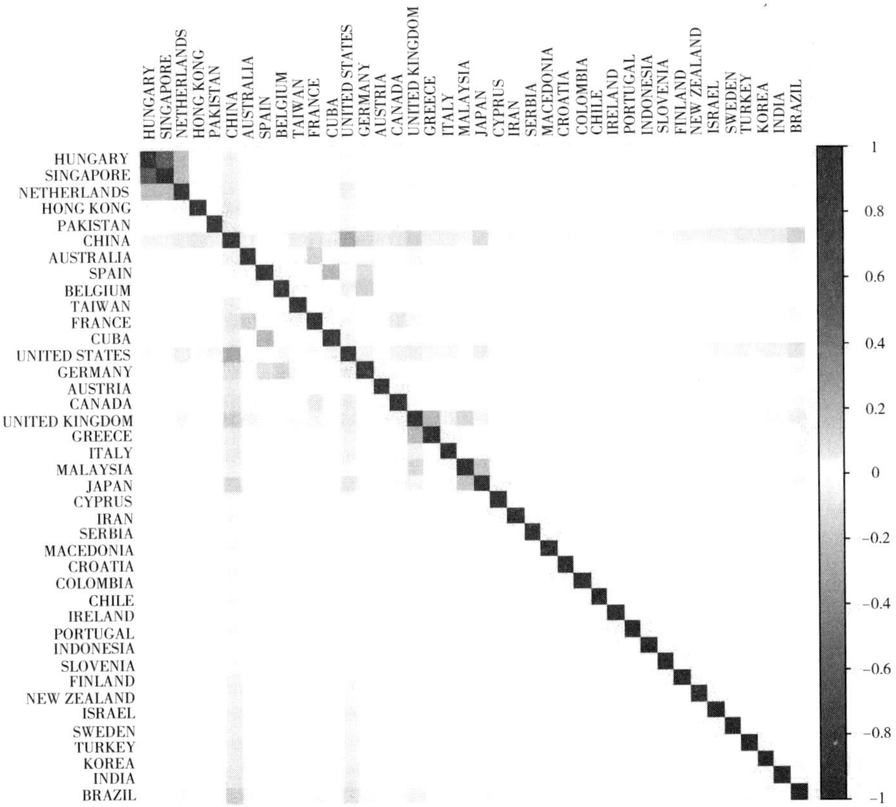

图 6.12　国家或地区的相关矩阵

```
HONG KONG       0.00   0.00   0.00  0.00  -0.01  0.00   0.00  0.00
CANADA         -0.01  -0.01  -0.01 -0.01  -0.01 -0.01  -0.01 -0.01
ISRAEL          0.00   0.00   0.00  0.00  -0.01 -0.01  -0.01  0.00
                              （略……）
> library(corrplot)  #加载包
> col<-colorRampPalette(c("#BB4444","#EE9988","#FFFFFF","#77AADD","#4
477AA"))  #颜色设置
> corrplot(AU_CO_D,method="shade",shade.col= NA,tl.col="black",
tl.srt=90,order="AOE",tl.cex=0.8,col=col(200))  #可视化
```

相关矩阵的其他表达（如图 6.13 所示）。

```
> corrplot(AU_CO_D,diag=FALSE,order="hclust",addrect=5,rect.lwd=
1.3,rect.col="red",tl.cex=0.8,tl.col="black")  #可视化
```

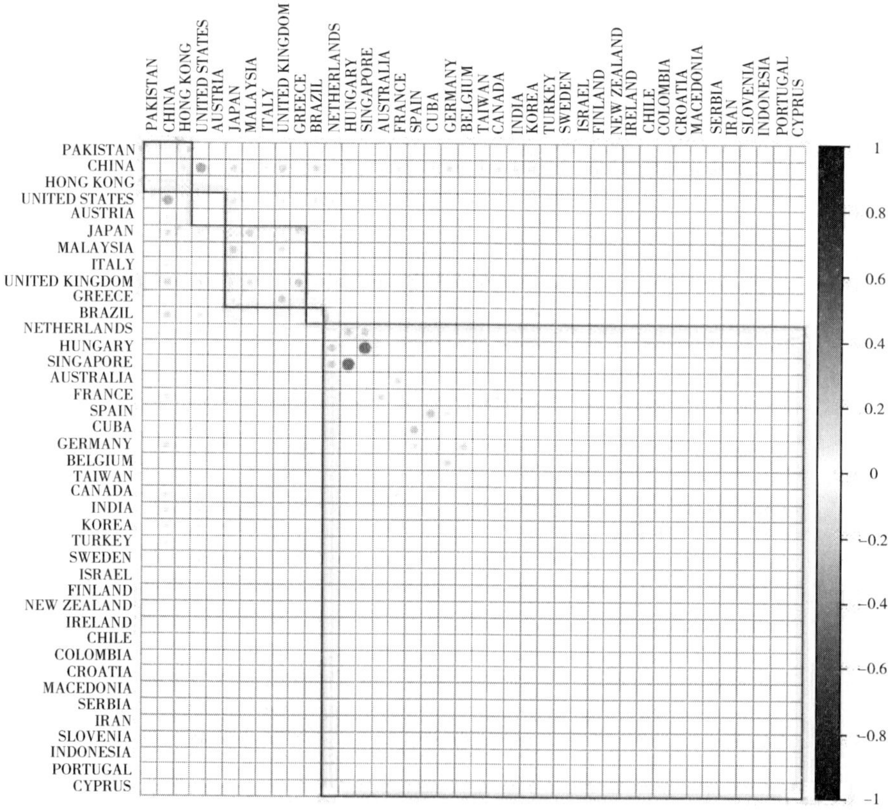

图 6.13　国家或地区相关矩阵

国家或地区的合作网络分析。可视化结果如图 6.14 所示。

```
> NetMatrix<-biblioNetwork(citespace,analysis="collaboration",network="countries",sep=";")  # 构建合作网络
> net<-networkPlot(NetMatrix,n=39,Title="",type="fruchterman",size=T, labelsize=0.7,community.repulsion=0,weighted=TRUE,edgesize=1,halo=TRUE,curved=TRUE,remove.multiple=T, remove.isolates=T)  # 网络可视化
```

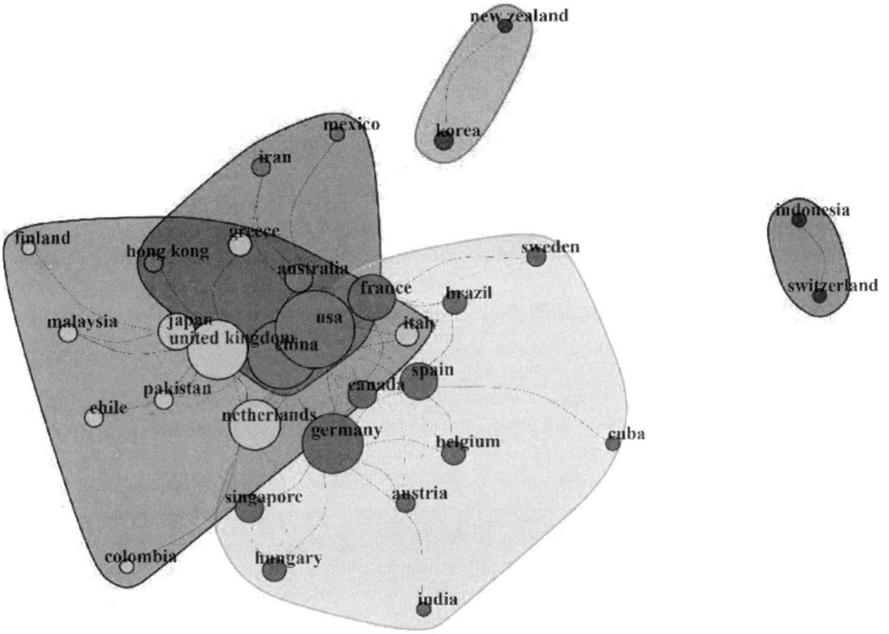

图 6.14　国家或地区的合作网络

使用 VOSviewer 对关键词共现的可视化，如图 6.15 所示。

```
> NetMatrix <-biblioNetwork(citespace, analysis="co-occurrences",network="author_keywords", sep=";")  # 构建共词网络
> net<-networkPlot(NetMatrix, n=100,labelsize=0.5, Title="Keyword Co-occurrences", size=T, remove.multiple=T)  # 网络可视化
net2VOSviewer(net)  #VOSviewer 可视化
##[1] 0
```

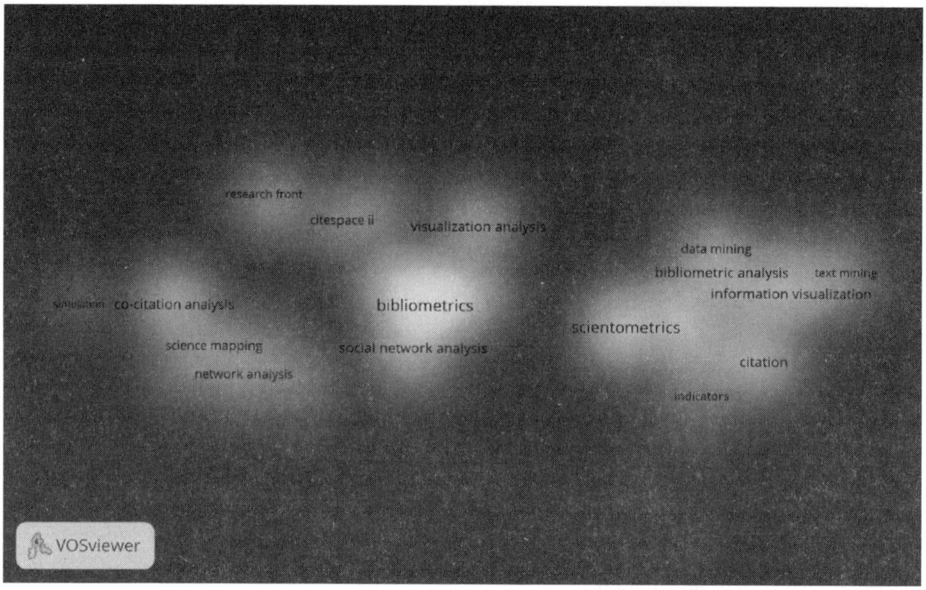

图 6.15　引用 CiteSpace 经典论文的作者关键词分析（network = “author_keywords”）

采用类似的方法对补充关键词共现分析的可视化，结果如图 6.16 所示。

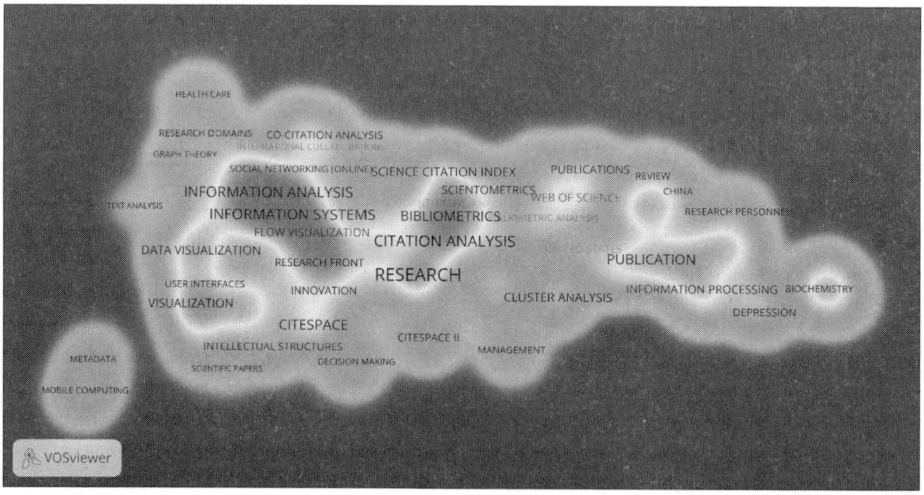

图 6.16　引用 CiteSpace 经典论文的补充关键词分析（network = “keywords”）

6.3　特定机构的论文计量

问题

荷兰莱顿大学科学技术研究中心（Centre for Science and Technology Studies，图 6.17）是科学数据可视化的重要单位，在世界上有重要影响。这里以分析该机构产出的论文，作为特定机构论文研究的实例。

图 6.17　荷兰莱顿大学科学技术研究中心标志

方法

在 Web of Science 核心库的高级检索功能界面（图 6.18），以地址检索该组织的研究论文，最后共得到该机构在核心数据集（包含了 SCI-EXPANDED，SSCI，A&HCI，CPCI-S，CPCI-SSH）中收录的论文 340 篇。在检索结果界面中，将结果保存为 BibTex 格式。

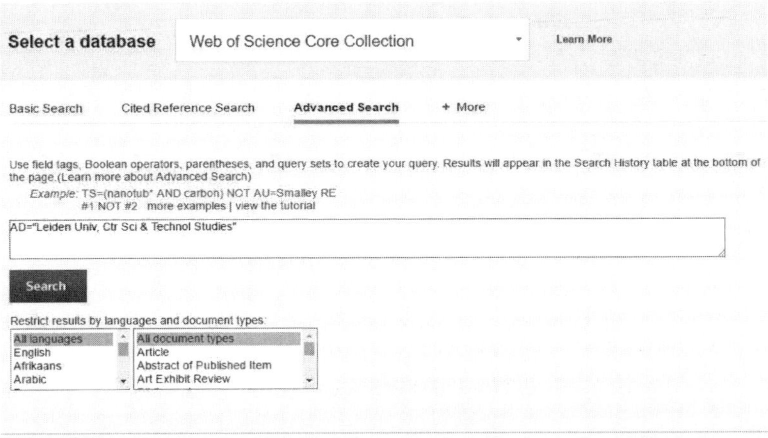

图 6.18　检索条件设置

结果

通过数据库提供的引证报告分析界面，得到了 1991—2017 年 340 篇论文被引证的基本信息。这些论文共被 5 168 篇论文引用了 8 858 次（去除自引后为 7 995），论文的平均被引次数达到了 26.05 次，论文集合的 h 指数达到了 52 次（图 6.19）。

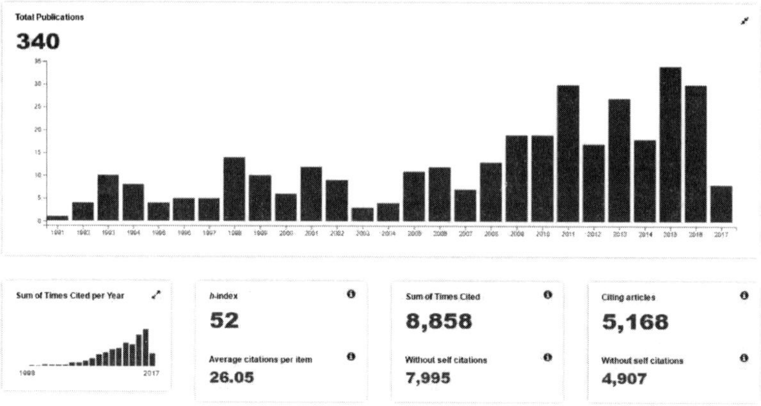

图 6.19　CWTS 论文的引证结果

CWTS 论文数据读取和转换：

```
> library(bibliometrix)  #加载包
> file<-"CWTS.bib"  #确保数据存放在工作文件夹下，通过 getwd()函数获取工作目录
> ISWC <-convert2df(file, dbsource="isi",format="bibtex")  #数据格式转换
## Converting your isi collection into a bibliographic dataframe
## Done!
## Generating affiliation field tag AU_UN from C1:  Done!
```

描述性统计分析的执行：

```
> results <- biblioAnalysis(CWTS,sep=";")  #描述统计
> summary(results, k=10,pause=FALSE)  #描述统计结果总结
```

340 篇论文的基本分布：

```
## N INFORMATION ABOUT DATA

 Timespan                                1991 : 2017
 Sources (Journals, Books, etc)            67
 Documents                               340
 Average years from publication          13
 Average citations per documents         26.05
 Average citations per year per doc      1.723
 References                              5724

DOCUMENT TYPES
 article                           220
 article; proceedings paper        41
 biographical-item                 2
 book review                       2
 correction                        1
 editorial material                19
 letter                            8
 meeting abstract                  1
 note                              1
 proceedings paper                 43
 review                            2

DOCUMENT CONTENTS
 Keywords Plus (ID)                        512
 Author's Keywords (DE)                    464

AUTHORS
 Authors                                 220
 Author Appearances                      825
 Authors of single-authored documents    22
 Authors of multi-authored documents     198

AUTHORS COLLABORATION
 Single-authored documents               86
 Documents per Author                    1.55
```

```
Authors per Document                          0.647
 Co-Authors per Documents                      2.43
 Collaboration Index                           0.78
```

```
## Annual Scientific Production
```

```
 Year    Articles
    1991         1
    1992         4
    1993        10
    1994         8
    1995         4
    1996         5
    1997         5
    1998        14
    1999        10
    2000         6
    2001        12
    2002         9
    2003         3
    2004         4
    2005        11
    2006        12
    2007         7
    2008        13
    2009        19
    2010        19
    2011        30
    2012        17
    2013        27
    2014        18
    2015        34
    2016        30
    2017         8
Annual Percentage Growth Rate 8.32638
```

```
## Most Productive Authors
```

```
   Authors          Articles Authors          Articles Fractionalized
1  WALTMAN L              56 VAN RAAN AFJ                       34.9
2  VAN RAAN AFJ           55 MOED HF                            25.8
3  MOED HF                51 WALTMAN L                          25.1
4  VAN LEEUWEN TN         48 TIJSSEN RJW                        19.7
5  VAN ECK NJ             43 VAN LEEUWEN TN                     16.4
6  TIJSSEN RJW            39 VAN ECK NJ                         15.6
7  COSTAS R               33 NOYONS ECM                         13.3
8  NOYONS ECM             30 VANRAAN AFJ                        11.8
9  VANRAAN AFJ            19 COSTAS R                           11.4
10 VISSER MS              16 NEDERHOF AJ                         8.0
```

```
## Top manuscripts per citations
```

```
                Paper                          DOI   TC TCperYear  NTC
1 VAN RAAN AFJ,2006,SCIENTOMETRICS  10.1556/Scient.67.2006.3.10 285 17.81 4.36
2 VAN RAAN AFJ,2005,SCIENTOMETRICS 10.1007/s11192-005-0008-6 275 16.18 6.81
3 MOED HF,1995,SCIENTOMETRICS   10.1007/BF02017338   272 10.07 3.12
4 VAN ECK NJ,2010,SCIENTOMETRICS  10.1007/s11192-009-0146-3 260  21.67 4.57
5 NEDERHOF AJ,2006,SCIENTOMETRICS 10.1007/s11192-006-0007-2 239 14.94 3.65
6 MOED HF,2010,J INFORMETR    10.1016/j.joi.2010.01.002 204  17.00 3.59
7 VANRAAN AFJ,1996,SCIENTOMETRICS  NA               181       6.96 2.18
8 VAN LEEUWEN TN, 2001, SCIENTOMETRICS 10.1023/A:1010549719484 161 7.67 5.19
9 WALTMAN L, 2011, J INFORMETR  10.1016/j.joi.2010.08.001 150 13.64 9.24
10 MOED HF, 1996, NATURE            10.1038/381186a0     140   5.38 1.69
```

```
## Most Productive Countries
```

```
     Country Articles    Freq SCP MCP MCP_Ratio
1  NETHERLANDS      272 0.81194 229  43     0.158
2  SPAIN             15 0.04478   0  15     1.000
3  USA                8 0.02388   0   8     1.000
4  GERMANY            6 0.01791   0   6     1.000
5  BELGIUM            5 0.01493   0   5     1.000
6  CANADA             5 0.01493   0   5     1.000
7  SWEDEN             4 0.01194   0   4     1.000
```

```
8  DENMARK            3 0.00896   0   3      1.000
9  NORWAY             3 0.00896   0   3      1.000
10 AUSTRALIA          2 0.00597   0   2      1.0008
```

Total Citations per Country

```
    Country       Total Citations Average Article Citations
1    NETHERLANDS             8025                     28.97
2    SPAIN                    254                     16.93
3    USA                      148                     18.50
4    FINLAND                  137                    137.00
5    BELGIUM                   79                     15.80
6    AUSTRALIA                 74                     37.00
7    CANADA                    36                      7.20
8    ITALY                     26                     13.00
9    GERMANY                   24                      4.00
10   DENMARK                   18                      6.00

SCP: Single Country Publications
MCP: Multiple Country Publications

Total Citations per Country

      Country       Total Citations Average Article Citations
1  NETHERLANDS                 8020                     29.49
2  SPAIN                        254                     16.93
3  USA                          148                     18.50
4  FINLAND                      137                    137.00
5  BELGIUM                       79                     15.80
6  AUSTRALIA                     74                     37.00
7  CANADA                        36                      7.20
8  ITALY                         26                     13.00
9  GERMANY                       24                      4.00
10 DENMARK                       18                      6.00
```

Most Relevant Sources

```
                                                            Sources
    1 SCIENTOMETRICS
    2 JOURNAL OF INFORMETRICS
    3 JOURNAL OF THE AMERICAN SOCIETY FOR INFORMATION SCIENCE
ANDTECHNOLOGY
    4 RESEARCH EVALUATION
    5 RESEARCH POLICY
    6 PLOS ONE
    7 14TH INTERNATIONAL SOCIETY OF SCIENTOMETRICS AND INFORMETRICS
CONFERENCE(ISSI)
    8  NATURE
    9  JOURNAL OF THE AMERICAN SOCIETY FOR INFORMATION SCIENCE
    10 PROCEEDINGS OF ISSI 2011: THE 13TH CONFERENCE OF THE
INTERNATIONAL SOCIETY FOR SCIENTOMETRICS AND INFORMETRICS VOLS 1 AND 2
       Articles
    1       109
    2        32
    3        24
    4        24
    5        16
    6        13
    7         9
    8         8
    9         7
    10        7
```

Most Relevant Keywords

```
     Author Keywords (DE)  Articles  Keywords-Plus (ID)     Articles
    1  BIBLIOMETRICS              19 SCIENCE                      77
    2  CITATION ANALYSIS          19 INDICATORS                   46
    3  BIBLIOMETRIC INDICATOR      7 IMPACT                       29
    4 FIELD NORMALIZATION         6 RESEARCH PERFORMANCE          23
    5 PUBLICATIONS                6 JOURNALS                      20
    6 SCOPUS                      6 CITATION                      19
    7 BIBLIOMETRIC INDICATORS     5 PERFORMANCE                   19
```

```
8 BIBLIOMETRIC MAPPING              5 BIBLIOMETRIC INDICATORS         16
9 CITATION                          5 NETWORKS                        16
10 COLLABORATION                     5 COLLABORATION                  13
```

CWTS 机构的主题结构（基于标准化后的作者关键词）。结果如图 6.20 至图 6.23 所示。

```
> CS <-conceptualStructure(CWTS,field="DE_TM", ngrams=1,minDegree=
3,k.max=8,labelsize=10)  # 概念结构分析
```

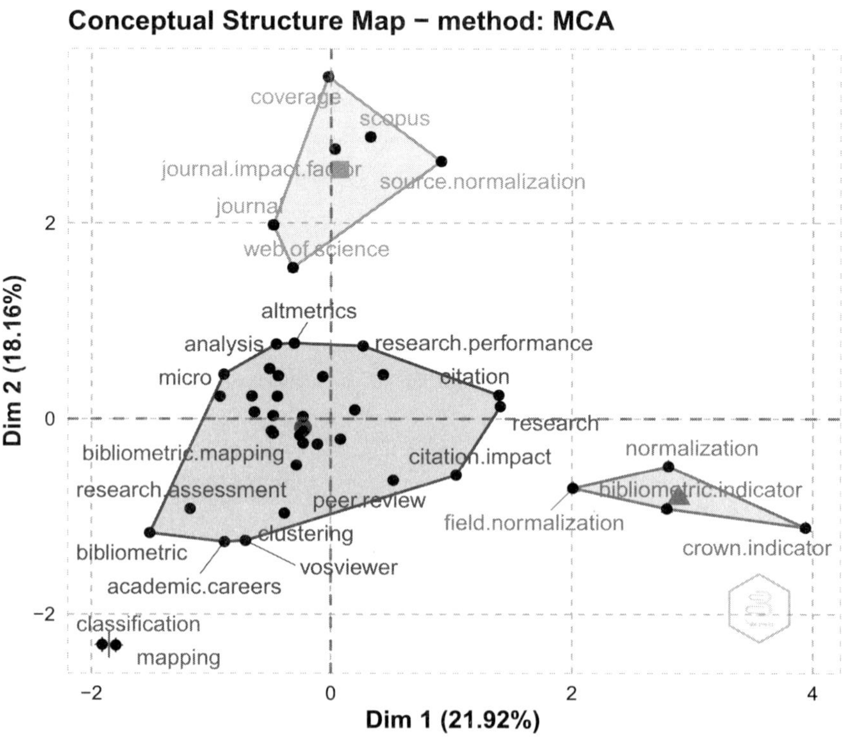

图 6.20　CWTS 研究主题的术语结构

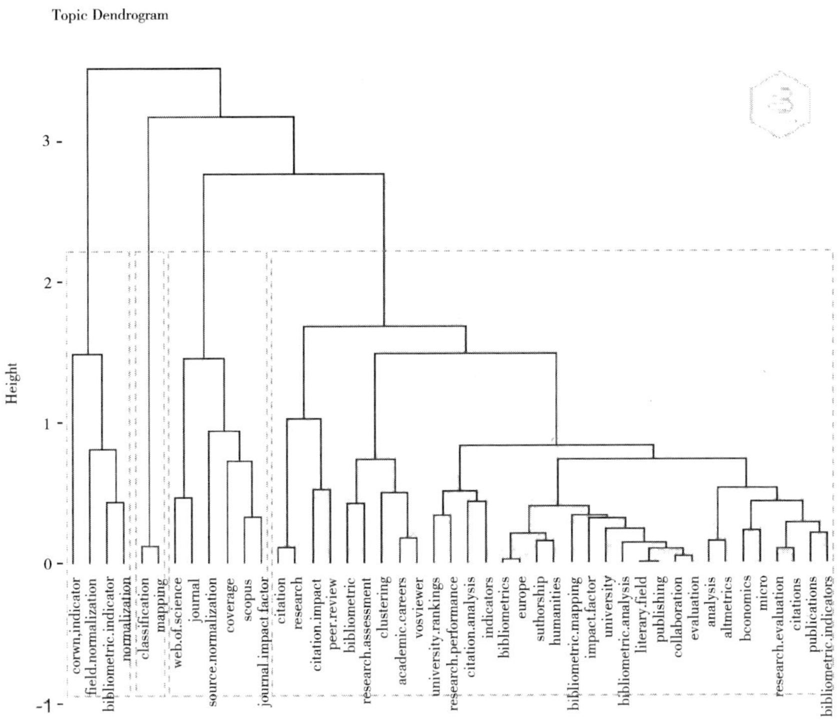

图 6.21　CWTS 术语层次聚类

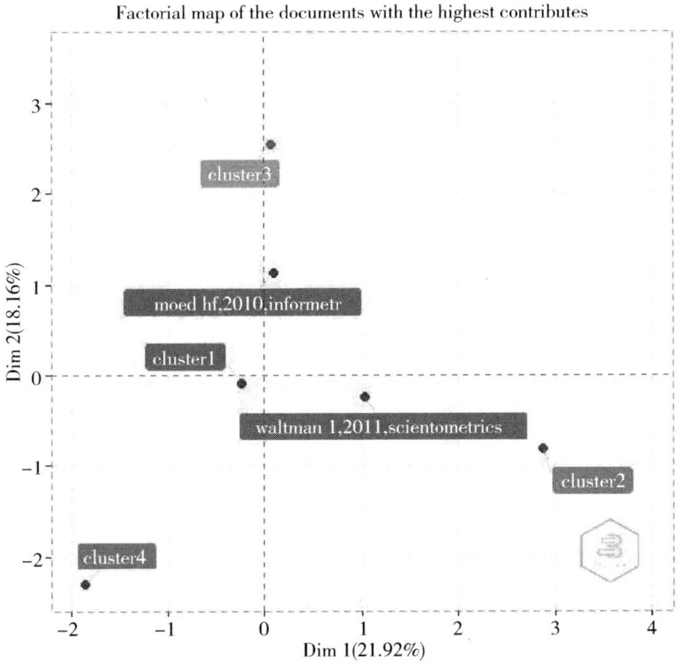

图 6.22　CWTS 研究主题的高贡献文档结构

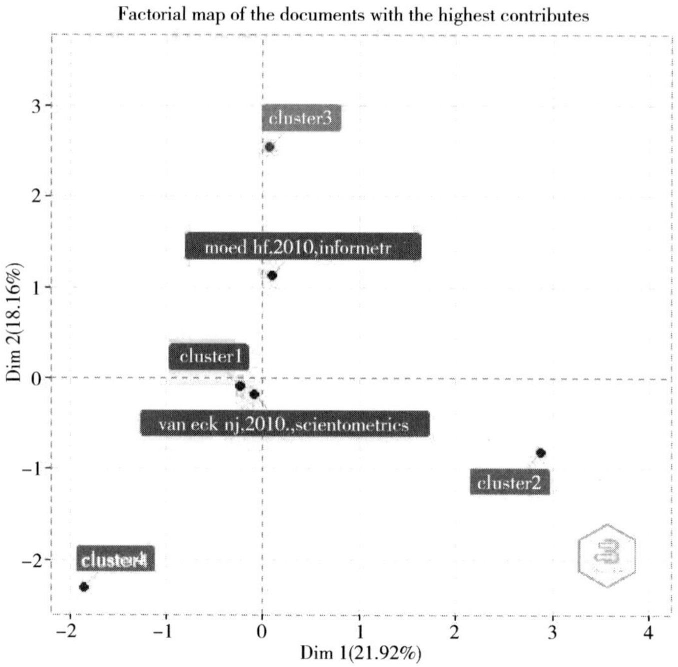

图 6.23　CWTS 研究主题的高被引文档结构

研究主题的时序累积趋势。

```
> CWTS <-termExtraction(CWTS,Field="DE",ngrams=1,remove.numbers= TR
UE,verbose=TRUE,stemming=TRUE)   #作者关键词清洗
```

分析过程和可视化，结果如图 6.24 所示。

```
        NA BIBLIOMETR    ANALYSI      CITAT       INDIC      IMPACT
       214         50         44         38          29          24
    SCIENC        MAP      FIELD    NETWORK      NORMAL     JOURNAL
        22         15         14         14          14          13
    PUBLIC   COLLABOR   SCIENTIF      EVALU      ACADEM     CLASSIF
        12         11         11         10           8           8
     COUNT     FACTOR    PERFORM       RANK      SYSTEM      CAREER
         8          8          8          8           8           7
DISTRIBUT
         7
```

```
> topKW <-KeywordGrowth(CWTS,Tag="DE_TM",sep=";",top=20,cdf=T)
#关键词时序频率统计
> topKW2 <- topKW[,-2]  #输出 NA 字符
> library(reshape2)  #加载包
> library(tidyverse)  #加载包
> DF <-melt(topKW2,id ='Year')  #宽数据变长数据
> ggplot(filter(DF,!is.na(variable)),
      aes(Year,value,group=variable,color=variable))+
  geom_line(size=1)+
  ggtitle(label="Aothors'Keywords",
subtitle="The cumulative occurrences distribution")+
  geom_point(size=4,shape=1)+
scale_x_continuous(limits=c(1996,2020),breaks=seq(1996,2020,3))
#可视化
```

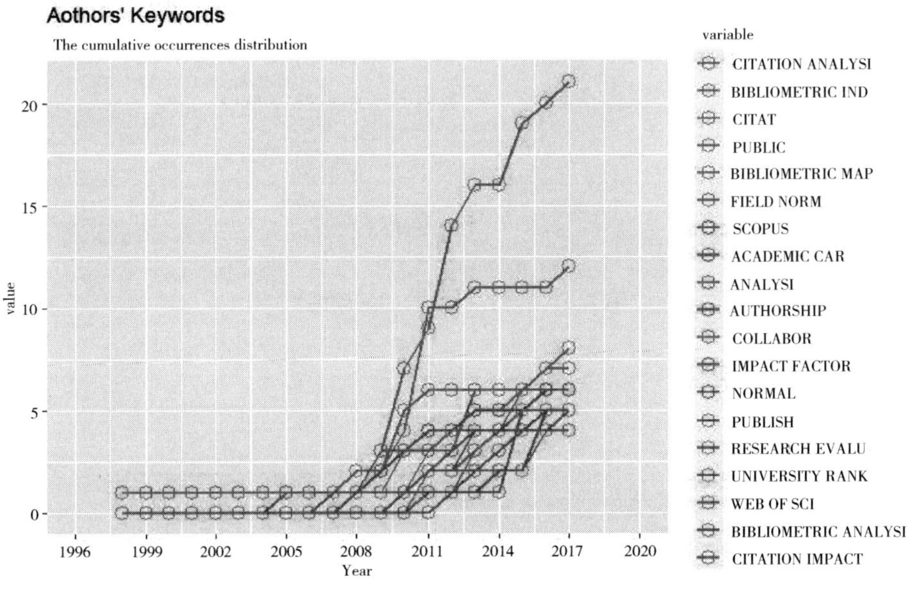

图 6.24　关键词的累积趋势

研究机构“三段”图分析过程如下，可视化结果如图 6.25 所示。

```
> threeFieldsPlot(CWTS,fields=c("DE","AU","CR"),n=c(20,20,20))
#桑基图
```

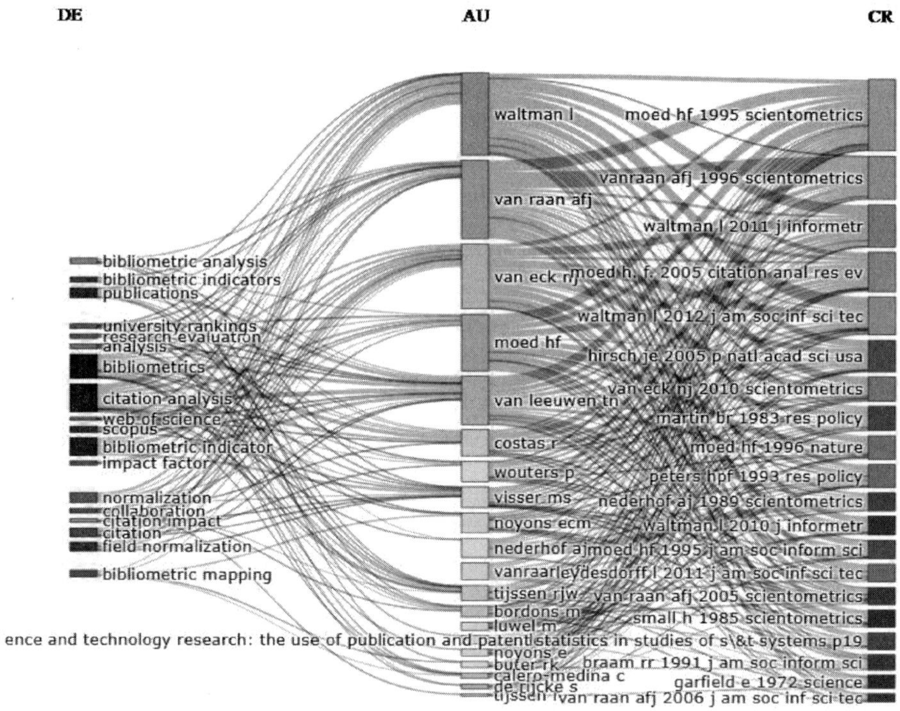

图 6.25　研究机构的“三段图”

研究机构主题演进图谱，如图 6.26 所示。

```
> timespan <- c(1996,2020)  #时间范围
> res <- fieldByYear(CWTS, field = "ID", timespan = timespan,
                    min.freq = 5, n.items = 5, graph = TRUE)  #可视化
```

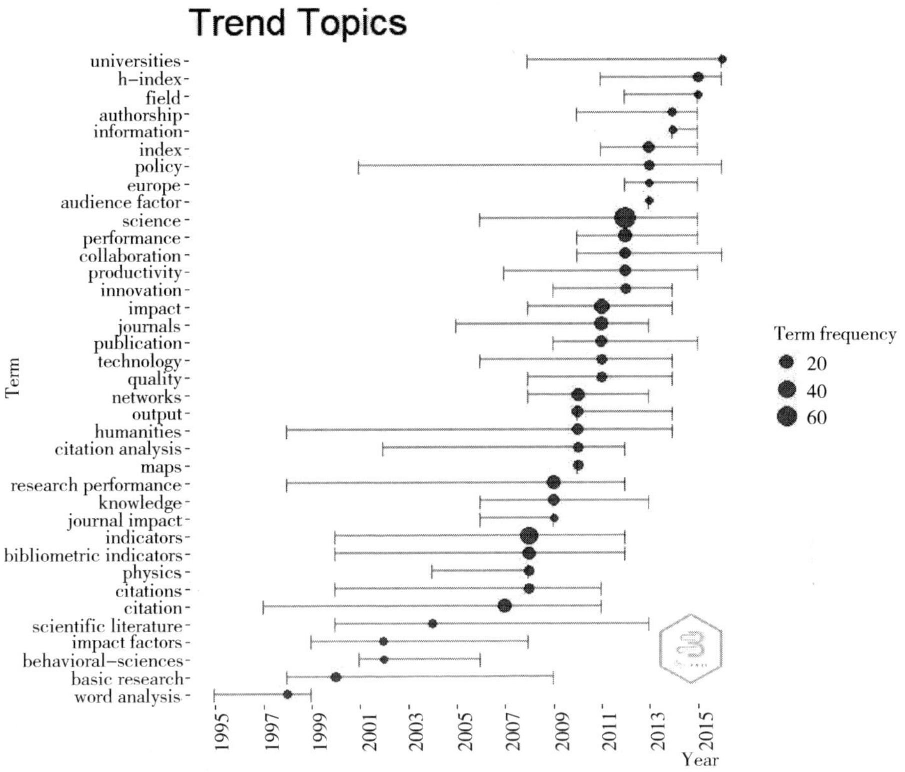

图 6.26　CWTS 研究主题演进图谱

6.4　特定期刊的比较计量

问题

Journal of Informetrics[1] 和 *Scientometrics*[2] 是科学计量学界最具代表性的两本旗舰期刊（图 6.27），为了了解 2016 年两本期刊刊载论文的整体分布及其

---

[1] *Journal of Informetrics* 期刊是由荷兰爱思唯尔出版集团出版的学术期刊，其创刊于 2007 年，首任主编为 G 指数的提出者 Leo Egghe。当前的主编是莱顿大学的研究员 Ludo Waltman。在 JCR 2016 中的影响因子为 2.920，在 Computer Science, Interdisciplinary Applications 中排名为 22/105，在 Information Science & Library Science 中的排名为 12/85。

[2] *SCIENTOMETRICS* 期刊是由德国施普林格出版集团出版的学术期刊，其创刊于 1978 年，首任主编由比利时科学研究院 Tibor Braun 担任主编，当前的主编是比利时鲁汶大学（KU Leuven）Wolfgang Gl?nzel 教授。其在 JCR 2016 中的影响因子为 2.147，在 computer Science, Interdisciplinary Applications 中排名 42/105，在 information Science & Library Science 中排名为 21/85。

主题的组成，我们使用科学计量与可视化的方法来进行分析和研究❶。

图 6.27　JOI 和 SCIM 杂志封面

方法

在 Web of Science 中使用期刊检索，分别获取 *Journal of Informetrics*（简称 JOI）和 *Scientometrics*（简称 SCIM）期刊的文献题录数据（图 6.28）。例如，在字段名称后分别选择出版物名称和出版年，之间使用布尔逻辑 and 连接。在出版物名称中输入 Scientometrics，在出版年中输入 2016，并点击“检索”达到结果页面。然后，按照本书第二讲中的步骤将数据导出即可。

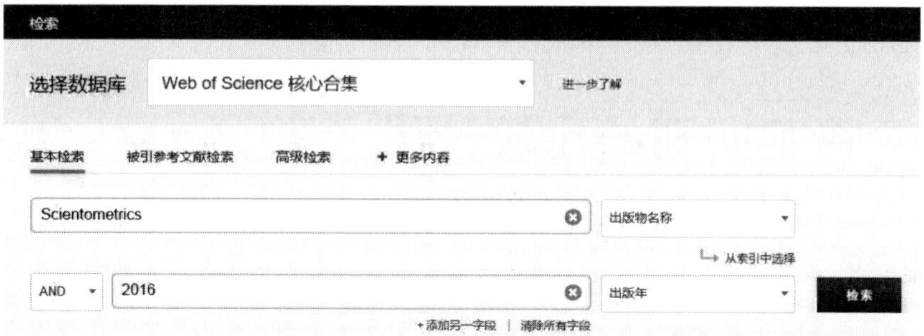

图 6.28　获取 SCIM 的数据

---

❶ 对于这部分内容，读者可以从 CNKI 等全文数据库中下载对特定期刊进行科学计量学研究的论文，例如：

[1] 王玲，王丽丹 . Scientometrics2000~2014 年载文分析 [J]. 图书情报研究,2016(01):68-73.

[2] 周海花，华薇娜 . 从世界顶级计量学期刊看信息计量学和科学计量学的现状及发展——Journal of Informetrics 和 Scientometrics 发文分析 [J]. 现代情报,2014(2):115-120.

[3] 侯海燕,刘则渊,克雷奇默，等 . 中国科学计量学国际合作网络研究 [J]. 科研管理,2009(3):172-179.

结果

数据整体分布

共检索到 2016 年发表在 SCIM 的论文 379 篇，发表在 JOI 的论文 104 篇。SCIM 和 JOI 在 2016 年的论文 h 指数分别为 5 和 7，论文平均被引频次分别为 1.03 和 1.88，这两项指标 JOI 都要好于 SCIM（图 6.29）。

图 6.29　SCIM 和 JOI 在 2016 年发文的情况

在 D 盘建立文件夹“JOI”和“SCIM”，将下载的 txt 文件分别放在两个文件夹中，然后通过 R 来进行分析。

期刊详细比较

（1）JOI 期刊的分析结果

① JOI 数据的读取。

```
> library(bibliometrix)  #加载数据
> file_joi<-"data_joi.txt"  #数据路径
> JOI<-convert2df(file_joi,dbsource="isi",format="plaintext")  #写入数据
> results<-biblioAnalysis(JOI,sep=";")  #描述统计
> summary(results,k=10,pause=FALSE)  #统计结果总结
```

②JOI 期刊论文数据的整体分布。

```
## MAIN INFORMATION ABOUT DATA
 Timespan                                    2016:2016
 Sources (Journals, Books, etc)                1
 Documents                                   104
 Average years from publication        5
 Average citations per documents        1.875
 Average citations per year per doc    0.3125
 References                            2995

DOCUMENT TYPES
 article                     79
 correction                  1
 editorial material          20
 letter                      2
 review                      2

DOCUMENT CONTENTS
 Keywords Plus (ID)                          309
 Author's Keywords (DE)                      307

AUTHORS
 Authors                                     210
 Author Appearances                          263
 Authors of single-authored documents        23
 Authors of multi-authored documents         187

AUTHORS COLLABORATION
 Single-authored documents                   31
 Documents per Author                        0.495
 Authors per Document                        2.02
 Co-Authors per Documents                    2.53
 Collaboration Index                         2.56
```

③ JOI 作者的来源和合作分析。

```
## Most Productive Authors

   Authors          Articles Authors          Articles Fractionalized
1  BORNMANN,L             11   THELWALL,M                        6.50
2  THELWALL,M              7   WALTMAN,L                         5.08
3  WALTMAN,L               7   BORNMANN,L                        4.67
4  ABRAMO,G                6   ABRAMO,G                          2.50
5  D'ANGELO,C              5   HAUNSCHILD,R                      2.33
6  HAUNSCHILD,R            5   D'ANGELO,C                        2.17
7  ROUSSEAU,R              5   ROUSSEAU,R                        2.05
8  SONG,M                  3   MUTZ,R                            1.25
9  DI,Z                    2   ABBASI,A                          1.00
10 FRANCESCHINI,F          2   CHI,S                             1.00
```

④ JOI 作者的合作网络分析。

```
> NetMatrix<-biblioNetwork(JOI,analysis="collaboration",network=
"authors",sep=";") #作者合作网络
> net <-networkPlot(NetMatrix, n=50,type="fruchterman",Title= "au
thors'Collaboration",labelsize=0.5,community.repulsion=0, remove.
isolates= TRUE, size=F) #网络可视化
```

JOI 作者合作网络的可视化分析结果如图 6.30 所示。

⑤ JOI 发文来源国家或地区的分析。

```
## Corresponding Author's Countries
          Country Articles   Freq SCP MCP MCP_Ratio
1  CHINA                11 0.1068   5   6    0.5455
2  ITALY                11 0.1068  10   1    0.0909
3  NETHERLANDS          10 0.0971   8   2    0.2000
4  GERMANY               9 0.0874   6   3    0.3333
5  UNITED KINGDOM        8 0.0777   8   0    0.0000
6  USA                   7 0.0680   3   4    0.5714
7  BELGIUM               6 0.0583   5   1    0.1667
8  KOREA                 4 0.0388   4   0    0.0000
9  SWITZERLAND           4 0.0388   1   3    0.7500
```

```
10 FRANCE                    3 0.0291   2   1    0.3333

## SCP: Single Country Publications
## MCP: Multiple Country Publications

## Total Citations per Country
      Country       Total Citations Average Article Citations
1  NETHERLANDS                   33                     3.300
2  ITALY                         31                     2.818
3  UNITED KINGDOM                27                     3.375
4  CHINA                         22                     2.000
5  GERMANY                       22                     2.444
6  SWEDEN                        10                     3.333
7  BELGIUM                        6                     1.000
8  SOUTH AFRICA                   6                     6.000
9  USA                            6                     0.857
10 FINLAND                        5                     2.500
```

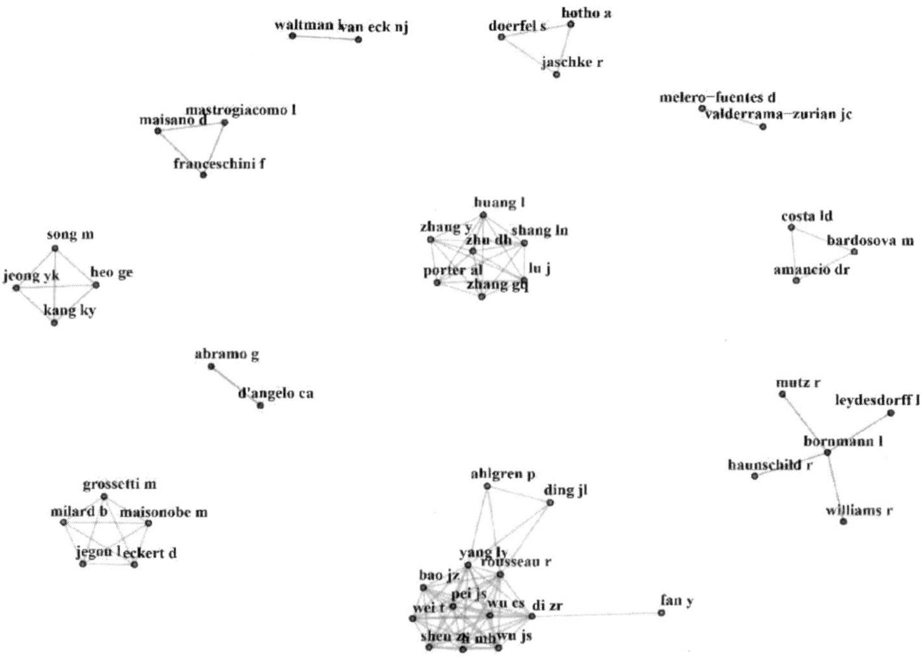

图 6.30　JOI 作者的合作网络分析

JOI 国家或地区的合作网络可视化，结果如图 6.31 所示。

```
    > JOI <-metaTagExtraction(JOI,Field="AU_CO")  #提供国家或地区信息
    > NetMatrix<-biblioNetwork(JOI,analysis="collaboration",network=
"countries",sep=";")  #构建国家合作网络
    > net <- networkPlot(NetMatrix,
                         n=50,
                         type="fruchterman",
                         Title="countries' Collaboration",
                         Labelsize=1,
    community.repulsion=0,
                         remove.isolates=TRUE,
                         size=F)  #可视化
```

图 6.31　JOI 国家或地区的合作网络

⑥ JOI 的关键词结构图。

a）JOI 的高频补充关键词词频分布和结构，见图 6.32。

```
> Tab<-tableTag(JOI,Tag="ID",sep=";",ngrams=1)  # 词频统计
> Tab[1:10]  # 打印词频排名前 10 的术语
## Tab
        SCIENCE              IMPACT         INDICATORS       PERFORMANCE
             23                  20                 14                12
        H-INDEX                 WEB CITATION IMPACT             JOURNALS
              9                   9                  8                 8
          INDEX          PATTERNS
              6                 6
> CS<-conceptualStructure(JOI,field="ID",minDegree=3,k.max=5,
stemming=FALSE,labelsize=10)  # 概念结构地图
```

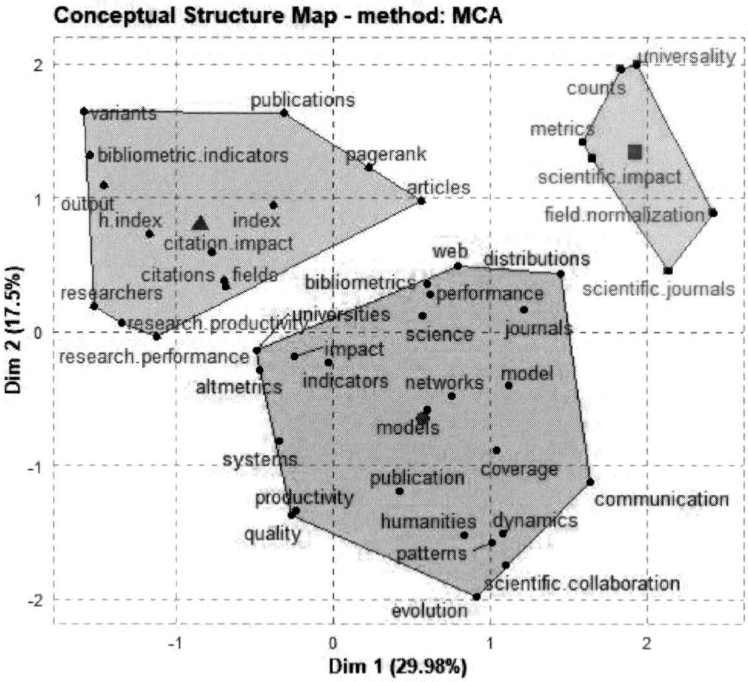

图 6.32　JOI 补充关键词结构

补充关键词的共现网络分析，见图 6.33。

```
> NetMatrix<-biblioNetwork(JOI,analysis="co-occurrences",network=
"keywords",sep=";")  #共词网络
> net<-networkPlot(NetMatrix,n=50,community.repulsion=
0,noloops=TRUE,remove.isolates=TRUE,Title="Keyword Co-occurrences", lab
elsize=0.5,type="kamada",size=T)  #共词网络可视化
```

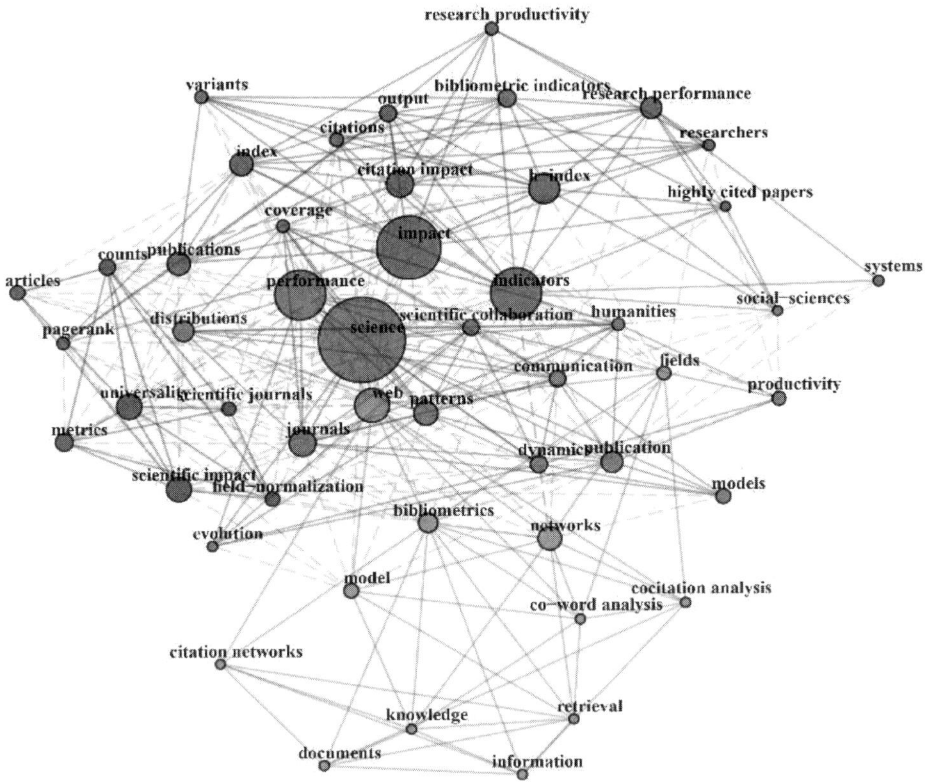

图 6.33　JOL 补充关键词的共现网络

b）JOI 的高频作者关键词的词频分布和结构图（图 6.34）。

```
> Tab <- tableTag(JOI,Tag="DE",sep=";",ngrams=1)  # 词频统计
> Tab[1:10]  # 打印词频排名前 10 的术语
## Tab
               BIBLIOMETRICS                    CITATION ANALYSIS
                     13                                11
                   SCOPUS                          ALTMETRICS
                      6                                 5
          RESEARCH EVALUATION                   HOOKED POWER LAW
                      5                                 4
               CITATIONS DISCRETISED LOGNORMAL DISTRIBUTION
                      3                                 3
                     FSS                             ITALY
                      3                                 3
>CS<-conceptualStructure(JOI,field="DE",ngrams=1, minDegree=2,k.max =5,
labelsize=7)  # 概念结构地图
```

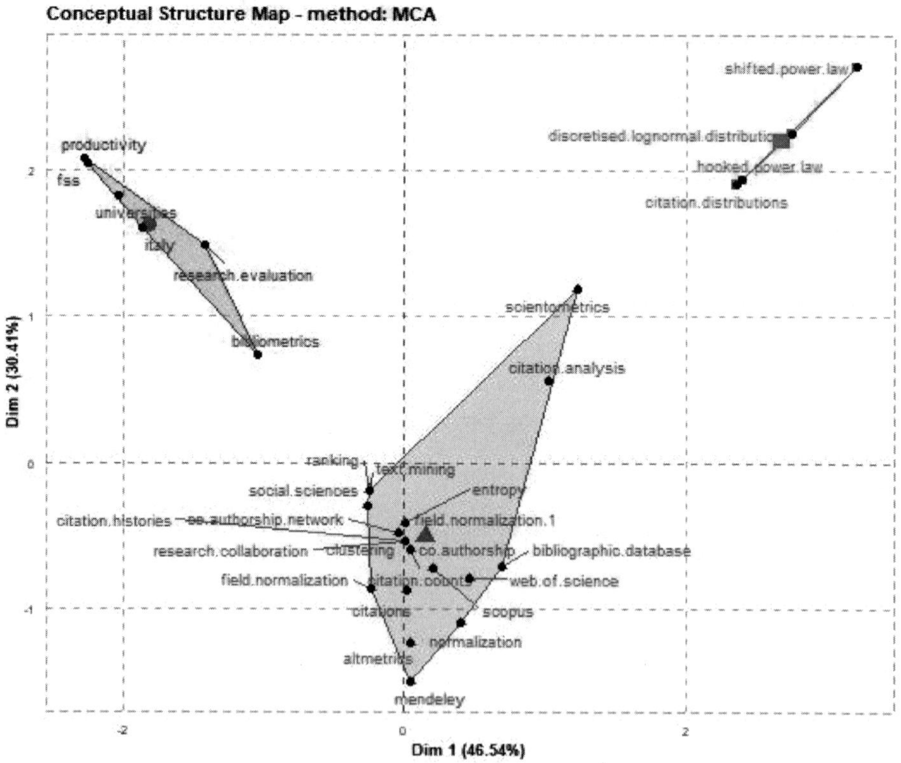

图 6.34　JOI 作者关键词结构

作者关键词的共现网络，结果如图 6.35 所示。

```
> NetMatrix<-biblioNetwork(JOI,analysis="co-occurrences",network=
"author_keywords",sep=";") #构建关键词共现网络
> net=networkPlot(NetMatrix,n=50,community.
repulsion=0,noloops=TRUE, remove.isolates=TRUE,Title="Keyword Co-occurr
ences",labelsize=0.5,type= "fruchterman",size=T) #可视化
```

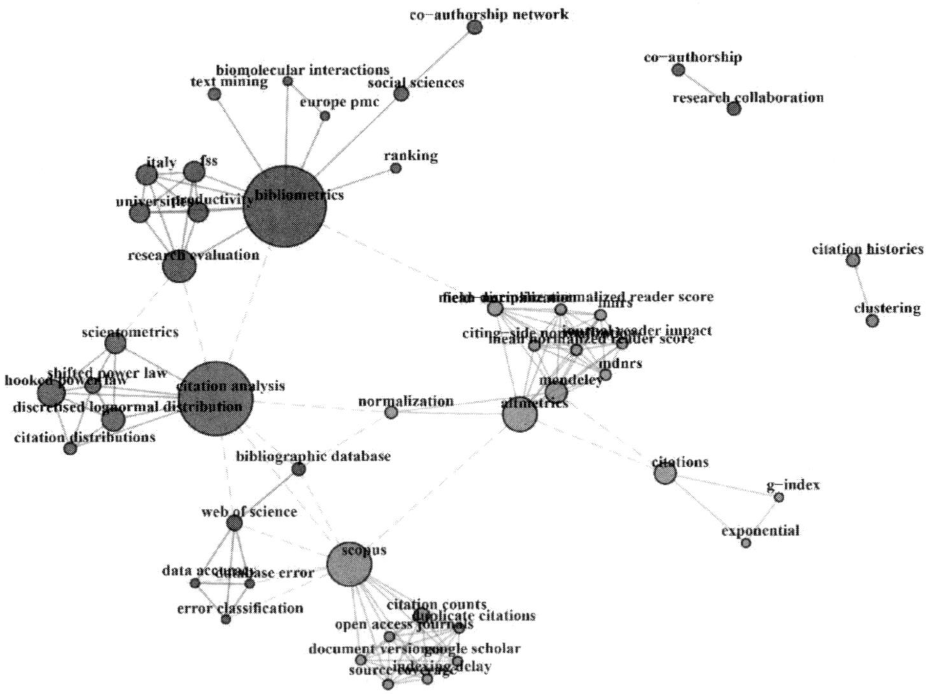

图 6.35　作者关键词的共现网络

（2）SCIM 期刊的分析结果

① SCIM 数据的加载和转换。

```
> file_SCIM<-"data_sci.txt" #数据路径
> scientometrics<-convert2df(file_SCIM,dbsource="isi",format=
"plaintext") #写入数据
## Converting your isi collection into a bibliographic dataframe
```

```
##Done!
## Generating affiliation field tag AU_UN from C1:  Done!

> results <- biblioAnalysis(scientometrics,sep=";") #描述统计
> summary(results,k=10,pause=FALSE) #统计结果总结
```

② SCIM 期刊论文数据的整体分布。

```
## MAIN INFORMATION ABOUT DATA

 Timespan                               2016 : 2016
 Sources (Journals, Books, etc)          1
 Documents                              379
 Average years from publication         5
 Average citations per documents        1.034
 Average citations per year per doc     0.1724
 References                             11622

DOCUMENT TYPES
 article                          293
 article; proceedings paper       48
 correction                       9
 editorial material               13
 letter                           5
 retraction                       1
 review                           10

DOCUMENT CONTENTS
 Keywords Plus (ID)                      865
 Author's Keywords (DE)                  1254

AUTHORS
 Authors                                932
 Author Appearances                     1092
 Authors of single-authored documents   49
 Authors of multi-authored documents    883
```

```
AUTHORS COLLABORATION
 Single-authored documents            58
 Documents per Author                 0.407
 Authors per Document                 2.46
 Co-Authors per Documents             2.88
 Collaboration Index                  2.75
```

③ SCIM 作者的来源分析。

```
## Most Productive Authors
   Authors         Articles Authors        Articles Fractionalized
1   BORNMANN L          9   BORNMANN L                        3.78
2   GLANZEL W           8   HARTLEY J                         3.75
3   LEYDESDORFF L       6   DE MARCHI M                       3.00
4   ABRAMO G            5   GLANZEL W                         2.92
5   D'ANGELO CA         5   THELWALL M                        2.83
6   HARTLEY J           5   SIVERTSEN G                       2.62
7   THELWALL M          5   HO YS                             2.50
8   DE MARCHI M         4   MOED HF                           2.14
9   HO YS               4   POLONIOLI A                       2.00
10  LARIVIERE V         4   PRITYCHENKO B                     2.00
```

④ SCIM 作者的合作网络。

```
> NetMatrix<-biblioNetwork(scientometrics,analysis= "collaboration",network = "authors",sep = ";")  #构建合作网络
> net<-networkPlot(NetMatrix,n=50,type="fruchterman",Title= "authors'Collaboration",labelsize=0.5,remove.isolates=TRUE,size= F)  #可视化
```

SCIM 作者的合作网络可视化结果如图 6.36 所示。

图 6.36　SCIM 作者的合作网络

⑤ SCIM 发文来源国家或地区的分析。

```
## Corresponding Author's Countries
          Country Articles   Freq SCP MCP MCP_Ratio
1  CHINA               66 0.1751  51  15     0.227
2  USA                 37 0.0981  26  11     0.297
3  ITALY               28 0.0743  25   3     0.107
4  GERMANY             25 0.0663  16   9     0.360
5  SPAIN               25 0.0663  19   6     0.240
6  UNITED KINGDOM      24 0.0637  17   7     0.292
7  BRAZIL              17 0.0451  14   3     0.176
8  NETHERLANDS         14 0.0371   6   8     0.571
```

```
9  BELGIUM                12 0.0318   1  11     0.917
10 INDIA                  11 0.0292   9   2     0.182

SCP: Single Country Publications
MCP: Multiple Country Publications
Total Citations per Country
      Country       Total Citations Average Article Citations
1  CHINA                         42                     0.636
2  CANADA                        40                     5.000
3  USA                           38                     1.027
4  UNITED KINGDOM                37                     1.542
5  GERMANY                       29                     1.160
6  ITALY                         24                     0.857
7  NETHERLANDS                   21                     1.500
8  IRAN                          20                     2.500
9  BELGIUM                       16                     1.333
10 FRANCE                        12                     1.714
```

国家或地区的合作网络的分析过程。可视化结果如图 6.37 所示。

```
> scientometrics<-metaTagExtraction(scientometrics,Field="AU_CO",
sep=";")  #提取国家或地区信息
> NetMatrix<-biblioNetwork(scientometrics,analysis="collaboration",
network="countries",sep=";")  #构建合作网络
> net <-networkPlot(NetMatrix, n=10, labelsize=0.6,Title ="Country
Collaboration", type ="kamada", size=TRUE, remove.multiple=T)  #可视化
```

⑥关键词的词频和结构分析。

a）SCIM 的补充关键词词频及主题结构的分析过程，可视化结果如图 6.38 所示。

```
> Tab <- tableTag(scientometrics,Tag="ID",sep=";")  #词频统计
> Tab[1:10]  #打印词频排名前 10 的术语
## Tab
                    SCIENCE                     IMPACT
                         89                         61
```

```
                    JOURNALS                  PERFORMANCE
                          38                           37
                  INDICATORS                     NETWORKS
                          25                           24
   SCIENTIFIC COLLABORATION                 COLLABORATION
                          22                           21
                    CITATION                    CITATIONS
                          19                           19
> CS<-conceptualStructure(scientometrics,field="ID",ngrams=1,
minDegree=4, k.max=5,stemming=FALSE,labelsize=7) #概念结构可视化
```

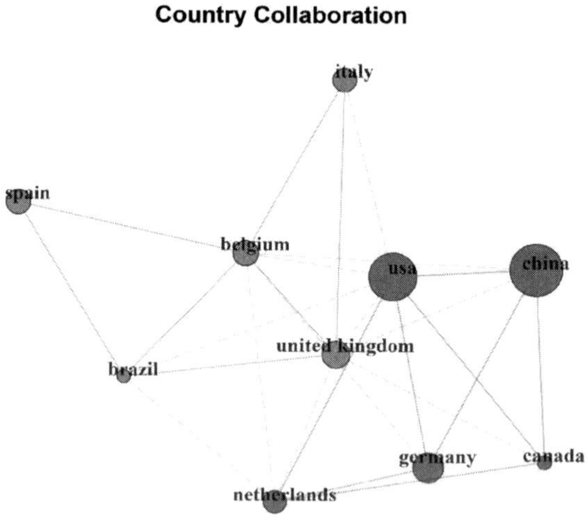

图 6.37　SCIM 国家或地区的合作网络

b）SCIM 的作者关键词词频及主题结构分析过程。可视化结果如图 6.39 所示。

```
> Tab <- tableTag(scientometrics,Tag="DE",sep=";",ngrams=1) #词频统计
> Tab[1:10] #打印词频排名前 10 的术语
## Tab
      BIBLIOMETRICS      CITATION ANALYSIS
                 43                     29
       SCIENTOMETRICS  BIBLIOMETRIC ANALYSIS
                 20                     16
```

```
        ALTMETRICS              IMPACT FACTOR
                15                       15
   RESEARCH EVALUATION              CITATIONS
                15                       14
SOCIAL NETWORK ANALYSIS          WEB OF SCIENCE
                12                       12
> CS <-conceptualStructure(scientometrics,field="DE",ngrams=1,
minDegree=3,k.max=5,labelsize=7)
```

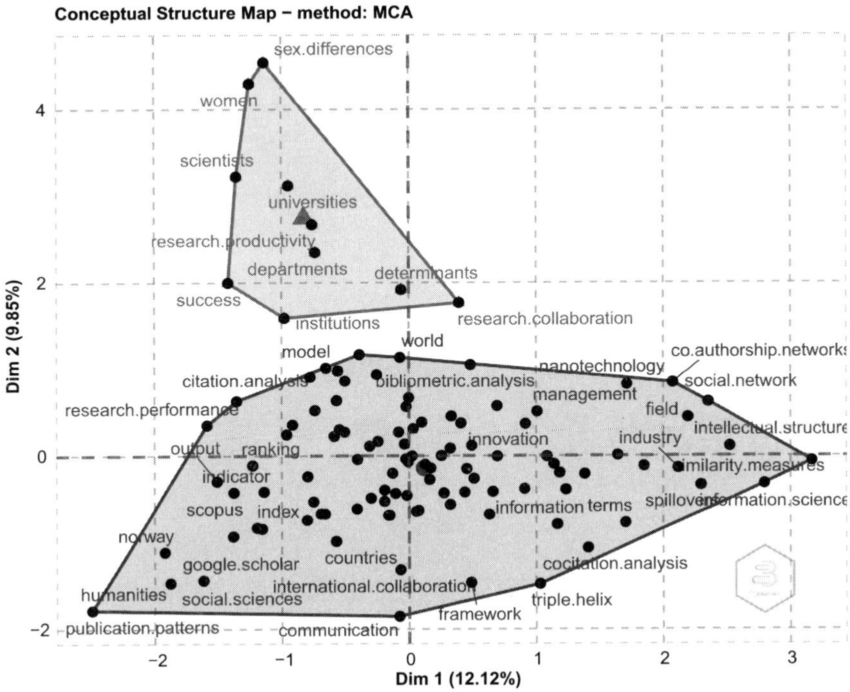

图 6.38　SCIM 补充关键词结构

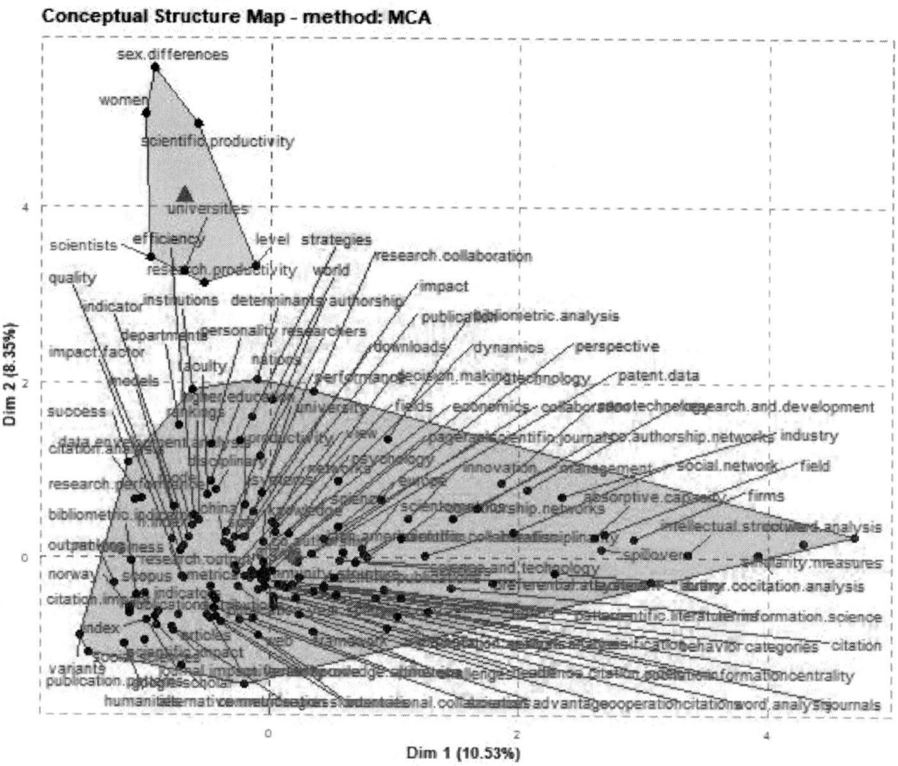

图 6.39　SCIM 作者关键词结构

6.5　特定会议论文的计量

问题

如何对北京理工大学举办的环境科学技术国际会议（主页见图 6.40，International Symposium on Environmental Science and Technology，简称 ISEST）进行科学计量与可视化分析?

图 6.40 ISEST 会议主页

方法

北京理工大学 2007—2015 年先后举办了 5 次环境科学技术国际会议（北京，2007；上海，2009；敦煌，2011；大连，2013；重庆，2015）。在 Web of Science 核心数据集中以会议字段来进行检索，得到检索结果后，进一步通过年份的精炼来检查和下载每一年会议的论文数据（图 6.41）。

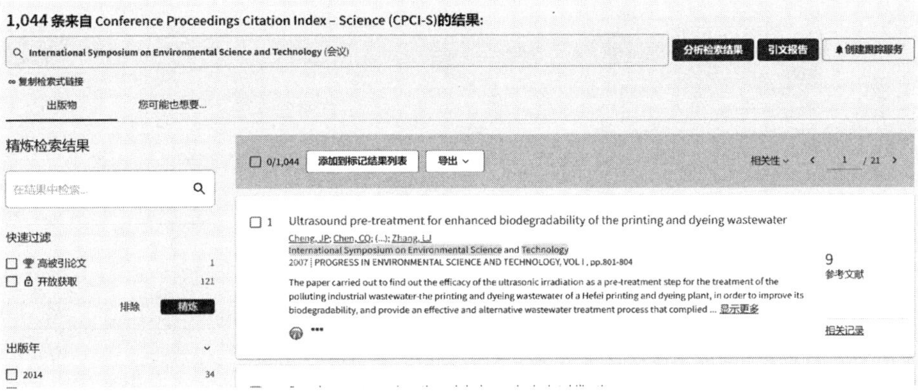

图 6.41 ISEST 论文的初步检索结果

R 工具包除了可以处理纯文本格式的 WoS 数据外，还可以处理 BibTex 格式的数据。在本研究中，我们将该会议论文的数据下载为 BibTex 格式（图 6.42）。

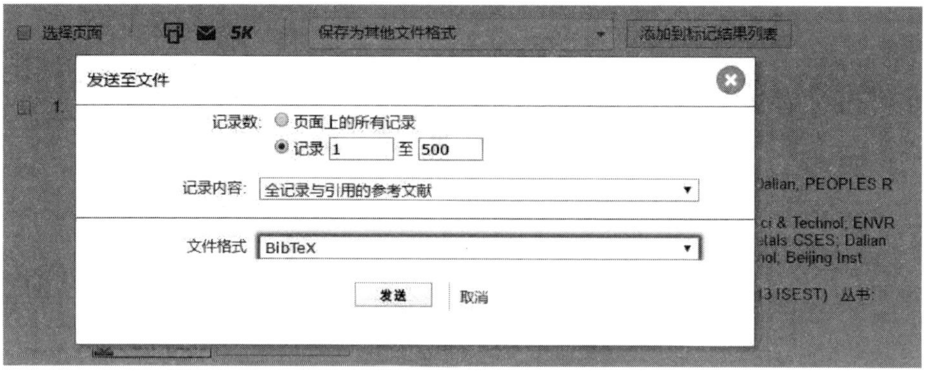

图 6.42　将 WoS 数据下载为 BibTex 格式

结果

从 Web of Science 中共检索得到了 1 044 条论文记录，在满足检索条件的记录中，2007 年 276 篇、2009 年 441 篇、2011 年 175 篇、2013 年 118 篇，其中有 34 篇被期刊 CATALYSIS TODAY 检索。当前 2015 年的论文还未被收录，因此仅仅分析了 2007—2013 年的 1 010 篇论文数据（图 6.43）。

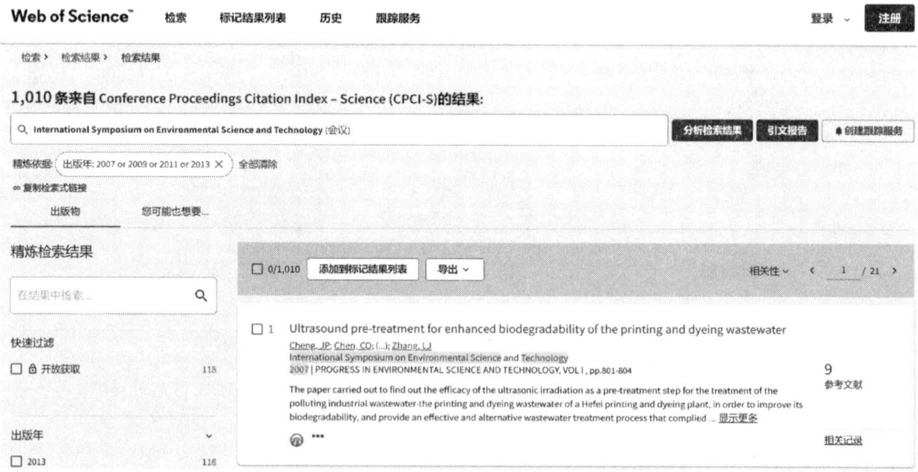

图 6.43　WoS 实际收录的 ISEST 论文

在 R 中读取和加载数据：

```
> library(bibliometrix)  #加载包
> file <-c("data1.bib","data2.bib","data3.bib")  #数据路径
> ISEST <-convert2df(file,  dbsource="isi",format="bibtex")  #写入
数据
```

描述性统计结果：

```
> results <- biblioAnalysis(ISEST,sep = ";")  #描述统计
> summary(results, k = 10, pause = FALSE)  #统计结果总结
## Main Information about data
 Timespan                               2007 : 2013
 Sources (Journals, Books, etc)          0
 Documents                              1010
 Average years from publication         11.7
 Average citations per documents        0.502
 Average citations per year per doc     0.05249
 References                             15908

DOCUMENT TYPES
 editorial material       1
 proceedings paper        1009

DOCUMENT CONTENTS
 Keywords Plus (ID)                      1777
 Author's Keywords (DE)                  3629

AUTHORS
 Authors                                3069
 Author Appearances                     3967
 Authors of single-authored documents   53
 Authors of multi-authored documents    3016

AUTHORS COLLABORATION
 Single-authored documents              57
 Documents per Author                   0.329
 Authors per Document                   3.04
 Co-Authors per Documents               3.93
 Collaboration Index                    3.16
```

Annual Scientific Production

```
 Year    Articles
   2007      276
   2009      441
   2011      175
   2013      118
Annual Percentage Growth Rate -24.66601
```

Most Productive Authors

```
   Authors             Articles     Authors            Articles Fractionalized
1  WANG Y                    11 WANG Y                                   2.96
2  ZHANG Y                   11 ZHANG Y                                  2.91
3  ZHAO CHAOCHENG ZC          9 LI FANXIU LF                             2.67
4  WANG J                     8 AGAMUTHU P                               2.17
5  WANG LI WL                 8 FAUZIAH SH                               2.17
6  ZHAO                       8 WANG J                                   2.13
7  XI DANLI XD                7 ZHAO CHAOCHENG ZC                        2.13
8  XIAN PING XP               7 BANDYOPADHYAY A                          2.00
9  ZHANG                      7 MICHEL R                                 2.00
10 AGAMUTHU P                 6 SEGNER H                                 2.00
```

Top manuscripts per citations

```
        Paper                                    DOI TC TCperYear  NTC
1  DU Y, 2013,          10.1016/j.proenv.2013.04.039 33      3.67 9.36
2  ZHAO D, 2013,        10.1016/j.proenv.2013.04.120 25      2.78 7.09
3  HE M, 2013,          10.1016/j.proenv.2013.04.090 19      2.11 5.39
4  SANTRA SC, 2013,     10.1016/j.proenv.2013.04.002 15      1.67 4.25
5  LI H, 2013,          10.1016/j.proenv.2013.04.071 14      1.56 3.97
6  FENG Q, 2013,        10.1016/j.proenv.2013.04.005 13      1.44 3.69
7  XU W, 2013,          10.1016/j.proenv.2013.04.054 12      1.33 3.40
8  GUAN Q, 2013,        10.1016/j.proenv.2013.04.113 12      1.33 3.40
9  WANG L, 2013,        10.1016/j.proenv.2013.04.074 10      1.11 2.84
10 AGAMUTHU P, 2013,  10.1016/j.proenv.2013.04.094 10    1.11 2.840
```

Corresponding Author's Countries

	Country	Articles	Freq	SCP	MCP	MCP_Ratio
1	CHINA	728	0.72510	720	8	0.0110
2	INDIA	38	0.03785	38	0	0.0000
3	IRAN	22	0.02191	21	1	0.0455
4	USA	18	0.01793	18	0	0.0000
5	JAPAN	17	0.01693	15	2	0.1176
6	POLAND	16	0.01594	16	0	0.0000
7	UNITED KINGDOM	16	0.01594	13	3	0.1875
8	TURKEY	13	0.01295	13	0	0.0000
9	THAILAND	11	0.01096	11	0	0.0000
10	MALAYSIA	10	0.00996	10	0	0.0000

SCP: Single Country Publications

MCP: Multiple Country Publications

Total Citations per Country

	Country	Total Citations	Average Article Citations
1	CHINA	380	0.522
2	MALAYSIA	24	2.400
3	INDIA	20	0.526
4	POLAND	14	0.875
5	USA	11	0.611
6	SOUTH AFRICA	10	10.000
7	CANADA	8	1.000
8	UNITED KINGDOM	6	0.375
9	ITALY	5	1.000
10	MEXICO	5	0.833

Most Relevant Sources

Author Keywords (DE)		Articles	Keywords-Plus (ID)	Articles
1	ADSORPTION	35	REMOVAL	51
2	DEGRADATION	27	WATER	43
3	HEAVY METALS	21	WASTE-WATER	39
4	KINETICS	20	DEGRADATION	33

```
5     SOIL                      20          OXIDATION          26
6     WASTEWATER                19          SOIL               26
7     WASTEWATER TREATMENT      17          ADSORPTION         23
8     BIODEGRADATION            14          SOILS              21
9     CADMIUM                   14          HEAVY-METALS       20
10    POLLUTION                 13          SORPTION           19
```

基于补充关键词的环境科学技术会议主题结构分析过程。可视化结果见图 6.44。

```
> CS <-conceptualStructure(ISEST, field="ID",ngrams=1,minDegree=
5,k.max=5,stemming=FALSE,labelsize=8) #概念结构可视化
```

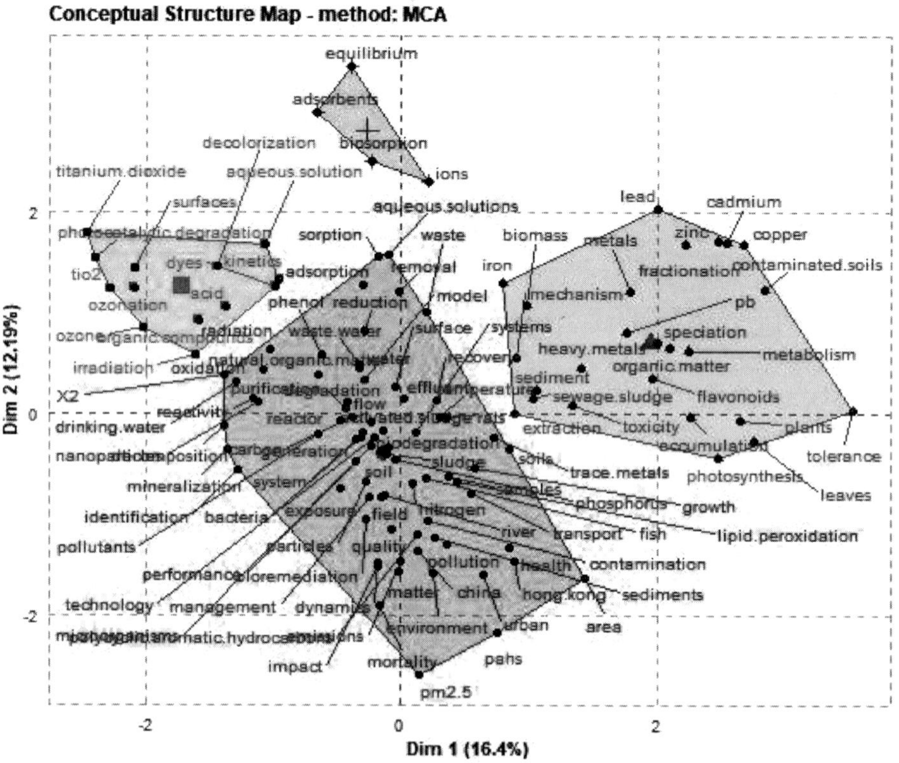

图 6.44　环境科学技术会议关键词结构

对补充关键词进行处理后，进行的关键词结构图分析结果见图 6.45。

```
>CS<-conceptualStructure(ISEST,field="ID_TM",ngrams=1,
minDegree=5,k.max=5,stemming=TRUE,labelsize=8)  # 概念结构可视化
```

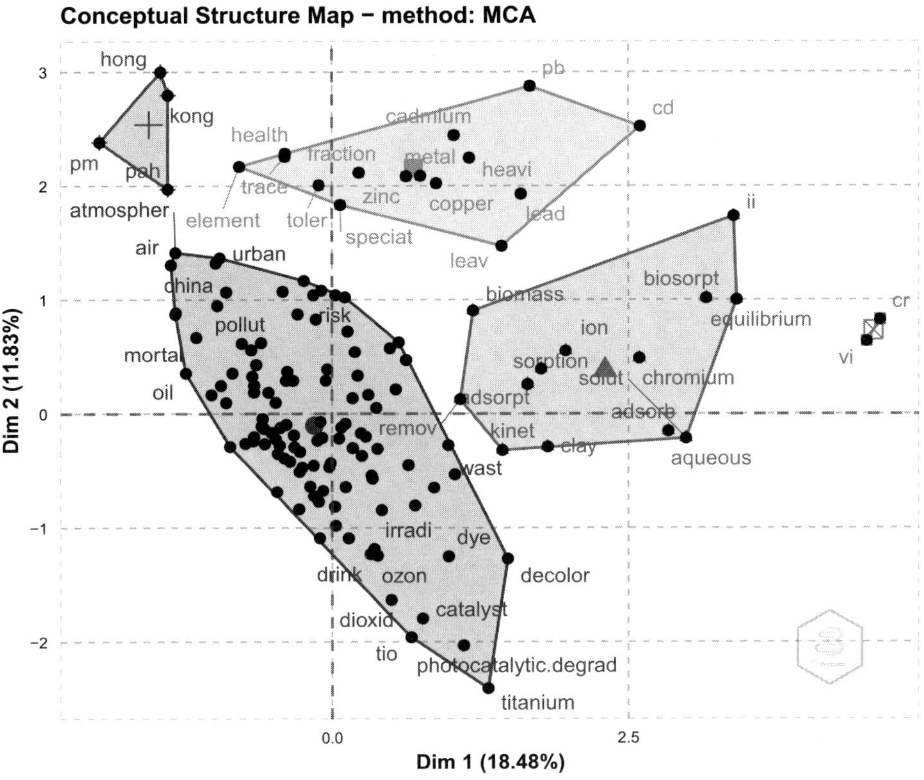

图 6.45　经过词干化处理的关键词结构图

作者关键词的共词分析过程及使用 VOSviewer 进行可视化的结果见图 6.46。

```
> NetMatrix<-biblioNetwork(ISEST,analysis="co-occurrences",
network="author_keywords", sep=";")  # 构建共词网络
> net<-networkPlot(NetMatrix,n=100,
                   noloops=TRUE,community.repulsion = 0,
                   remove.isolates=TRUE,
                   Title= "Keyword Co-occurrences",
                   labelsize=0.5,
```

```
                 type="kamada",size=TRUE)  # 网络可视化
> net2VOSviewer(net)
## [1] 0
```

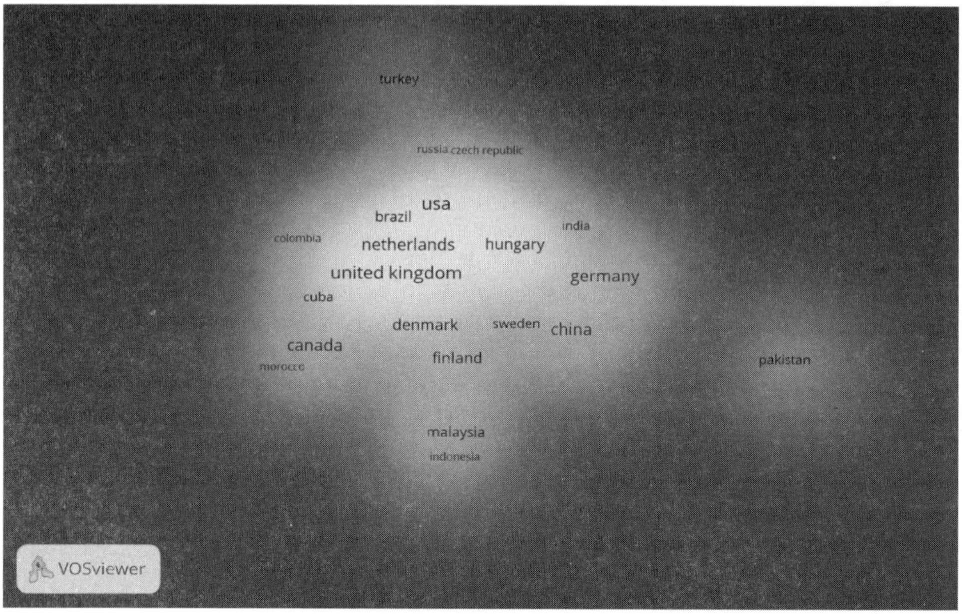

图 6.46　使用 VOSviewer 可视化共词分析结果

对作者的标题进行词干化处理，并进行时序分析的过程如下。可视化结果参见图 6.47 和图 6.48。

```
> remove.terms <- "study"  # 需要删除的术语
> ISEST <- termExtraction(ISEST,Field = "TI", ngrams = 1, remove.
numbers=TRUE,remove.terms=remove.terms,verbose=TRUE,stemming=TRUE)
# 从题目中提取术语
      ## Tab
    WATER      SOIL     WASTEWAT    TREATMENT     EFFECT      REMOV
     121        92         92          81           78          70
   POLLUT      WAST      DEGRAD      MODEL     PROCESS        METAL
     68         63         62          59           53          52
```

```
   ASSESS      SLUDG       APPLIC       ORGAN       CHINA       HEAVI
      49         47          46          46          45          43
   ANALYSI   ENVIRONMENT    SYSTEM CHARACTERIST   QUALITI    CONTAMIN
      42         41          41          40          40          38
        ACID
          37
> topKW <-KeywordGrowth(ISEST,Tag="TI_TM",sep=";",top=10,cdf=F)
# 词频统计
> topKW  # 打印结果

##  Year WATER SOIL WASTEWAT TREATMENT EFFECT REMOV POLLUT WAST
DEGRAD MODEL
##1 2007   33   20   30   30    19   17   19   20   21   17
##2 2008    0    0    0    0     0    0    0    0    0    0
##3 2009   53   39   38   37    34   33   27   28   16   25
##4 2010    0    0    0    0     0    0    0    0    0    0
##5 2011   24   19   18   12     7   12   13    8   19    9
##6 2012    0    0    0    0     0    0    0    0    0    0
##7 2013   11   14    6    2    18    8    9    7    6    8
> topKW2 <- topKW[-c(2,4,6),]  # 删除 0 值行
> topKW2  # 打印结果

## Year WATER SOIL WASTEWAT TREATMENT EFFECT REMOV POLLUT WAST DEGRAD MODEL
##1 2007 33  20    30    30    19   17    19   20    21    17
##3 2009 53  39    38    37    34   33    27   28    16    25
##5 2011 24  19    18    12     7   12    13    8    19     9
##7 2013 11  14     6     2    18    8     9    7     6     8
  > library(reshape2)  # 加载包
> library(ggplot2)  # 加载包
> DF <- melt(topKW2, id='Year')  # 宽数据转长数据
> ggplot(DF,aes(Year,value, group=variable, color=variable)) +
geom_line(size =1)+geom_point(size=4,shape=1)  # 可视化
```

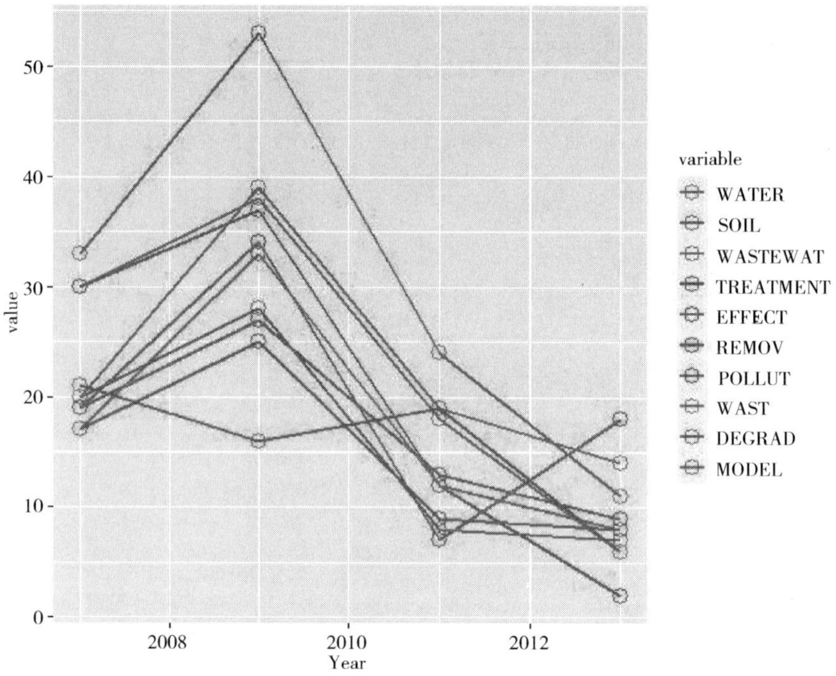

图 6.47　标准化后的关键词时序分布（cdf=F）

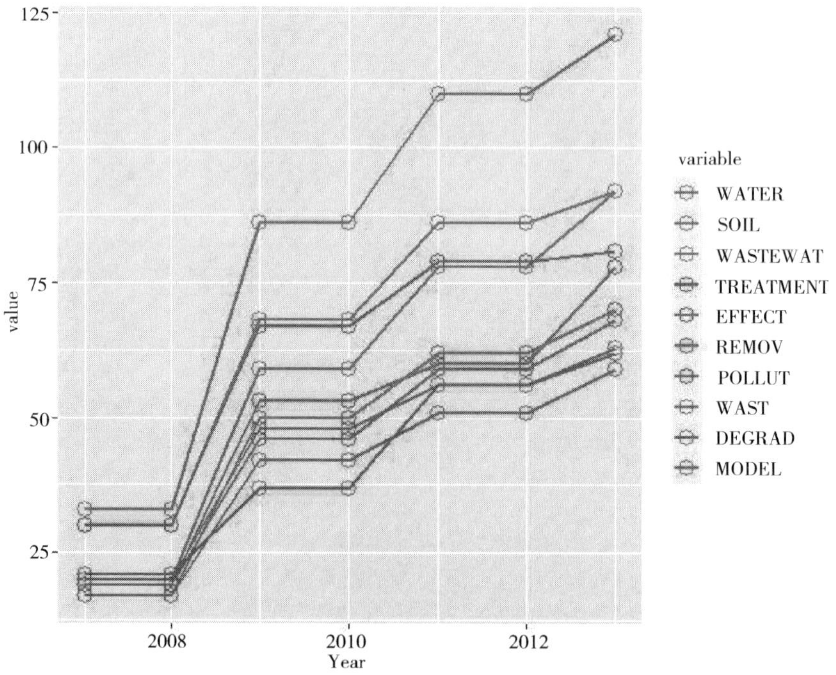

图 6.48　标准化后的关键词累积时序分布（cdf=T）

6.6 特定主题文献的计量

问题

如何进行国际补充计量学（Altmetrics[1]，标志如图 6.49 所示）研究的科学计量？

图 6.49　Altmetrics 标志

方法

本案例选择 Scopus 数据库进行数据的采集和分析（图 6.50）。

结果

从 Scopus 中共检索得到 265 条关于补充计量学研究的论文。可以在 Scopus 的检索结果界面上，对得到的结果使用 Analyze search results 进行描述性统计分析。描述性统计分析的项目包含了 Year（发文的年度分布）、Source（发文的

---

❶ Altmetrics 一词来源于 alternative+metrics，由美国图情专业博士生 Jason Priem 于 2010 年最早使用。替代计量学在国内又被翻译为选择计量学或补充计量学，是继文献计量学、科学计量学以及信息计量学之后情报学领域的一个新的研究热点。已经有学者对 Altmetrics 以及翻译提出了异议，笔者认为 Altmetrics 所反映的计量是在网络数据开放和可用性提升背景下对论文影响力的计量的整合或综合（当前主要以社媒为主，今后或可整合 WoS，Scopus 以及 CSCD 等更多数据源），可以对应地将其称为整合计量（integratimetrcis）或综合计量（synthesiMetrics）。

在 R 中可提供 rAltmetric 工具包用于提取或者分析论文的 rAltmetric，详见 https://github.com/ropensci/rAltmetric.

该项目的更多 R 软件包及其说明参见：https://ropensci.org/packages/.

关于本文的结果的解读，读者可以参考论文：

[1] 赵蓉英，魏绪秋．知识图谱视角下的国内外 Altmetrics 研究比较 [J]. 图书馆论坛 ,2017（05）:74-80.

[2] 李晓军，刘怀亮，杜坤．基于科学知识图谱的替代计量研究进展分析 [J]. 情报理论与实践 ,2016（05）:139-144.

[3] 丁喆．基于网络图谱的 Altmetrics 研究的可视化分析 [J]. 情报探索 ,2015（12）:50-54.

图 6.50　Scopus 补充计量学数据检索设置

期刊）、Author（作者分布）、Affiliation（机构分布）、Country/Territory（国家或地区分布）、Document type（文献类型）以及 Subject area（研究领域）。例如，使用 scopus 系统分析的补充计量学研究的机构产出分布如图 6.51 所示。

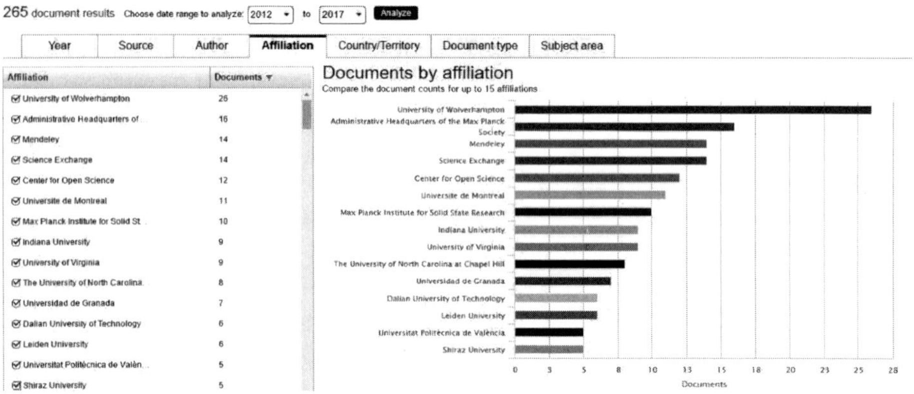

图 6.51　检索结果的描述性统计结果

下面将下载的数据加载到 R 中进行更加深入的分析。

```
> library(bibliometrix)  # 加载包
> file <- "scopus.bib"  # 数据路径
> altmetrics<-convert2df(file,dbsource="scopus",format="bibtex")
# 写入数据
```

```
## Converting your scopus collection into a bibliographic dataframe
## Done!
## Generating affiliation field tag AU_UN from C1:  Done!
```

数据读取和转换后，进行描述性统计分析（这里只关心由 Scopus 系统不能得到的描述性统计结果）。

```
> results <- biblioAnalysis(altmetrics,sep = ";")  #描述统计
> summary(results, k = 10, pause = FALSE)  #统计结果打印
```

描述性统计的结果：

Most Productive Authors（注：高产作者分布）

```
    Authors          Articles Authors          Articles Fractionalized
1    THELWALL,M          24    THELWALL,M                       12.53
2    BORNMANN,L          16    BORNMANN,L                       10.83
3    GUNN,W              16    HAUNSCHILD,R                      4.83
4    ERRINGTON,T         14    GUNN,W                            3.33
5    IORNS,E             14    HAUSTEIN,S                        3.02
6    LOMAX,J             14    ORTEGA,J                          3.00
7    TAN,F               14    KOUSHA,K                          2.83
8    PERFITO,N           12    TATTERSALL,A                      2.50
9    HAUNSCHILD,R        10    KONKIEL,S                         2.08
10   HAUSTEIN,S          10    ADIE,E                            2.00
```

Top manuscripts per citations（注释：高被引论文）[1]

---

[1] 该组高被引论文的详细列表：

[1] Adie E, Roe W. Altmetric: Enriching scholarly content with article-leveldiscussion and metrics [J]. Learned Publishing, 2013, 26 (1): 11-17.

[2] Bornmann L. Do altmetrics point to the broader impact of research? An overview of benefits and disadvantages of altmetrics [J]. Journal of Informetrics, 2014, 8 (4): 895-903.

[3] Costas R, Zahedi Z, Wouters P. Do "altmetrics" correlate with citations? Extensive comparison of altmetric indicators with citations from a multidisciplinary perspective [J]. Journal of the Association for Information Science and Technology, 2015, 66 (10): 2003-2019.

[4] Galligan F, Dyas-Correia S. Altmetrics: Rethinking the Way We Measure [J]. Serials Review, 2013, 39 (1): 56-61.

[5] Holmberg K, Thelwall M. Disciplinary differences in Twitter scholarly communication [J]. Scientometrics, 2014, 101 (2): 1027-1042.

```
                        Paper                        DOI   TC TCperYear NTC
1 THELWALL M, 2013, PLOS ONE 10.1371/journal.pone.0064841    199  22.11   7.02
2 ZAHEDI Z, 2014, SCIENTOMETRICS 10.1007/s11192-014-1264-0 66  8.25   5.32
3 MOHAMMADI E, 2014, J ASSOC SOC INF SCI TECHNOL 10.1002/asi.23071 61  7.62  4.91
4 BORNMANN L, 2014, J INF 10.1016/j.joi.2014.09.005     57   7.12   4.59
5 GALLIGAN F, 2013, SER REV 10.1016/j.serrev.2013.01.003  53  5.89   1.87
6 PRIEM J,2012, PLOS ONE  10.1371/journal.pone.0048753  53  5.30   3.42
7 COSTAS R, 2015, J ASSOC SOC INF SCI TECHNOL 10.1002/asi.23309 47  6.71  6.89
8 SUD P, 2014, SCIENTOMETRICS 10.1007/s11192-013-1117-2  45  5.62   3.63
9  ADIE E, 2013, LEARN PUBL  10.1087/20130103          45   5.00   1.59
10 HOLMBERG K, 2014, SCIENTOMETRICS 10.1007/s11192-014-1229-3  44  5.50  3.54
```

Corresponding Author’s Countries（国家或地区的产出分布）

```
   Country Articles       Freq  SCP  MCP  MCP_Ratio
1  USA              21 0.2121  18   3    0.1429
2  UNITED KINGDOM   18 0.1818  15   3    0.1667
3  GERMANY          16 0.1616  15   1    0.0625
4  SPAIN            10 0.1010   8   2    0.2000
5  ITALY             5 0.0505   4   1    0.2000
6  CHINA             4 0.0404   2   2    0.5000
7  BRAZIL            3 0.0303   2   1    0.3333
8  AUSTRIA           2 0.0202   1   1    0.5000
9  CANADA            2 0.0202   2   0    0.0000
10 IRAN              2 0.0202   2   0    0.0000
SCP: Single Country Publications
MCP: Multiple Country Publications
```


接上页

[6] Mohammadi E, Thelwall M. Mendeley readership altmetrics for the social sciences and humanities: Research evaluation and knowledge flows [J]. Journal of the Association for Information Science and Technology, 2014, 65（8）: 1627-1638.

[7] Priem J, Groth P, Taraborelli D. The Altmetrics Collection [J]. PLoS ONE, 2012, 7（11）.

[8] Sud P, Thelwall M. Evaluating altmetrics [J]. Scientometrics, 2014, 98（2）: 1131-1143.

[9] Thelwall M, Haustein S, Larivière V, et al. Do Altmetrics Work? Twitter and Ten Other Social Web Services [J]. PLoS ONE, 2013, 8（5）.

[10] Zahedi Z, Costas R, Wouters P. How well developed are altmetrics? A cross-disciplinary analysis of the presence of ‘alternative metrics’ in scientific publications [J]. Scientometrics, 2014, 101（2）: 1491-1513.

Total Citations per Country（国家或地区的引证分布）

	Country	Total Citations	Average Article Citations
1	UNITED KINGDOM	507	28.167
2	GERMANY	159	9.938
3	NETHERLANDS	119	59.500
4	USA	79	3.762
5	SPAIN	75	7.500
6	CHINA	37	9.250
7	BELGIUM	15	15.000
8	CANADA	13	6.500
9	IRAN	10	5.000
10	ISRAEL	6	6.000

Most Relevant Sources（发表的期刊分布）

	Sources	Articles
1	SCIENTOMETRICS	38
2	ELIFE	15
3	JOURNAL OF INFORMETRICS	15
4	JOURNAL OF THE ASSOCIATION FOR INFORMATION SCIENCE AND TECHNOLOGY	12
5	PROFESIONAL DE LA INFORMACION	12
6	ONLINE INFORMATION REVIEW	9
7	ASLIB JOURNAL OF INFORMATION MANAGEMENT	8
8	PERFORMANCE MEASUREMENT AND METRICS	8
9	PLOS ONE	8
10	IRANIAN JOURNAL OF INFORMATION PROCESSING MANAGEMENT	6

Most Relevant Keywords（高频关键词分布）

	Author Keywords (DE)	Articles	Keywords-Plus (ID)	Articles
1	ALTMETRICS	170	HUMAN	55
2	BIBLIOMETRICS	44	SOCIAL MEDIA	49
3	SOCIAL MEDIA	30	ALTMETRICS	47
4	TWITTER	20	BIBLIOMETRICS	44
5	SCIENTOMETRICS	19	ARTICLE	32
6	MENDELEY	18	PUBLISHING	28
7	SCHOLARLY COMMUNICATION	18	PUBLICATION	23
8	RESEARCH EVALUATION	17	SOCIAL NETWORKING (ONLINE)	23
9	CITATION ANALYSIS	16	JOURNAL IMPACT FACTOR	9
10	IMPACT FACTOR	15	HUMANS	18

描述性统计结果的可视化分析如图 6.52、图 6.53 所示。

```
> plot(results,k=10,pause=TRUE)
```

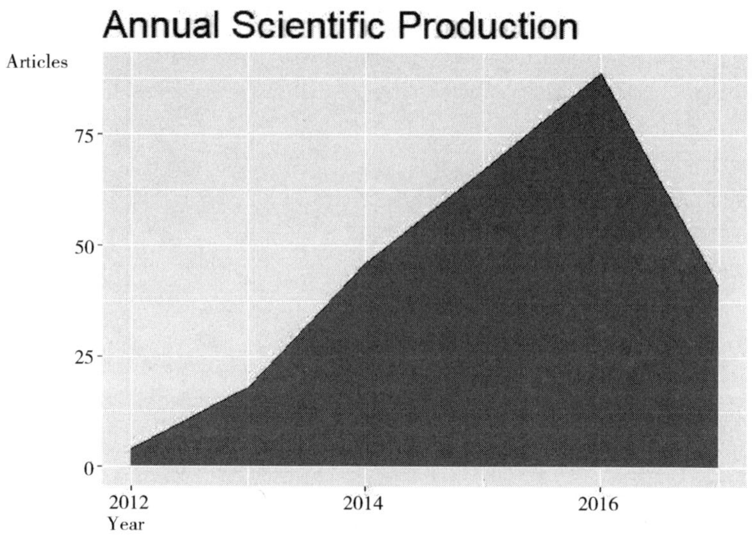

图 6.52　补充计量学研究的趋势

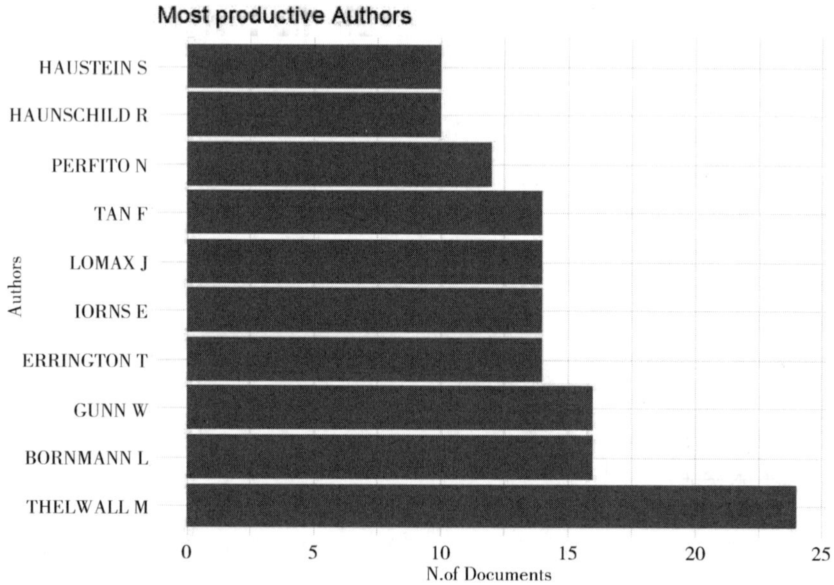

图 6.53　高产作者的分布

作者的影响力分析：

```
> DF <-dominance(results)  #影响力分析
> DF  #在屏幕打印结果
##
  Author Dominance Factor Tot Articles Single-Authored Multi-Authored
First-Authored Rank by Articles Rank by DF
1  BORNMANN L    0.8000000     16    6    10    8     2      1
2  MOHAMMADI E   0.8000000      5    0     5    4     7      1
3  THELWALL M    0.5000000     24    4    20   10     1      3
4  HAUSTEIN S    0.4444444     10    1     9    4     3      4
5  COSTAS R  0.4000000          5    0     5    2     7      5
6  HOLMBERG K  0.4000000        5    0     5    2     7      5
7  PETERS I   0.3333333         6    0     6    2     6      7
8  KONKIEL S     0.2500000      5   1     4    1     7      8
9  HAUNSCHILD R   0.2000000    10   0    10    2     3      9
10     KOUSHA K   0.1428571     7   0     7    1     5     10
```

使用 Lotka 函数对作者的生产率分析的过程如下。可视化结果参见图 6.54。

```
> L <- lotka(results)  #洛特卡分析
> L  #打印结果
## $Beta
[1] 1.757792

## $C
[1] 0.2409432

## $R2
[1] 0.765306

## $fitted
           1            2            3            4            5
0.2409432434 0.0712470122 0.0349329179 0.0210677697 0.0142321635
           6            7            8            9           10
```

```
0.0103296776 0.0078778597 0.0062297478 0.0042084564 0.0030544898
          11           12           13
0.0023294862 0.0018421389 0.0009032138


## $p.value
[1] 0.5696132

## $AuthorProd
   N.Articles N.Authors        Freq
1           1       393 0.815352697
2           2        46 0.095435685
3           3        17 0.035269710
4           4         5 0.010373444
5           5         7 0.014522822
6           6         2 0.004149378
7           7         1 0.002074689
8           8         1 0.002074689
9          10         2 0.004149378
10         12         1 0.002074689
11         14         4 0.008298755
12         16         2 0.004149378
13         24         1 0.002074689
> Observed <- L$AuthorProd[,3]  #观测值
> Theoretical<-10^(log10(L$C)-2*log10(L$AuthorProd[,1]))  #理论值
> plot(L$AuthorProd[,1],Theoretical,type="l",col="red",ylim=c(0,1),xlab="Articles",ylab="Freq.of Authors",main="Scientific Productivity")  #理论曲线
> lines(L$AuthorProd[,1],Observed,col="blue")  #观测曲线
> legend(x="topright",c("Theoretical(B=2)","Observed"),col=c("red","blue"),lty=c(1,1,1),cex=0.6,bt ="n")  #图例
```

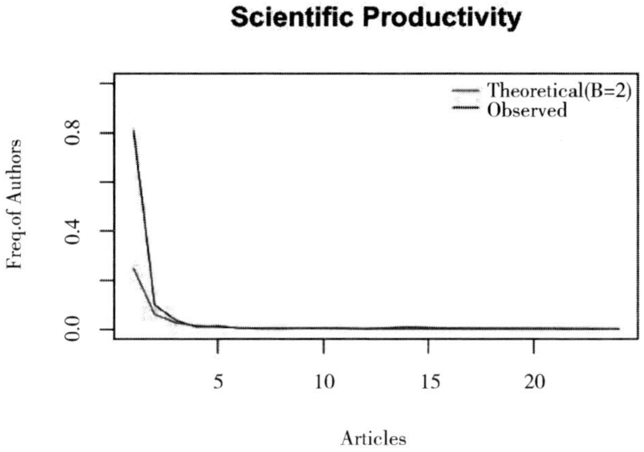

图 6.54 作者生产率的分布

作者发表论文的时序累积分布分析过程如下。可视化结果见图 6.55。

```
> topKW<-KeywordGrowth(altmetrics,Tag="AU",sep= ";",top=10,cdf=TRUE)
#作者时序发文量
> library(reshape2)  #加载包
> library(ggplot2)  #加载包
> DF <-melt(topKW,id='Year')  #宽数据变长数据
> ggplot(DF,aes(Year,value,group=variable,color=variable)) +
geom_line(size=1)  #可视化
```

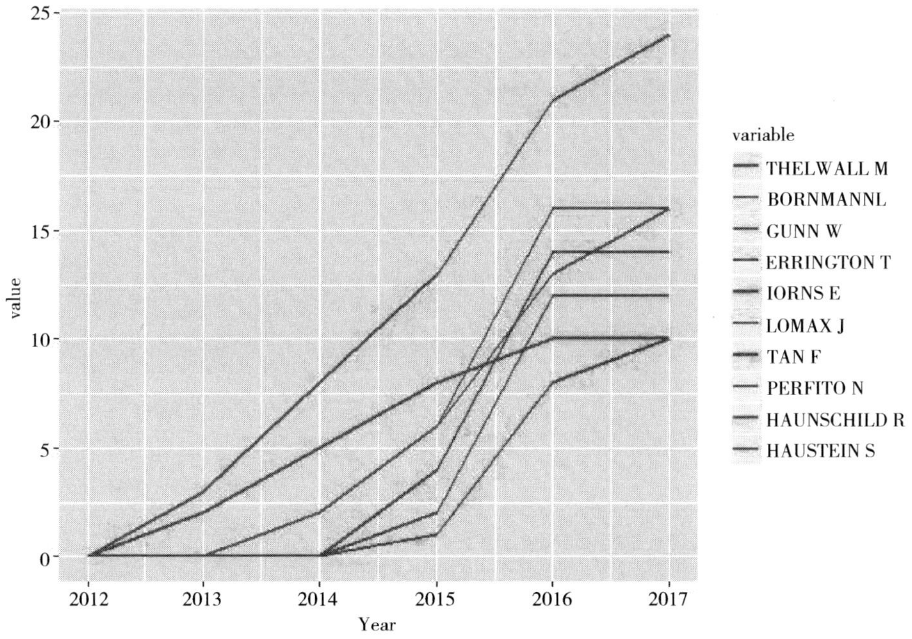

图 6.55 补充计量研究的作者论文累积分布

补充关键词的时序分布分析过程如下。可视化结果见图 6.56、图 6.57。

```
> topKW <- KeywordGrowth(altmetrics, Tag = "ID",  sep = ";", top=10, cdf = FALSE)  #术语时序频率统计
> topKW  #打印结果
## 分析的结果
  Year HUMAN SOCIAL MEDIA ALTMETRICS BIBLIOMETRICS ARTICLE PUBLISHING
1 2012     0            1          0             0       1          0
2 2013     1            4          4             5       4          2
3 2014     3           10          8             9       3          4
4 2015    12           18         18             9      13         13
5 2016    29           10         11            14      11          5
6 2017    10            6          6             7       0          4
  PUBLICATION SOCIAL NETWORKING (ONLINE) JOURNAL IMPACT FACTOR HUMANS
1           0                          0                     1      1
2           1                          0                     3      1
3           3                          4                     2      2
4           9                         11                     8      8
5           7                          5                     3      5
6           3                          3                     2      1
> library(reshape2)  #加载包
> library(ggplot2)  #加载包
> DF <- melt(topKW, id='Year')  #宽数据变长数据
> ggplot(DF,aes(Year, value, group=variable, color=variable))+geom_line(size=1)  #可视化
```

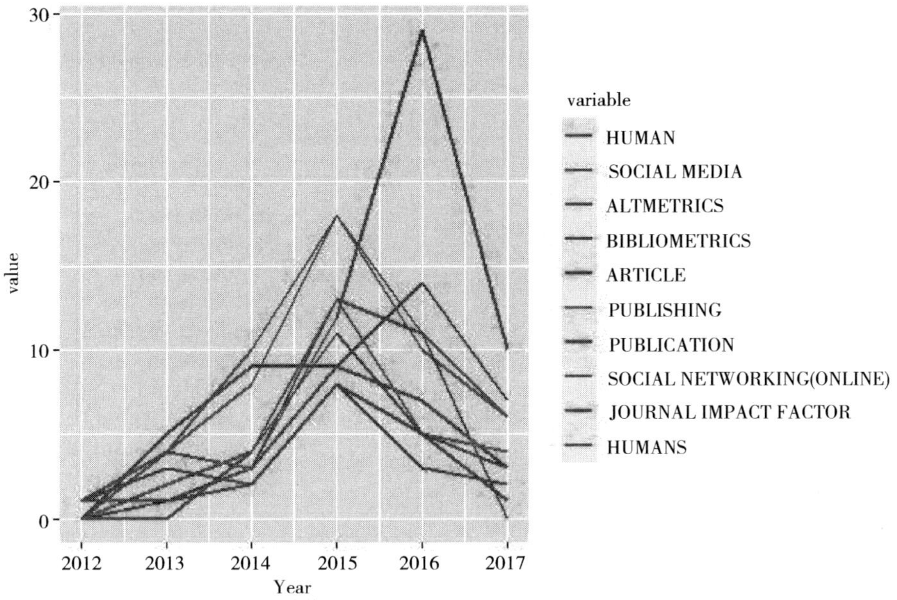

图 6.56　补充关键词的时序分布（cdf=FALSE）

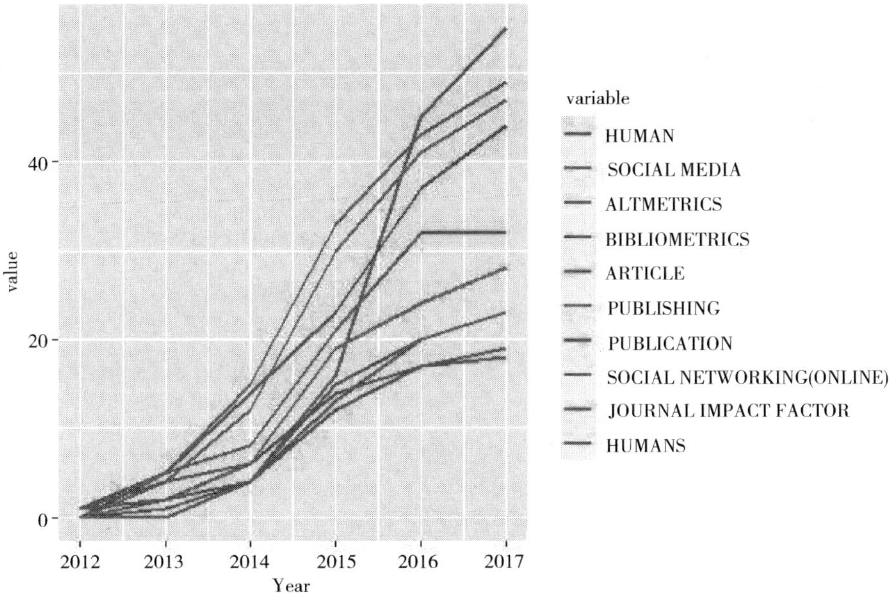

图 6.57　补充关键词的词频年度累积论文量（cdf=TRUE，计算累积量）

类似地，可以得到作者关键词的时序分布和累积分布（如图6.58、图6.59所示）。

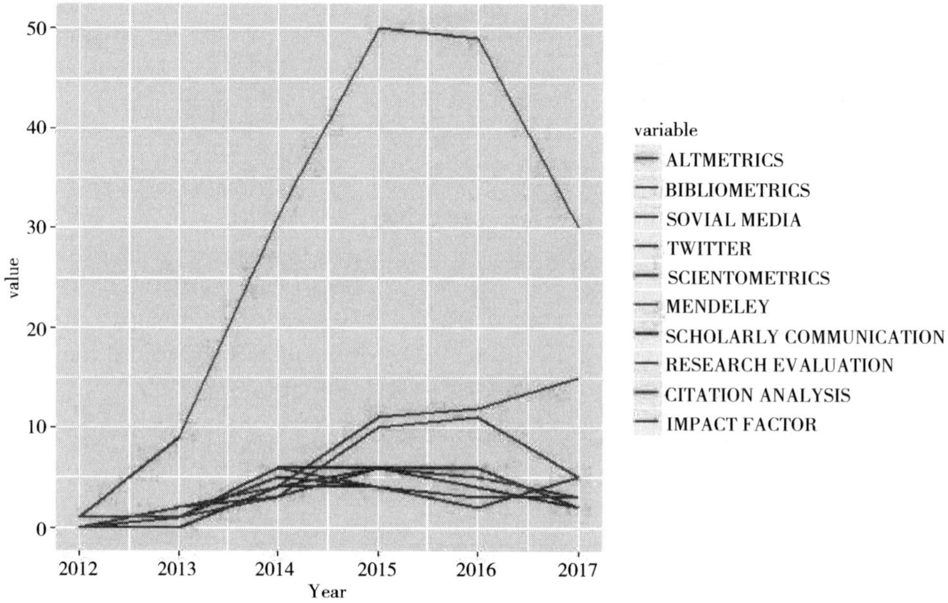

图6.58 作者关键词的时序分布（cdf=FALSE）

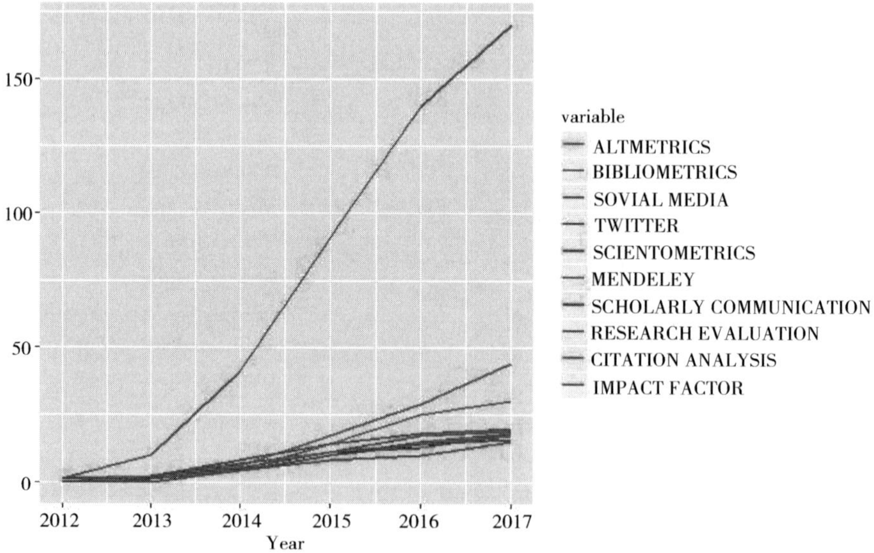

图6.59 作者关键词的词频年度累积论文量（cdf=TRUE，计算累积量）

作者关键词的结构图（采用不同的共现阈值），结果如图 6.60、图 6.61、图 6.62 和图 6.63 所示。

```
> CS<-conceptualStructure(altmetrics,field="DE",ngrams=1,minDegree=2,
k.max=5,stemming=FALSE,labelsize=5)  #概念结构地图，共现阈值为 2
```

```
> CS<-conceptualStructure(altmetrics, field="DE",ngrams=1,
minDegree=3,k.max=5,stemming=FALSE,labelsize=5)  #概念结构地图，共现阈值为 3
```

```
> CS<-conceptualStructure(altmetrics,field="DE",ngrams=1,minDegree=4,
k.max=5,stemming=FALSE, labelsize=5)  #概念结构地图，共现阈值为 4
```

```
> CS<-conceptualStructure(altmetrics, field="DE",ngrams=1,
minDegree=5,k.max=5,stemming=FALSE,labelsize=5)  #概念结构地图，共现阈值为 5
```

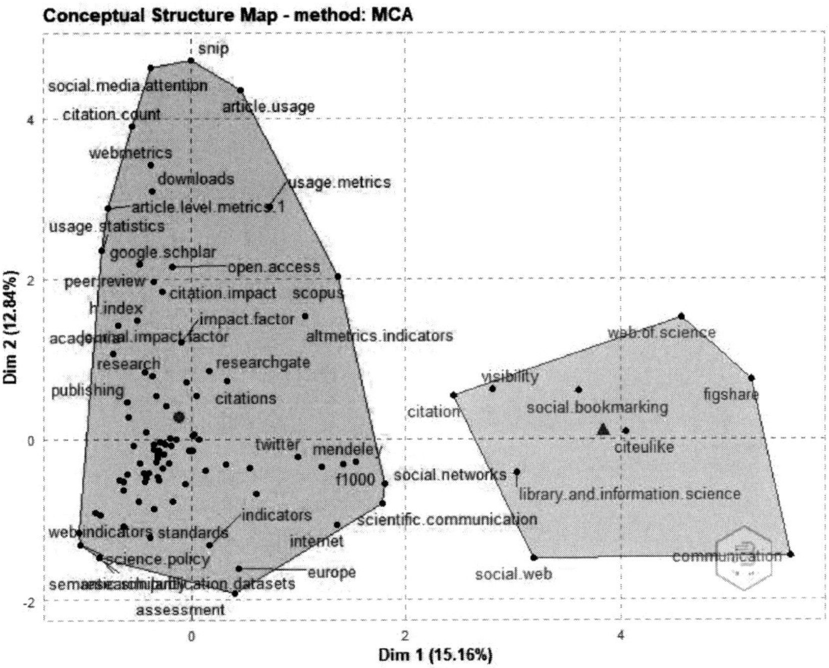

图 6.60　作者关键词的结构图（minDegree=2）

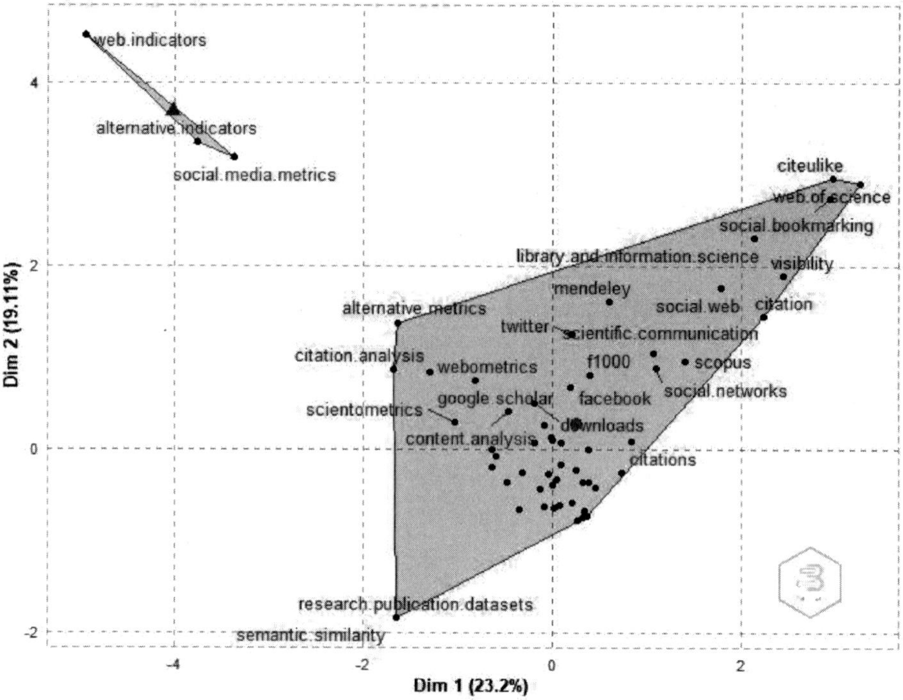

图 6. 61　作者关键词的结构图（minDegree=3）

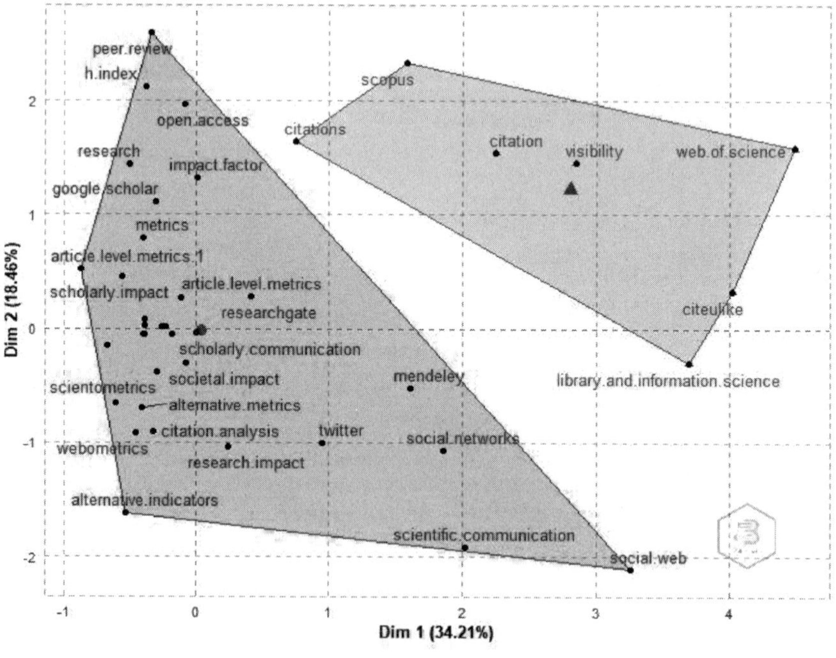

图 6.62　作者关键词的结构图（minDegree=4）

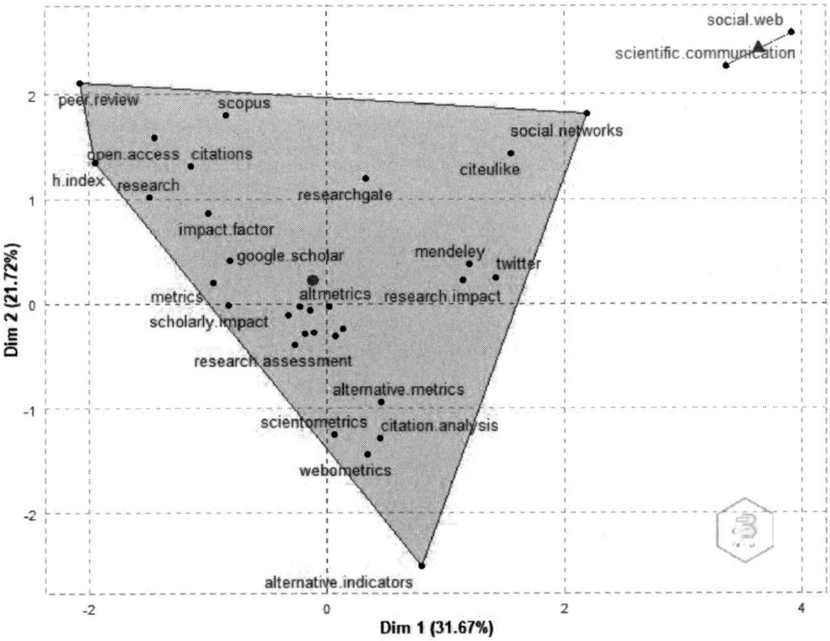

图 6.63　作者关键词的结构图（minDegree=5）

关键词共词网络的 VOSviewer 可视化：

① 作者关键词的共词图谱分析过程如下。可视化结果见图 6.64。

```
> NetMatrix<-biblioNetwork(altmetrics,analysis="co-occurrences",
network="author_keywords",sep=";")  #构建共词网络
> net  <-networkPlot(NetMatrix,n=100,labelsize=0.5,community.
repulsion=0,Title="Keyword Co-occurrences",type="kamada",size=T, remove.
multiple=T)  #可视化
> net2VOSviewer(net)  #VOSviewer中显示
```

运行上面代码后，会在 altmetrics 文件夹中产生一个名称为 vosnetwork.net 的文件。该 vosnetwork.net 文件可以在 VOSviewer 进行分析和可视化。

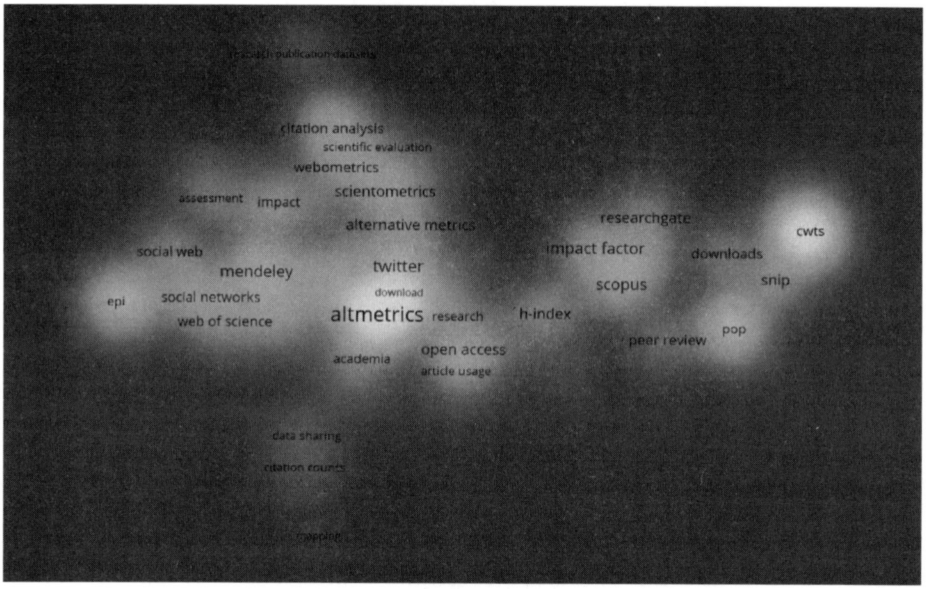

图 6.64　VOSviewer 中对作者关键词网络的可视化（密度图）

② 补充关键词的共词图谱分析过程如下。可视化结果见图 6.65。

```
> NetMatrix<-biblioNetwork(altmetrics,analysis="co-occurrences",
network="keywords",sep=";")  # 构建共词网络
> net<-networkPlot(NetMatrix,n=200,labelsize=0.5, community.
repulsion=0,Title="Keyword Co-occurrences",type="kamada", size=T,
remove.multiple=T)  # 可视化
> net2VOSviewer(net)  #VOSviewer 中显示
```

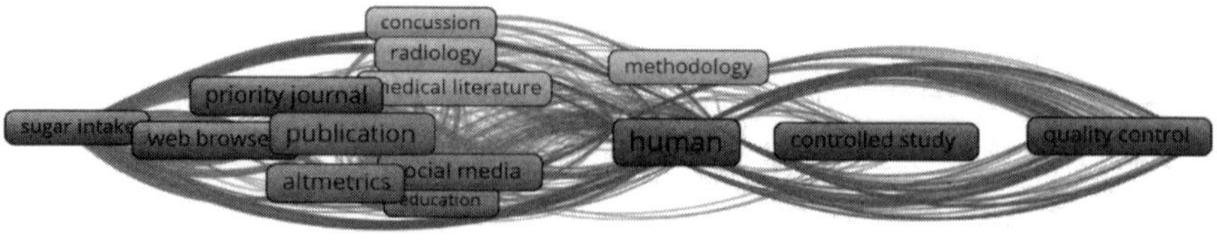

图 6.65　VOSviewer 中对补充关键词网络的可视化（网络图）

6.7 特定方法文献的计量

问题

对 PageRank 算法的应用现状进行分析。

方法

在 Web of Science 采集主题关于 PageRank 的论文（图 6.66），使用 R 工具包进行分析。

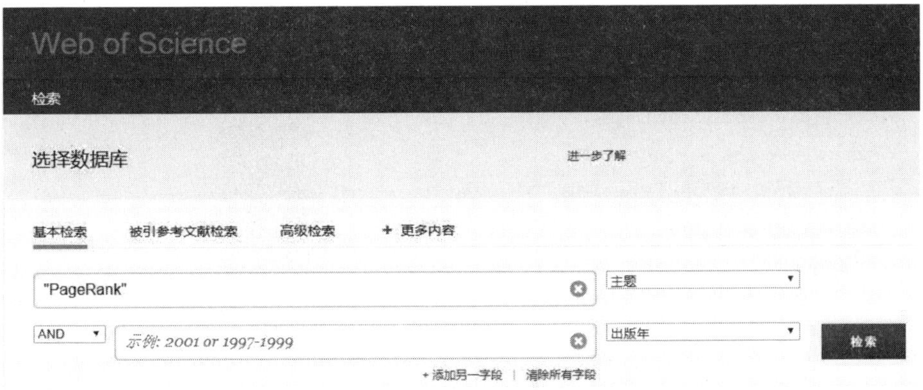

图 6.66 PageRank 数据的获取

结果

共从 Web of Science 中检索到 1 690 篇关于主题"PageRank"的学术论文。

关于 PageRank 数据的加载和转换：

```
> library(bibliometrix) #加载包
> file <-c("pagerank1.bib","pagerank2.bib","pagerank3.bib","pagerank3.bib") #数据路径
> PageRank <-convert2df(file,dbsource="scopus",format="bibtex") #写入数据
```

PageRank 算法使用的整体分布是怎样的（数据整体分布、数据时间分布、谁在使用 PageRank 等）？

```
> results <- biblioAnalysis(PageRank, sep=";")
> S <- summary(object=results,k=10,pause=FALSE)
## MAIN INFORMATION ABOUT DATA

 Timespan                              1998 : 2017
 Sources (Journals, Books, etc)         1040
 Documents                             1690
 Average years from publication        9.1
 Average citations per documents       9.376
 Average citations per year per doc    0.7062
 References                            28588

DOCUMENT TYPES
 article                         744
 article; proceedings paper      92
 book review                     1
 editorial material              2
 meeting abstract                1
 proceedings paper               842
 reprint                         1
 review                          7

DOCUMENT CONTENTS
 Keywords Plus (ID)                     1335
 Author's Keywords (DE)                 3129

AUTHORS
 Authors                               3425
 Author Appearances                    5269
 Authors of single-authored documents  121
 Authors of multi-authored documents   3304

AUTHORS COLLABORATION
 Single-authored documents             145
 Documents per Author                  0.493
 Authors per Document                  2.03
 Co-Authors per Documents              3.12
```

```
Collaboration Index                  2.14
Annual Scientific Production

 Year    Articles
    1998        1
    1999        2
    2000        1
    2001        2
    2002        8
    2003       21
    2004       31
    2005       45
    2006       65
    2007       90
    2008       89
    2009      110
    2010      109
    2011      102
    2012      122
    2013      146
    2014      206
    2015      220
    2016      243
    2017       77

Annual Percentage Growth Rate 25.6866

Most Productive Authors

    Authors        Articles  Authors          Articles Fractionalized
1   SHEPELYANSKY DL        26 SHEPELYANSKY DL                    10.58
2   WANG Y                 20 TEMPO R                             6.67
3   ZHANG Y                19 DING Y                              6.53
4   TEMPO R                18 ISHII H                             5.83
5   LI Z                   16 WU G                                5.75
6   ZHANG X                16 YAN E                               5.75
7   ISHII H                15 WANG Y                              5.61
8   LI H                   14 CHUNG F                             5.50
```

```
   9  LI Y                       14 ZHANG Y                        5.31
   10 WANG J                     14 SYDOW M                        5.00

   Top manuscripts per citations
                                                           Paper
   1  BRIN S,1998, COMPUT NETW ISDN SYST
   2  WU X,2008, KNOWL INF SYST
   3  CHEN J,2009, NUCLEIC ACIDS RES
   4  HAVELIWALA TH,2003, IEEE TRANS KNOWL DATA ENG
   5  LIU XM, 2005,INF PROCESS MANAGE
   6  LIU J, 2009,CVPR: 2009 IEEE CONFERENCE ON COMPUTER VISION AND
PATTERN RECOGNITION,VOLS 1-4
   7  LEE I, 2011,GENOME RES
   8  BOLLEN J,2006,SCIENTOMETRICS
   9  TONG H,2006,ICDM 2006:SIXTH INTERNATIONAL CONFERENCE ON DATA
MINING, PROCEEDINGS
   10 SINGH R,2008,PROC NATL ACAD SCI U S A
                                  DOI   TC TCperYear   NTC
   1  10.1016/S0169-7552(98)00110-X 2798     116.6  1.00
   2  10.1007/s10115-007-0114-2      994      71.0 39.78
   3  10.1093/nar/gkp427             463      35.6 26.27
   4  10.1109/TKDE.2003.1208999      243      12.8 14.88
   5  10.1016/j.ipm.2005.03.012      231      13.6 13.84
   6  NA                             230      17.7 13.05
   7  10.1101/gr.118992.110          220      20.0 17.81
   8  10.1007/s11192-006-0176-z      188      11.8 11.44
   9  NA                             164      10.2  9.98
   10 10.1073/pnas.0806627105        162      11.6  6.48

   Corresponding Author's Countries

           Country Articles   Freq SCP MCP MCP_Ratio
   1  CHINA             508 0.3033 432  76     0.150
   2  USA               314 0.1875 267  47     0.150
   3  JAPAN              70 0.0418  55  15     0.214
   4  ITALY              68 0.0406  52  16     0.235
   5  INDIA              62 0.0370  54   8     0.129
   6  GERMANY            54 0.0322  42  12     0.222
```

```
7  SPAIN                54 0.0322  42  12      0.222
8  FRANCE               51 0.0304  29  22      0.431
9  UNITED KINGDOM       45 0.0269  26  19      0.422
10 KOREA                43 0.0257  36   7      0.163

SCP: Single Country Publications

MCP: Multiple Country Publications

Total Citations per Country

      Country      Total Citations Average Article Citations
1  USA                        9399                    29.933
2  CHINA                      1506                     2.965
3  ITALY                       707                    10.397
4  GERMANY                     430                     7.963
5  KOREA                       378                     8.791
6  UNITED KINGDOM              375                     8.333
7  JAPAN                       340                     4.857
8  FRANCE                      304                     5.961
9  CANADA                      301                     7.525
10 SPAIN                       243                     4.500

Most Relevant Sources
                                             Sources           Articles
1  PLOS ONE                                                           34
2  SCIENTOMETRICS                                                     33
3  PHYSICA A-STATISTICAL MECHANICS AND ITS APPLICATIONS               22
4  INFORMATION PROCESSING \\& MANAGEMENT                              19
5  JOURNAL OF INFORMETRICS                                            19
6  JOURNAL OF COMPUTATIONAL AND APPLIED MATHEMATICS                       18
7  JOURNAL OF THE AMERICAN SOCIETY FOR INFORMATION SCIENCE AND TECHNOLOGY 18
8  PHYSICAL REVIEW E                                                      17
9  IEEE TRANSACTIONS ON KNOWLEDGE AND DATA ENGINEERING                    15
10 SCIENTIFIC REPORTS                                                     13

Most Relevant Keywords

  Author Keywords (DE)  Articles Keywords-Plus (ID)     Articles
1      PAGERANK              471       PAGERANK              134
```

```
2       RANKING                      59      NETWORKS              108
3       INFORMATION RETRIEVAL        40      WEB                    97
4       LINK ANALYSIS                40      ALGORITHM              72
5       PAGERANK ALGORITHM           40      COMPLEX NETWORKS       65
6       SOCIAL NETWORKS              35      CENTRALITY             57
7       SOCIAL NETWORK               30      SYSTEMS                49
8       ALGORITHMS                   29      COMPUTATION            41
9       SEARCH ENGINES               29      SEARCH                 40
10      HITS                         25      MODEL                 322
```

补充关键词的相关图的分析过程如下。结果参见图 6.67。

```
> library(OpenMx)  #加载包
> NetMatrix<-biblioNetwork(PageRank,analysis="co-occurrences",
network="keywords",sep=";")  #构建共词网络
> NetMatrix_dataframe<-as.data.frame.matrix(NetMatrix)  #矩阵转数据框
> diagonal_number<-as.data.frame(diag2vec(NetMatrix_dataframe))
#提取对角线值
> new_matrix<-cbind(NetMatrix_dataframe, diagonal_number)  #合并数据
> new_matrix_filtering<-subset(new_matrix,new_matrix[,dim(new_
matrix)[2]] >=25)  #提取子集
> new_matrix_filtering_t<-t(new_matrix_filtering[,-dim(new_matrix_
filtering)[2]])  #转置
> new_matrix_filtering_t_cbind<-cbind(new_matrix_filtering_
t,diagonal_number)  #合并数据
> new_matrix_filtering_t_cbind_select<- subset(new_matrix_filtering_t_
cbind,new_matrix_filtering_t_cbind[,dim(new_matrix_filtering_t_cbind)[2]] >=25)
#提取子集
> matrix_final <- new_matrix_filtering_t_cbind_select[,-dim(new_
matrix_filtering_t_cbind_select)[2]]  #删除最后一列
> write.csv(matrix_final,file="matrix_final.csv",row.names=F)  #数据输出
> M <- cor(matrix_final)  #相关性
> library(corrplot)  #加载包
> corrplot(M,diag=FALSE,order="hclust",addrect=3,rect.lwd=2,rect.col =
"black",tl.cex=0.8,tl.col="black")  #可视化
```

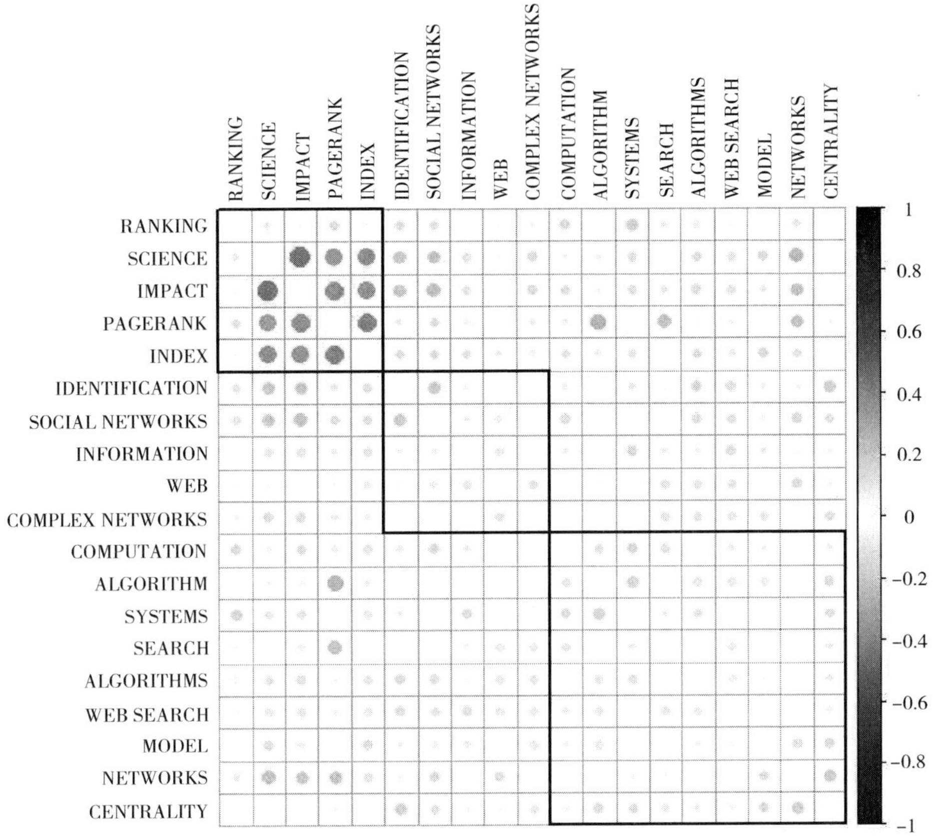

图 6.67 PageRank 主题相关图

主题结构分布的分析过程如下。可视化结果参见图 6.68。

```
> CS<-conceptualStructure(PageRank, field="DE",minDegree=15,k.max=5,
labelsize=10) #概念结构分析
```

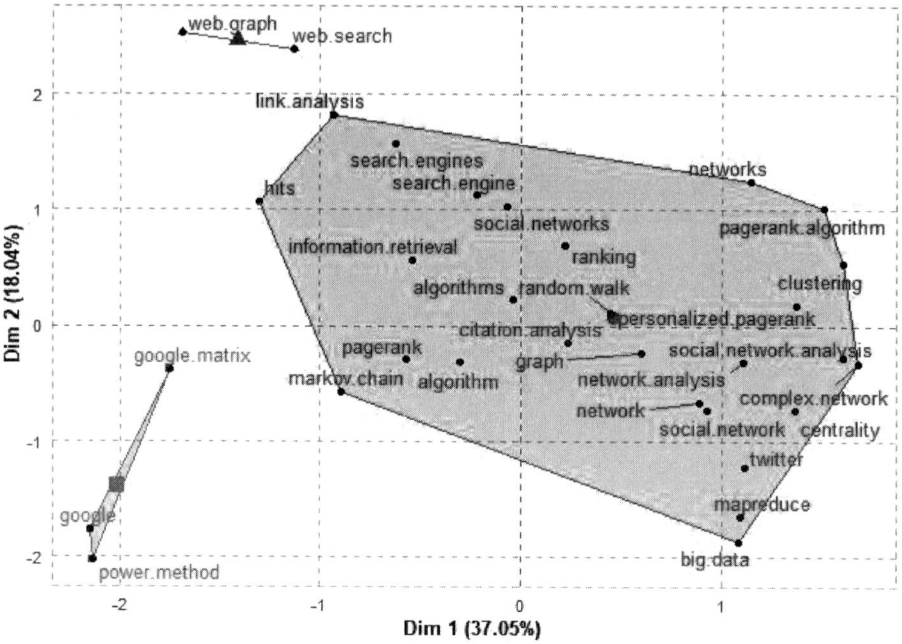

图 6.68　PageRank 术语的结构

主题的演化分析过程如下。可视化结果参见图 6.69。

```
    > years <-c(2007)  #数据切割的时间点
    > nexus <-thematicEvolution(PageRank,field="ID",years=years,n=100,
minFreq=2) #主题进化分析
    > plotThematicEvolution(nexus$Nodes, nexus$Edges)  #可视化
```

PageRank 的历史引证网络的分析过程如下。可视化结果见图 6.70。

```
    > histResults <-histNetwork(PageRank,min.citations=1,sep=";")  #直
引网络
    > net <- histPlot(histResults, size=FALSE, labelsize=1)  #网络可视化
    ##Legend

        DONATO D, 2004, EUR PHYS J B DOI 10.1140/EPJB/E2004-00056-6
    2  MORRISON JL, 2005, BMC BIOINFORMATICS DOI 10.1186/1471-2105-6-
233
```

```
3  LANGVILLE AN, 2005, SIAM REV DOI 10.1137/S0036144503424786
4  GOLUB GH, 2006, BIT DOI 10.1007/S10543-006-0091-Y
5  BOLLEN J, 2006, SCIENTOMETRICS DOI 10.1007/S11192-006-0176-Z
6  BRYAN K, 2006, SIAM REV DOI 10.1137/050623280
7  DELLAVALLE RP, 2007, J AM ACAD DERMATOL DOI 10.1016/J.JAAD.2007.03.005
8  CHEN P, 2007, J INFORMETR DOI 10.1016/J.JOI.2006.06.001
9  PERRA N, 2008, PHYS REV E DOI 10.1103/PHYSREVE.78.036107
10  FIALA D, 2008, SCIENTOMETRICS DOI 10.1007/S11192-007-1908-4
11  MASLOV S, 2008, J NEUROSCI DOI 10.1523/JNEUROSCI.0002-08.2008
12  RADICCHI F, 2009, PHYS REV E DOI 10.1103/PHYSREVE.80.056103
13  ZHIROV AO, 2010, EUR PHYS J B DOI 10.1140/EPJB/E2010-10500-7
14  GLEICH DF, 2010, SIAM J SCI COMPUT DOI 10.1137/080727397
15  FRANCESCHET M, 2011, COMMUN ACM DOI 10.1145/1953122.1953146
16  FIALA D, 2012, J INFORMETR DOI 10.1016/J.JOI.2012.02.002
                              DOI
1      10.1140/epjb/e2004-00056-6
2         10.1186/1471-2105-6-233
3       10.1137/S0036144503424786
4       10.1007/s10543-006-0091-y
5       10.1007/s11192-006-0176-z
6               10.1137/050623280
7      10.1016/j.jaad.2007.03.005
8       10.1016/j.joi.2006.06.001
9      10.1103/PhysRevE.78.036107
10      10.1007/s11192-007-1908-4
11 10.1523/JNEUROSCI.0002-08.2008
12     10.1103/PhysRevE.80.056103
13     10.1140/epjb/e2010-10500-7
14              10.1137/080727397
15        10.1145/1953122.1953146
16      10.1016/j.joi.2012.02.002
   Year LCS GCS
1  2004  29  48
2  2005  19  93
3  2005  47 129
4  2006  40  45
5  2006  62 188
```

```
6  2006  27  73
7  2007  14  33
8  2007  97 151
9  2008  14  35
10 2008  25  31
11 2008  28  42
12 2009  36 125
13 2010  20  26
14 2010  20  22
15 2011  22  44
16 2012  17  21
```

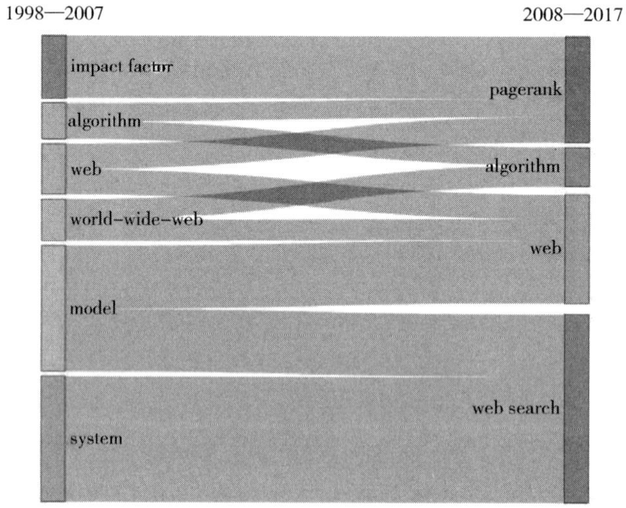

图 6.69 PageRank 主题演化

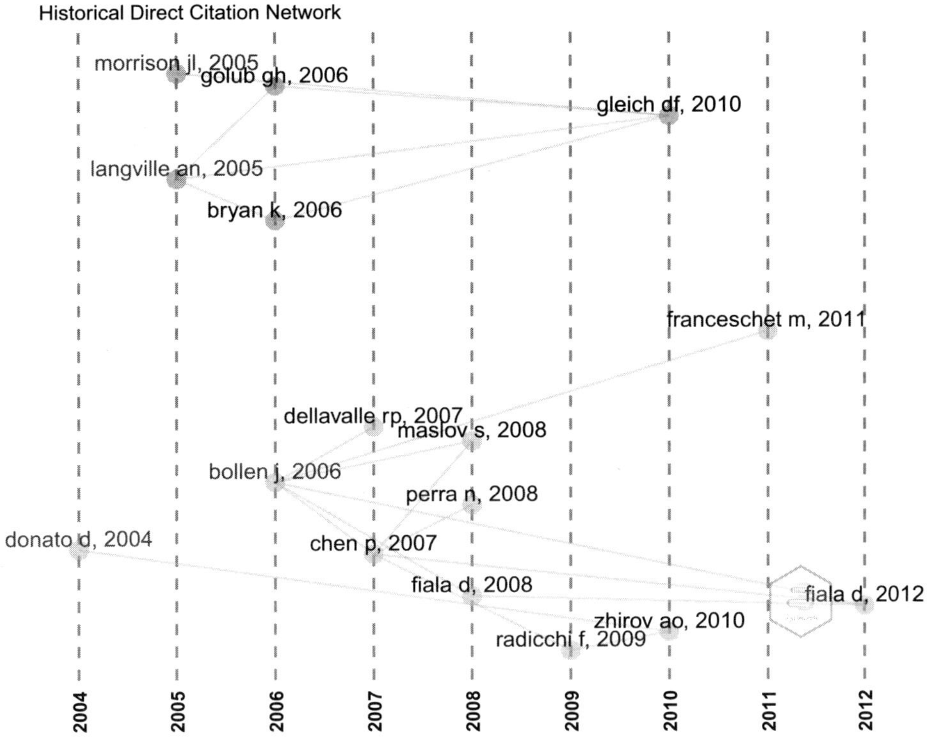

图 6.70　PageRank 引证网络

参考文献

[1] Cobo M J, López-Herrera A G, Herrera-Viedma E, et al. An approach for detecting, quantifying, and visualizing the evolution of a research field: A practical application to the Fuzzy Sets Theory field [J]. Journal of Informetrics, 2011, 5 (1) :146-166.

[2] Damiano Fantini （2017）. EasyPubMed: Search and Retrieve Scientific Publication Records from PubMed. R package version 2.3. https://CRAN.R-project.org/package=easyPubMed.

[3] Felix Yanhui Fan （2017）. PubMedWordcloud: 'Pubmed' Word Clouds. R package version 0.3.4. https://CRAN.R-project.org/package=PubMedWordcloud.

[4] H. Wickham. ggplot2: Elegant Graphics for Data Analysis. Springer-Verlag New York, 2009.

[5] Ian Fellows （2014）. Wordcloud: Word Clouds. R package version 2.5. https://CRAN.R-project.org/package=wordcloud.

[6] Julia Silge, David Robinson. Text Mining with R A Tidy Approach [M]. O'Reilly Media; 1 edition .July 2, 2017.

[7] Karthik Ram （2017）. rAltmetric: Retrieves Altmerics Data for Any Published Paper from 'Altmetric.com'. R package version 0.7.0. https://CRAN.R-project.org/package=rAltmetric.

[8] Massimo Aria and Corrado Cuccurullo （2017）. Bibliometrix: Bibliometric and Co-Citation Analysis Tool. R package version 1.6. http://www.bibliometrix.org.

[9] Aria M, Cuccurullo C. bibliometrix: An R-tool for comprehensive science mapping analysis [J]. Journal of Informetrics, 2017, 11 (4) : 959-975.

[10] Kabacoff R I. R语言实战[M]. 王小宁，刘撷芯，黄俊文，等，译 . 北京: 人民邮电出版社，2016.

[11]Silge J and Robinson D （2016）. “Tidytext: Text Mining and Analysis Using Tidy Data Principles in R.” _JOSS_, *1*（3）. doi: 10.21105/joss.00037.

[12]李杰．科学知识图谱原理及应用[M]. 北京：高等教育出版社，2017.

[13]李杰．科学计量与知识网络分析[M]. 北京：首都经济贸易大学出版社，2017.

[14]李杰，陈超美．CiteSpace：科技文本挖掘及可视化 [M]. 北京：首都经济贸易大学出版社，2016.

[15]李杰．安全科学知识图谱导论[M]. 北京：化学工业出版社，2015.

[16]李杰等．安全科学技术信息检索基础[M]. 北京：首都经济贸易大学出版社．2014.

附　录

附录 1　R 科学计量核心代码

数据的加载和预处理

工具包和数据加载

library（bibliometrix）　*# 加载 bibliometrix 工具包*

setwd （"D:/safety culture"）　*# 设置工作目录*

D <- readFiles（"data1.txt|","data2.txt"）　*# 读取数据文件 ,<- 表示赋值，等同于 =*

safetyculture <-convert2df（D, dbsource="isi", format="plaintext"）*# 数据的转换，dbsource 可以是 isi 或者 scopus*

案例数据除重

library（bibliometrix）　*# 加载 bibliometrix 工具包*

library（bibliometrixData）　*# 加载工具包*

data（isiCollection）　*# 加载数据*

data（scopusCollection）　*# 加载数据*

M <- mergeDbSources（isiCollection, scopusCollection, remove.duplicated=TRUE）

自建数据的除重

library（bibliometrix）　*# 加载 bibliometrix 工具包*

```
setwd ( "D:/isisafetyculture" )  # 设置工作目录
A <- c ( "data1.txt","data2.txt" )  # 确保数据放在默认工作文件夹
isisafetyculture <- convert2df ( A, dbsource="isi", format="plaintext" )
# 数据的转换
B <-"scopus.bib"  # 数据路径
scopussafetyculture <-convert2df ( B,dbsource="scopus", format=
"bibtex" )  # 数据的转换
M <- mergeDbSources ( isisafetyculture, scopussafetyculture, remove.
duplicated=TRUE )
dim ( M )
```

描述性统计分析

文献计量分析

```
results <- biblioAnalysis ( safetyculture,sep= " ; " )  # 文献计量分析
summary ( results, k=10, pause=FALSE ) # 描述性统计分析，K为显示的结果数量
Tab <- tableTag ( safetyculture, Tag="DE", sep=" ; " )  # 字段信息提取
和描述性统计
Tab[1:5]
```

术语的提取方式

```
safetyculture <- termExtraction ( safetyculture,Field=
"TI",verbose=TRUE )  # 从标题来提取术语
safetyculture <-termExtraction ( safetyculture, Field="AB",
verbose=TRUE )  # 从摘要来提取术语
safetyculture <-termExtraction ( safetyculture, Field="DE",
verbose=TRUE )  # 从关键词来提取术语
```

lotka 计算

```
results <- biblioAnalysis ( safetyculture )
```

```
L=lotka （results）
L
```

LCS 的计算

```
results <- biblioAnalysis（safetyculture）  # 文献计量分析
CR <- localCitations（safetyculture, sep = " ; "）  #LCS 的计算
CR[1:10]
```

h 指数计算

```
Authors <- c（"THOMAS E", "WAGNER C","ETCHEGARAY J"） #h作者指数计算，$H 不显示作者文献列表
Hindex （safetyculture, field= "author", Authors, sep = " ; ", years = 10）$H
```

关键词的时序分布，Tag 位置可以修改为其他字段（例如 WC）

```
topKW=KeywordGrowth （safetyculture, Tag = "ID", sep = " ; ", top=20, cdf=TRUE）
topKW
```

结果的可视化

```
library （reshape2）  # 加载 reshape2 工具包
library （ggplot2）  # 加载 ggplot2 工具包
DF=melt（topKW, id='Year'）
ggplot( DF,aes( Year,value, group=variable, color=variable）)+geom_line( )
ggplot（DF,aes（Year,value, group=variable,color=variable）） +geom_line（size=1）+geom_point（size=3, shape=21）
```

文献知识网络的网络分析

作者耦合网络分析

NetMatrix <- biblioNetwork (safetyculture, analysis ="coupling", network= "authors", sep =" ; ") *# 作者耦合网络分析*

S <- normalizeSimilarity (NetMatrix, type="jaccard") *# 计算 jaccard 相似性；相似性测度方法可以为 jaccard 或 salton*

Net <- networkPlot (S, n=100, labelsize=0.3,Title="Authors' Coupling", type ="fruchterman", size=FALSE,remove.multiple=TRUE) *# 网络可视化*

文献的共被引分析

NetMatrix <- biblioNetwork (safetyculture, analysis="co-citation", network = "references", sep =" ; ") *# 文献共被引网络分析*

net=networkPlot (NetMatrix, n=30,labelsize=0.5,Title="Co-Citation Network", type = "fruchterman", size=T, remove.multiple=T) *# 网络可视化*

关键词的共现分析

NetMatrix <- biblioNetwork (safetyculture, analysis="co-occurrences", network ="keywords", sep=" ; ") *# 关键词的共现分析*

net=networkPlot (NetMatrix, n=100, Title="Keyword Co-occurrences", type ="kamada", size=T) *# 网络可视化*

概念结构图分析 –ID

CS <- conceptualStructure (safetyculture,field="ID",minDegree=10, k.max=5, stemming=FALSE,labelsize=7) *# 概念结构分析*

概念结构图分析 – ID_TM

CS <- conceptualStructure (safetyculture, field="ID_TM",

stemming=TRUE, minDegree=5, k.max=5, labelsize=7） *# 通过 Keywords Plus 概念图绘制*

概念结构图分析 – DE

CS <- conceptualStructure （safetyculture, field="DE", stemming=FALSE, minDegree=5, k.max=5,labelsize=7） *# 通过作者关键词概念图绘制*

引文历史网络分析

histResults <- histNetwork（safetyculture, n=15, sep="；"） *# 引文历史网络分析*

net <- histPlot（histResults） *# 网络可视化*

文献共被引网络分析

NetMatrix <- biblioNetwork（safetyculture, analysis="co-citation", network ="references", sep =".") *# 文献共被引网络分析*

net=networkPlot （NetMatrix, n=200,labelsize =0.5, Title ="Co-Citation Network", size=T, remove.multiple=T） *# 网络可视化*

附录 2　Web of Science 核心字段含义

Tag	含义	Tag	含义	Tag	含义
FN	文件名	ID	Keywords Plus，补充关键词	PD	出版日期
VR	版本号	AB	摘要	PY	出版年
PT	出版物类型[1]	C1	作者地址	VL	卷
AU	作者	RP	通讯作者地址	IS	期
AF	作者全名	EM	电子邮件地址	SI	特刊
BA	书籍作者	RI	ResearcherID 号	PN	子辑
BF	书籍作者全名	OI	ORCID 标识符	SU	增刊
CA	团体作者	FU	基金资助机构和授权号	MA	会议摘要
GP	书籍团体作者	FX	基金资助正文	BP	开始页
BE	编者	CR	引用的参考文献	EP	结束页
TI	文献标题	NR	引用的参考文献数	AR	文献编号
SO	出版物名称	TC	被引频次	DI	数字对象标识符（DOI）
SE	丛书标题	U1	使用次数（最近 180 天）	D2	书籍 DOI
BS	丛书副标题	U2	使用次数（2013 年至今）	PG	页数
LA	语种	PU	出版商	P2	章节数
DT	文献类型	PI	出版商所在城市	WC	Web of Science 类别
CT	会议标题	PA	出版商地址	SC	研究方向
CY	会议日期	SN	国际标准期刊号 （ISSN）	GA	文献传递号
CL	会议地点	EI	电子国际标准期刊号（eISSN）	UT	入藏号
SP	会议赞助方	BN	国际标准书号 （ISBN）	PM	PubMed ID
HO	会议主办方	J9	29 个字符的来源文献名称缩写	ER	记录结束
DE	作者关键词	JI	ISO 来源文献名称缩写	EF	文件结束

[1] J= 期刊；B= 书籍；S= 丛书；P= 专利

Python 语言 -metaknowledge[1]	Reid McIlroy-Young 等	科学计量及其可视化
R 语言 -BIBLIOMETRIX[2]	Massimo Aria 等	科学计量分析
R 语言 -CITAN[3]	Marek Gagolewski	科学计量分析

❶ Python 语言 -metaknowledge. http://networkslab.org/metaknowledge/.

❷ R 语言 - BIBLIOMETRIX. http://www.bibliometrix.org/.

❸ R 语言 -CITAN. https://cran.r-project.org/web/packages/CITAN/.

附录 3　常用的科学计量数据可视化工具

软件名称	开发者	功能描述
BibExcel[1]	Olle Persson	科学计量与可视化前处理
BICOMB[2]	崔雷等	矩阵的提取和统计（中文）
CiteSpace[3]	Chaomei Chen	科学计量与可视化分析
VOSviewer[4]	Van Eck, N.J 等	科学计量与可视化分析
SCI of SCI[5]	Katy Börner 团队	科学计量与可视化分析
SciMAT[6]	M.J. Cobo, A.G 等	科学计量与可视化分析
KnowledgeMatrix[7]	韩国科学技术信息研究所	科学计量与可视化分析
RPYS i/o[8]	Jordan Comins 等	文献时间谱分析
CitNetExplorer[9]	Van Eck, N.J 等	引证网络及可视化
CRExplorer[10]	Andreas Thor 等	数据转换及文献谱分析
HistCite[11]	Eugene Garfield	科学计量及引证网络
MATLAB 语言[12]	Giuseppe Cardillo	科学计量分析
Python 语言 -BibliTools[13]	sebgrauwin	科学计量分析

---

❶ BibExcel. http://homepage.univie.ac.at/juan.gorraiz/bibexcel/.

❷ BICOMB. http://www.cmu.edu.cn/bc/menu1.html.

❸ CiteSpace. http://cluster.cis.drexel.edu/~cchen/citespace/.

❹ VOSviewer. http://www.vosviewer.com/.

❺ SCI of SCI. https://sci2.cns.iu.edu/user/index.php.

❻ SciMAT. http://sci2s.ugr.es/scimat/.

❼ KnowledgeMatrix. http://mirian.kisti.re.kr/km/.

❽ RPYS i/o. http://comins.leydesdorff.net/.

❾ CitNetExplorer. http://www.citnetexplorer.nl/.

❿ CRExplorer. http://andreas-thor.github.io/cre/.

⓫ HistCite. http://science.thomsonreuters.com/scientific/m/HistCiteInstaller.msi.

⓬ MATLAB 语言 Bibliometrics: the art of citations indices. https://cn.mathworks.com/matlabcentral/fileexchange/28161-bibliometrics--the-art-of-citations-indices?s_tid=srchtitle.

⓭ Python 语言 -BibliTools. http://www.sebastian-grauwin.com/?page_id=427.

附录 4　R 科学计量数据可视化工具包

工具包名称	工具包功能描述
bib2df	Parse a BibTeX File to a Data.frame
bibliometrix	Bibliometric and Co-Citation Analysis Tool
BibPlots	Plot Functions for JIF （Journal Impact Factor） and Paper Percentiles
bigrquery	An Interface to Google's 'BigQuery' 'API'
CITAN	CITation ANalysis Toolpack
corpus	Text Corpus Analysis
corrplot	Visualization of a Correlation Matrix
Diderot	Bibliographic Network Analysis
easyPubMed	Search and Retrieve Scientific Publication Records from PubMed
fbRads	Analyzing and Managing Facebook Ads from R
fulltext	Full Text of 'Scholarly' Articles Across Many Data Sources
gcite	Google Citation Parser
gender	Predict Gender from Names Using Historical Data
genderizeR	Gender Prediction Based on First Names
gofastr	Fast DocumentTermMatrix and TermDocumentMatrix Creation
googleway	Accesses Google Maps APIs to Retrieve Data and Plot Maps
graphTweets	Visualise Twitter Interactions
gtrendsR	Perform and Display Google Trends Queries
hindexcalculator	H-Index Calculator using Data from a Web of Science （WoS） Citation Report
LotkasLaw	Runs Lotka's Law which is One of the Special Applications of Zipf's Law

续表

工具包名称	工具包功能描述
leaflet.minicharts	Mini Charts for Interactive Maps
mpa	CoWords Method
nails-package	Network Analysis Interface for Literature Studies: R package version
plotGoogleMaps	Plot Spatial or Spatio-Temporal Data Over Google Maps
plotKML	Visualization of Spatial and Spatio-Temporal Objects in Google Earth
pubmed.mineR	Text Mining of PubMed Abstracts
PubMedWordcloud	'Pubmed' Word Clouds
rAltmetric	Retrieves Altmerics Data for Any Published Paper from 'Altmetric.com'
rwos	R interface to Web of Science Web Services API
Rfacebook	Access to Facebook API via R
roadoi	Find Free Versions of Scholarly Publications via the oaDOI Service
rplos	Interface to the Search 'API' for 'PLoS' Journals
rtweet	Collecting Twitter Data
scholar	Analyse Citation Data from Google Scholar
scientoText	Text & Scientometric Analytics
streamR	Access to Twitter Streaming API via R
tidyRSS	Tidy RSS for R
tidytext	Text Mining using 'dplyr', 'ggplot2', and Other Tidy Tools
tm	Text Mining Package
tm.plugin.alceste	Import texts from files in the Alceste format using the tm text mining framework
tm.plugin.dc	Text Mining Distributed Corpus Plug-In
tm.plugin.europresse	Import Articles from 'Europresse' Using the 'tm' Text Mining Framework

续表

工具包名称	工具包功能描述
tm.plugin.factiva	Import Articles from 'Factiva' Using the 'tm' Text Mining Framework
tm.plugin.lexisnexis	Import Articles from 'LexisNexis' Using the 'tm' Text Mining Framework
tm.plugin.mail	Text Mining E-Mail Plug-In
tm.plugin.webmining	Retrieve Structured, Textual Data from Various Web Sources
tmap	Thematic Maps
tmaptools	Thematic Map Tools
tmcn	A Text Mining Toolkit for Chinese
topicmodels	Topic Models
tweet2r	Twitter Collector for R and Export to 'SQLite', 'postGIS' and 'GIS' Format
wordcloud	Word Clouds
wordcloud2	Create Word Cloud by htmlWidget
zipfR	Statistical Models for Word Frequency Distributions

注：使用时需要安装并加载，例如安装并加载 BibPlots 的方式为：

install.packages ("BibPlots") *# 安装工具包*

library (BibPlots) *# 加载工具*